普通高等教育应用型规划教材·电子信息类

电子技术基础与实训教程

李　进　刘燕娜
　　　　　　　　编著
田秋红　景　博

科学出版社

北　京

内 容 简 介

　　本书是根据电子信息、通信工程和自动化等专业课程需要，为配合浙江理工大学"521 人才培养计划"、浙江省高等教育"十三五"第一批教学改革研究项目（jg20180088）、2014 年浙江理工大学校级教材建设项目（jcxm1425），为培养创新型和实践型人才的要求编写，这是一本集综合设计性实验和软件仿真设计于一体的实验教材。

　　本书由浅入深地介绍了电子电路及典型实验电路设计，内容丰富，层次分明，技术性、实用性和可操作性强，注重理论与实践联系，培养学生的工程应用能力。

　　本书既可作为电子信息、通信工程、电子信息科学与技术、计算机科学与技术及自动化等专业本科生、大专生的实验教学用书，也可作为电子技术课程设计、毕业设计和电子设计大赛的培训教材。

图书在版编目（CIP）数据

电子技术基础与实训教程/李进等编著. —北京：科学出版社，2019.3
（普通高等教育应用型规划教材·电子信息类）
ISBN 978-7-03-059845-5

Ⅰ. ①电…　Ⅱ. ①李…　Ⅲ. ①电子技术-高等学校-教材　Ⅳ. ①TN

中国版本图书馆 CIP 数据核字（2018）第 276344 号

　　　　责任编辑：赵丽欣　王会明 / 责任校对：王万红
　　　　　　责任印制：吕春珉 / 封面设计：曹　来

科 学 出 版 社 出版
北京东黄城根北街 16 号
邮政编码：100717
http://www.sciencep.com
三河市骏杰印刷有限公司印刷
科学出版社发行　　各地新华书店经销
*

2019 年 3 月第 一 版　　　开本：787×1092　1/16
2019 年 3 月第一次印刷　　印张：15 1/4
字数：350 000
定价：45.00 元
（如有印装质量问题，我社负责调换〈骏杰〉）
销售部电话 010-62136230　编辑部电话 010-62138978-2010

前　言

随着无线通信和集成电路技术的飞速发展，重视对学生工程实践能力和综合创新能力的培养是高等院校电子、通信工程类专业教学改革的重要方向之一。本书是一本集电子、通信基础性实验、综合设计性实验和软件仿真设计于一体的实验教学用教材，融合了编者多年的教学、科研经验与成果，书中所有实验项目均来自编者教学或指导学生学科竞赛的实践，旨在通过精心设计的实践训练项目，激发学生的学习兴趣，培养和提高学生的动手实践能力。

本书的编写宗旨是使学生全面掌握电子电路的设计知识和技能，在实验中提高学生的电路设计能力、动手能力、分析和解决问题的能力，以及独立工作的能力。本书由浅入深地介绍了电子电路及典型实验电路设计，强调实用性和创新性。在章节结构上做到循序渐进，各章节既保证相对的独立性，又保证前后内容的连贯性。学生可通读全书，也可根据兴趣爱好选读部分章节。

本书注重先进性和实用性，概念清楚、系统性强，力求保持电子技术部分的完整性，有利于不同层次的学生从不同起点逐步理解和掌握电子技术。本书主要分为两部分来讲解，即电子技术基础部分和软件设计部分。

电子技术基础部分给出了相关理论知识，设计部分要求学生在课外完成，突出自主设计，激发创新思维。设计性实验需要多人协作完成，内容分为电路设计、PCB 设计、焊接组装、调试验收等环节，突破了传统实验教学中的基础实验以验证为主，学生按照实验指导书操作即可完成的局限性，打破了将实验内容集中在课内完成的封闭教学模式，培养了学生对所学知识的综合运用和团队协作能力。

本书的第 1 章至第 4 章和第 9 章由李进编写，第 5 章由景博编写，第 6 章至第 8 章由刘燕娜编写，附录由田秋红编写，参与本书无人机相关内容编写的还有马良伟、曹君超、金宇赢和刘进向。李进负责设计全书的组织架构，全书由庄巧莉统稿。

贾宇波教授认真审阅了全部书稿，对书中的具体内容提出了很多建设性的修改意见，对书稿质量的提高起到了重要作用，编者在此表示衷心的感谢。

本书由浙江理工大学博士科研启动项目基于压缩融合的时空多通道手势实时识别的压缩融合研究（18032117-Y）、2014 年浙江理工大学校级教材建设项目（jcxm1425）和基于培养学生多元化能力的操作系统实验及实践课程建设研究（11120131311817）经费资助出版。

由于编者水平有限，书中难免存在疏漏之处，敬请读者批评指正。

编　者

目　　录

第1章　常用电子元器件

1.1　电阻器

电阻器可简称为电阻，电阻是一种最基本、最常用的电子元件。电阻只是一个统称，对其深入了解之后就会知道电阻多种多样。按照制造材料和结构的不同，电阻可分为固定电阻、可变电阻、特殊电阻、RT 型碳膜电阻、RJ 型金属膜电阻、RX 型绕线电阻、片状电阻、大功率电阻、小功率电阻。常见的电阻器有碳膜电阻器、金属膜电阻器、实芯电阻器、线绕电阻器、固定抽头电阻器、可变电阻器、滑线式可变电阻器和片状电阻器。常见的电阻器如图 1-1 所示。按其阻值是否可调，电阻又分为固定电阻器和可调电阻器两种。在电子制作中一般常用碳膜电阻器或金属膜电阻器。

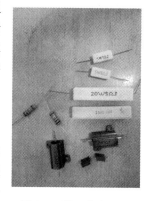

图 1-1　常见的电阻器

1. 电阻器的符号和命名方法

电阻器的文字符号为"R"，其图形符号如图 1-2 所示。国产电阻器的型号由 4 部分组成，如图 1-3 所示。第 1 部分用字母"R"表示电阻器的主称，第 2 部分用字母表示构成电阻的材料，第 3 部分用数字或字母表示电阻器的分类，第 4 部分用数字表示序号。电阻器型号的意义见表 1-1。

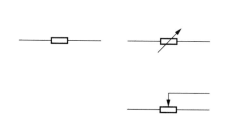

图 1-2　电阻器的图形符号

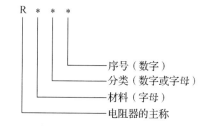

图 1-3　电阻器型号的命名

表 1-1　电阻器型号的意义

第 1 部分（主称）	第 2 部分（材料）	第 3 部分（分类）	第 4 部分（序号）
R	H——合成碳膜	1——普通电阻	序号（数字）
	I——玻璃釉膜	2——普通电阻	
	J——金属膜	3——超高频	
	N——无机实芯	4——高阻	
	G——沉积膜	5——高温	

续表

第1部分（主称）	第2部分（材料）	第3部分（分类）	第4部分（序号）
R	S——有机实芯	7——精密	序号（数字）
	T——碳膜	8——高压	
	X——线绕	9——特殊	
	Y——氧化膜	G——高功率	
	F——复合膜	T——可调	

2．电阻器的标称阻值与允许偏差

电阻器上所标示的名义阻值称为标称阻值。为了达到既满足使用者对规格的各种要求，又便于大量生产，国家规定只按一系列标准化的阻值生产，这一系列的阻值叫作电阻器的标称阻值系列。

电阻器的实际阻值不可能做到与它的标称阻值完全一样，它们之间允许有一定的偏差，称为允许偏差。

3．电阻器的参数

电阻器的主要参数有电阻值、额定功率、温度系数、噪声、频率特性等，其中前两项是最基本的。

（1）电阻值

电阻值简称阻值，基本单位是欧姆，简称欧，用符号Ω表示。电阻常用的单位还有千欧和兆欧。电阻值的表示方法有两种：直标法和色环法。

1）直标法是在元件表面直接标出数值与偏差，如图1-4所示。

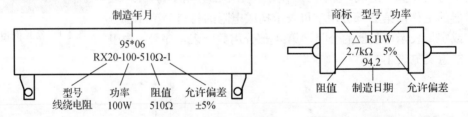

图1-4　直标法

直标法中可以用单位符号代替小数点，如6.8kΩ可标为6k8。直标法一目了然，但只适用于体积较大的元件。

2）色环法是用不同颜色代表数字，来表示电阻器的标称值和偏差。通常在电阻器上印有4道或5道色环表示阻值等相关信息，阻值的单位为Ω。对于4道色环电阻器，第1道和第2道色环表示两位有效数字，第3道色环表示倍乘数，第4道色环表示允许偏差。对于5道色环电阻器，第1道～第3道色环表示3位有效数字，第4道色环表示倍乘数，第5道色环表示允许偏差，如图1-5所示。

色环一般采用黑、棕、红、橙、黄、绿、蓝、紫、灰、白、金、银12种颜色，它们的意义见表1-2。例如，某电阻器的4道色环依次为黄、紫、橙、银，则其阻值为47kΩ，误差为±10%；某电阻器的5道色环依次为红、黄、黑、橙、金，则其阻值为240kΩ，误差为±5%。图1-6为测量与读色环的比较。

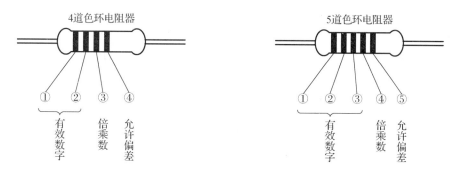

图 1-5　色环法

表 1-2　电阻器上色环颜色的意义

颜色	有效数字	倍乘数	允许偏差
黑色	0	$\times 10^0$	—
棕色	1	$\times 10^1$	±1%
红色	2	$\times 10^2$	±2%
橙色	3	$\times 10^3$	—
黄色	4	$\times 10^4$	—
绿色	5	$\times 10^5$	±0.5%
蓝色	6	$\times 10^6$	±0.25%
紫色	7	$\times 10^7$	±0.1%
灰色	8	$\times 10^8$	—
白色	9	$\times 10^9$	—
金色	—	$\times 10^{-1}$	±5%
银色	—	$\times 10^{-2}$	±10%

图 1-6　测量与读色环的比较

（2）额定功率

额定功率指电阻器在直流或交流电路中，在正常大气压力（86～106kPa）及额定温度条件下，能长期连续负荷而不损坏或不显著改变其性能所允许消耗的最大功率。常用电阻器的额定功率有 1/4W、1/2W、1W、2W、5W、10W 等，其在电路图中的图形符号如图1-7所示。

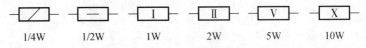

| 1/4W | 1/2W | 1W | 2W | 5W | 10W |

图 1-7　不同额定功率电阻器的图形符号

（3）温度系数

电阻器的电阻值随温度的变化略有改变，温度每变化 1℃ 所引起电阻值的相对变化称为电阻器的温度系数。温度系数越小，电阻的稳定性越好。

（4）噪声

当电阻器通以直流电流时，电阻器两端的电压往往不是一个恒定不变的电压，而是有着不规则的电压起伏，如在直流电压上叠加了一个交变分量，这个交变分量称为噪声电动势。噪声是电阻器本身的特性，与外加电压没有直接关系。

电阻器的噪声包括热噪声和电流噪声。热噪声是电阻器中自由电子的不规则热运动而使电阻器内任意两点之间产生的随机电压。电流噪声是当电阻器通过电流时，导电颗粒之间及非导电颗粒之间不断发生碰撞，使颗粒之间的接触电阻不断变化，因而电阻器两端除直流电压降之外还有一个不规则的交变电压分量。

（5）频率特性

任何一种电阻器都不是一个纯电阻元件，电阻器上实际都还存在着分布电感和分布电容。这些分布参数都很小，在直流和低频交流电路中，它们的影响可以忽略不计，可将电阻器看作一个纯电阻元件，但在频率比较高的交流电路中，这些分布参数的影响则不能忽视，其交流等效电阻将随频率而变化。

4. 大功率电阻

电阻器除了阻值的要求以外，还有功率的要求。尽管在大量的应用中，电阻的功率要求并不是很突出，但那是因为使用场合流经电阻的电流很小。如果在大电流的使用环境中（如在电力设备及电器中），就是一个需要特别注意的问题了。否则，功率太小的电阻使用在大功率的电路中，会很快被烧毁的。大功率电阻如图1-8所示。

图 1-8　大功率电阻

1.2 电容器

电容器通常简称为电容，是一种最基本、最常用的电子元件，其外形如图 1-9 所示。电容器按电容量是否可调，分为固定电容器和可变电容器两大类（下面主要介绍固定电容器）。固定电容器按介质材料不同又有许多种类，其中无极性固定电容器有纸介电容器、涤纶电容器、云母电容器、聚苯乙烯电容器、聚酯电容器、玻璃釉电容器及瓷介电容器等；有极性固定电容器有铝电解电容器、钽电解电容器、铌电解电容器等，如图 1-10 所示。使用有极性电容器时应注意其引线有正、负极之分，在电路中，其正极引线应接在电位高的一端，负极引线应接在电位低的一端。如果极性接反了，会使漏电流增大并易损坏电容器。

图 1-9　常见的电容器

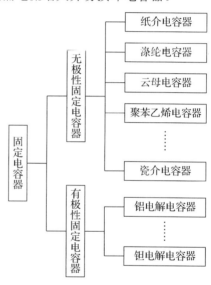

图 1-10　常见固定电容器的分类

1. 电容器的符号和命名方法

电容器的文字符号为"C"，其图形符号如图 1-11 所示。国产电容器的型号由 4 部分组成，如图 1-12 所示。第 1 部分用字母"C"表示电容器的主称，第 2 部分用字母表示电容器的介质材料，第 3 部分用数字或字母表示电容器的分类，第 4 部分用数字表示序号。电容器介质材料代号的意义见表 1-3，分类别代号的意义见表 1-4。

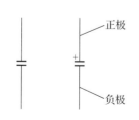

图 1-11　电容器的图形符号

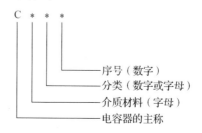

图 1-12　电容器型号的命名

表 1-3 电容器型号中介质材料代号的意义

字母代号	A	B	C	D	E	G	H	I	J	L	N	O	Q	T	V	Y	Z
介质材料	钽电解	聚苯乙烯	高频陶瓷	铝电解	其他材料电解	合金电解	纸膜复合	玻璃釉	金属化纸介	聚酯	铌电解	玻璃膜	漆膜	低频陶瓷	云母纸	云母	纸介

表 1-4 电容器型号中类别代号的意义

代号	瓷片电容	云母电容	有机电容	电解电容
1	圆形	非密封	非密封	箔式
2	管形	非密封	非密封	箔式
3	叠片	密封	密封	非固体
4	独石	密封	密封	固体
5	穿心	—	—	—
6	支柱等	—	—	—
7	—	—	—	无极性
8	高压	高压	高压	—
9	—	—	特殊	特殊
G	高功率型	—	—	—
J	金属化型	—	—	—
Y	高压型	—	—	—
W	微调型	—	—	—

2. 电容器的参数

电容器的主要参数有电容量、额定电压、损耗功率等,其中前两项是最基本的。

(1)电容量

电容量是电容器的基本参数,不同类别的电容器有不同系列的标称值。常用的电容器标称系列同电阻器。

(2)额定电压

额定电压是电容器的重要参数。电容器两端加电压后,能保证长期工作而不被击穿的电压称为电容的额定电压。

(3)损耗功率

电容器的损耗功率不仅与电容器本身的性质有关,还与加在电容器上的电压及电流和频率有关。因此,如果只看损耗功率(P),而不考虑其存储无功功率 Q,就不能正确地评价电容器的质量。

$$Q = P/\tan\delta$$

式中,δ 为由电容器损耗而引起的相移,称为电容器的损耗角。这个比值($P/\tan\delta$)称为电容器的损耗角正切,它真实地表征了电容器的质量。

3. 电容器的作用

电容器在电子线路中起到耦合、旁路、谐振、调谐、微分、积分、储能、滤波、隔直流,以及控制电路中的时间常数等作用。

1.3　电感器

电感器是常用的基本电子元件之一，其种类繁多，形状各异，外形如图 1-13 所示。电感器通常可分固定电感器、可变电感器、微调电感器 3 类。按采用材料不同，电感器可分为空芯电感器、磁芯电感器、铁芯电感器、铜芯电感器等。电感器的线圈装有磁芯或铁芯，可以增加电感量，一般磁芯用于高频场合，铁芯用于低频场合。电感器的线圈装有铜芯，则可以减小电感量。按用途分类，电感器可分为固定电感器、阻流圈电感器。固定电感器包括立式、卧式、片状固定电感器等；阻流圈电感器包括高频阻流圈、低频阻流圈、电源滤波器等。

图 1-13　常见的电感器

1. 电感器的符号和命名方法

电感器的文字符号为"L"，其图形符号如图 1-14 所示。国产电感器的型号一般由 4 部分组成，如图 1-15 所示。第 1 部分用字母表示电感器的主称，"L"为电感线圈，"ZL"为阻流圈；第 2 部分用字母表示电感器的特征，如"G"为高频；第 3 部分用字母表示电感器的类型，如"X"为小型；第 4 部分用字母表示区别代号。固定电感器是一种通用性较强的系列化产品，其结构如图 1-16 所示，线圈（往往含有磁芯）被密封在外壳内，其具有体积小、质量轻、结构牢固、电感量稳定和使用安装方便的特点。

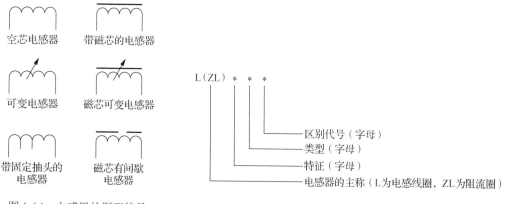

图 1-14　电感器的图形符号　　　　图 1-15　电感器型号的命名

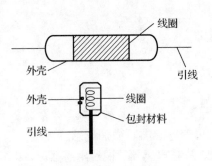

图 1-16　固定电感器

2. 电感器的参数

电感器的主要参数有电感量、额定电流、固有电容、品质因数等，其中前两项是最基本的。

1）电感量。在没有非线性导磁物质存在的条件下，一个载流线圈的磁通 ψ 与线圈中的电流 I 成正比，其比例常数称为自感系数，用 L 表示，简称自感或电感，即

$$L = \psi / I$$

2）额定电流。额定电流是指线圈中允许通过的最大电流。

3）固有电容。线圈匝与匝之间的导线，通过空气、绝缘层和骨架而存在着分布电容。此外，屏蔽罩之间、多层线圈的层与层之间、线圈与底板之间也都存在着分布电容。固有电容的存在会使线圈的等效总损耗电阻增大、品质因数降低。

4）品质因数（Q 值）。电感线圈的品质因数定义为

$$Q = \omega L / R$$

式中，ω 为工作角频率；L 为线圈的电感量；R 为线圈的等效总损耗电阻（包括直流电阻、高频电阻及介质损耗电阻）。

3. 电感器的作用

电感器的应用范围很广泛，它在调谐、振荡、耦合、匹配、滤波、陷波、延迟、补偿及偏转聚焦等电路中，都是必不可少的。

1.4　晶体二极管

图 1-17　常见的晶体二极管

晶体二极管简称二极管，是一种常用的具有一个 PN 结的半导体器件。二极管种类繁多，大小各异，仅从外观上看，较常见的有玻璃壳二极管、塑封二极管、金属壳二极管、大功率螺栓状金属壳二极管、微型二极管和片状二极管等，如图 1-17 所示。二极管按其制造材料的不同，可分为锗管和硅管两大类，每一类又分为 N 型和 P 型；按其制造工艺的不同，可分为点接触型二极管和面接触型二极管；按功能与用途的不同，可分为一般二极管和特殊二极管两大类，一般二极管包括检波二极管、整流二极管和开

感二极管（磁敏二极管、温度效应二极管、
二极管和激光二极管等。没有特别说明时，

图 1-18 所示。国产二极管的型号由 5 部分
二极管，第 2 部分用字母表示材料和极性，
序号，第 5 部分用字母表示规格。

不得超过此值，否则
向工作电压。

大，则二极管允许的

电压时，流过管子的
性越好。

流从负极流向正极。
情况下，锗二极管的
二极管的电压与电流
半导体器件。

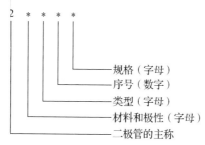

图 1-19　二极管型号的命名

型锗材料普通检波二极管，2CZ55A 为 N
二极管。

号的意义

型)	第 4 部分（序号）	第 5 部分（规格）
	序号（数字）	用字母表示（可缺）

的种类繁多，其外形
和化合物管；按导电
集电极 c 和基极 b 接
及 c 和基极 b 接负极，
选用相同导电极性的
顿管（≥3MHz）和低
1W）；按用途可分为

所示。二极管图形符号中，三角形一端为
图形符号印在二极管上标示出极性，有的
的二极管两端形状不同，平头为正极，圆

工作电压、最高工作频率、反向电流等，

作时允许通过的最大正向平均电流。最大

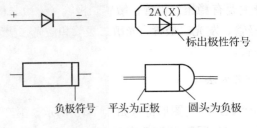

标出极性符号

负极符号　平头为正极　圆头为负极

图1-20　二极管极性的表示方法

2）最大反向工作电压 U_R：是指工作时加在二极管两端的反向电压，二极管可能被击穿。为了留有余地，通常将击穿电压的一半定为最大反向电压。

3）最高工作频率 f_H：主要取决于 PN 结结电容的大小。结电容越大，最高工作频率越低。

4）反向电流 I_R：指在室温条件下，在二极管两端加上规定的反向电压时的电流。通常希望 I_R 值越小越好。反向电流越小，说明二极管的单向导电性越好。

3. 二极管的工作原理与作用

二极管具有单向导电特性，只允许电流从正极流向负极，而不允许反向流动。锗二极管和硅二极管在正向导通时具有不同的正向管压降。二极管导通时，锗二极管的正向管压降约为 0.3V，硅二极管的正向管压降约为 0.7V。总之，由于二极管具有非线性关系，因此二极管的主要作用是检波和整流。二极管是非线性器件。

1.5　晶体管

晶体管是电子电路中的核心器件之一，应用十分广泛。晶体管的外形如图 1-21 所示。按所用半导体材料的不同，晶体管可分为锗管、硅管等；按极性不同，晶体管可分为 NPN 型和 PNP 型两大类。NPN 型管工作时，集电极接正极，电流由集电极 c 和基极 b 流向发射极 e。PNP 型管工作时，集电极接负极，电流由发射极 e 流向集电极 c 和基极 b。使用时，应按照电路图的要求选用管子，否则将无法正常工作。晶体管按截止频率可分为超高频管、高频管和低频管（<3MHz）；按耗散功率可分为小功率管（<1W）和大功率管（≥1W）；低频放大管、高频放大管、开关管、低噪声管、高反压管和复合管等。

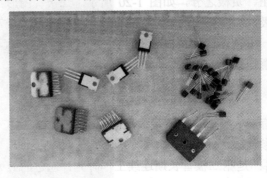

图1-21　常见的晶体管

1. 晶体管的符号和命名方法

晶体管的文字符号为"VT"，其图形符号如图 1-22 所示。晶体管的型号由 5 部分组成，如图 1-23 所示。第 1 部分用数字"3"表示晶体管，第 2 部分用字母表示材料和极性，第 3 部分用字母表示类型，第 4 部分用数字表示序号，第 5 部分用字母表示规格。

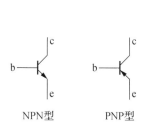

NPN型　　PNP型

图 1-22　晶体管的图形符号

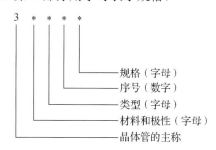

图 1-23　晶体管型号的命名

晶体管型号的意义见表 1-6。例如，3AX31 为 PNP 型锗材料低频小功率晶体管；3DG6B 为 NPN 型硅材料高频小功率晶体管。

表 1-6　晶体管型号的意义

第 1 部分（主称）	第 2 部分（材料）	第 3 部分（类型）	第 4 部分（序号）	第 5 部分（规格）
3	A——PNP 型锗材料	X——低频小功率管	序号（数字）	用字母表示(可省略)
	B——NPN 型锗材料	G——高频小功率管		
	C——PNP 型硅材料	D——低频大功率管		
	D——NPN 型硅材料	A——高频大功率管		
	E——化合物材料	K——开关管		
		T——闸流管		
		J——结型场效应管		
		O——MOS 场效应管		
		U——光电管		

2. 晶体管的参数

晶体管的参数很多，包括直流参数、交流参数和极限参数 3 类，但一般使用时只需关注电流放大系数、特征频率 f_T、集电极-发射极击穿电压 U_{CEO}、集电极最大电流 I_{CM}、集电极最大功耗 P_{CM} 等即可。

1）电流放大系数 β 和 h_{FE} 是晶体管的主要电参数之一。β 是晶体管的交流电流放大系数，指集电极电流 I_c 的变化量与基极电流 I_b 的变化量之比，反映了晶体管对交流信号的放大能力。h_{FE} 是晶体管的直流电流放大系数（也可用 β 表示），指集电极电流 I_c 的变化量与基极电流 I_b 的变化量之比，反映晶体管对直流信号的放大能力。图 1-24 所示为 3DG6 管的输出特性曲线，当 I_b 从 $40\,\mu A$ 上升到 $60\,\mu A$ 时，相应的 I_c 从 6mA 上升到 9mA，其电流放大系数为

$$\beta = \frac{(9-6)\times 10^3}{60-40} = 150$$

2）特征频率 f_T 是晶体管的另一主要电参数。晶体管的电流放大系数 β 与工作频率有关，工作频率超过一定值时，β 值开始下降。当 β 值下降为 1 时，所对应的频率即为特征频率 f_T，如图 1-25 所示，这时晶体管已完全没有电流放大能力。一般应使晶体管工作在 5% f_T 以下。

3）集电极-发射极击穿电压 U_{CEO} 是晶体管的一项极限参数。U_{CEO} 是指基极开路时，所允许加在集电极与发射极之间的最大电压。如果工作电压超过 U_{CEO}，晶体管将可能被击穿。

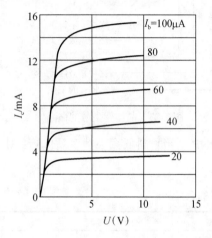

图 1-24　3DG6 管的输出特性曲线

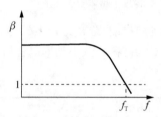

图 1-25　β 值的频率特性

4）集电极最大电流 I_{CM} 也是晶体管的一项极限参数。I_{CM} 是指晶体管正常工作时，集电极所允许通过的最大电流。晶体管的工作电流不应超过 I_{CM}。

5）集电极最大功耗 P_{CM} 是晶体管的又一项极限参数。P_{CM} 是指晶体管性能不变坏时所允许的最大集电极耗散功率。

使用时，晶体管的实际功耗应小于 P_{CM} 并留有一定余量，以防烧管。

3. 晶体管的原理与作用

晶体管具有 3 根管脚，分别是基极 b、发射极 e 和集电极 c，使用时应区分清楚。绝大多数小功率晶体管的管脚均按 e-b-c 的标准顺序排列，并标有标志，如图 1-26 所示。但也有例外，如某些晶体管型号后有后缀"R"，其管脚排列顺序往往是 e-c-b。

晶体管的基本工作原理如图 1-27 所示（以 NPN 型管为例）。当给基极（输入端）输入一个较小的基极电流 I_b 时，其集电极（输出端）将按比例产生一个较大的集电极电流 I_c，这个比例就是晶体管的电流放大系数 β，即 $I_c = \beta I_b$。发射极是公共端，发射极电流 $I_e = I_b + I_c = (1+\beta)I_b$。可见，集电极电流和发射极电流受基极电流控制，所以晶体管是电流控制型器件。

晶体管具有开关作用。图 1-28 所示为驱动发光晶体管的电子开关电路，晶体管的基极由脉冲信号 CP 控制，当 CP 为高电平"1"时，晶体管导通，发光二极管 VD 发光；当 CP 为低电平"0"时，晶体管截止，发光二极管 VD 熄灭；R 为限流电阻。

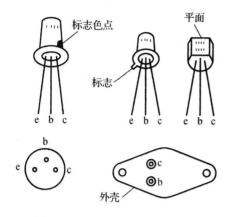

图 1-26   晶体管管脚的极性标志

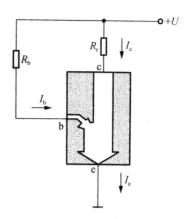

图 1-27   晶体管的基本工作原理

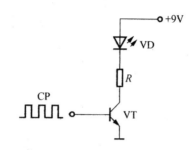

图 1-28   驱动发光晶体管的电子开关电路

第2章 通信系统概述及电子线路设计

2.1 电子通信概述

1. 通信频率的分配

频率就是每秒内的周期数，在电学中，通常用 Hz（赫兹）、kHz（千赫兹）和 MHz（兆赫兹）等表示。以下描述的是全部电信号的频谱，以及各种通信业务所使用的频率。频谱从次声频（几赫兹）延伸到宇宙射线（10^{22}Hz）。

极低频（extremely low frequency，ELF）是 30～300Hz 范围内的信号，包括工业交流电 50Hz（国际为 60Hz）。

语音频率（voice frequency，VF）是 300～3000Hz 范围内的信号，包括人类语音频率，标准电话信道带宽为 300Hz～3kHz，称为话音频率。

甚低频（very low frequency，VLF）是 3～30kHz 范围内的信号，VLF 用于某些特殊的政府或军事系统通信及海军舰艇通信、导航等。

低频（low frequency，LF）是 30～300kHz 范围内的信号，主要用于船舶导航和航空导航及电力通信等。

中频（medium frequency，MF）是 300kHz～3MHz 范围内的信号，主要用于商业 AM 广播（535～1605kHz）。

高频（high frequency，HF）是 3～30MHz 范围内的信号，常称为短波段，大多数双向无线电通信使用这个频段，国际无限 AM 广播业在该频段。一些单边带军用通信和商业通信也常用这个频段，业余无线电和民用电台也使用 HF 波段。

甚高频（very high frequency，VHF）是 30～300MHz 范围内的信号，常用于移动车载通信、商业 FM 广播（88～108MHz）以及 2～13 频道（54～216MHz）所谓商业电视广播。

特高频（ultra high frequency，UHF）是 0.3～3GHz 范围内的信号，由商业电视广播的频道 14～83、陆地移动通信业务、蜂窝移动电话、某些雷达和导航系统、微波及卫星无线电系统所使用。1GHz 以上的频率通常被认为是微波频率。

超高频（super high frequency，SHF）是 3～30GHz 范围内的信号，这是微波及卫星无线电通信系统所使用的频率。

极高频（extremely high frequency，EHF）是 30～300GHz 范围内的信号，该波段除特殊应用外，很少用于无线电通信。

红外光（infrared light）又称红外线，是 0.3～300THz 范围内的电信号，红外光通常不认为是无线电波，而认为是与热有关的电磁辐射射线。

可见光（visible light）是 0.3～3PHz 范围内的电磁波，用于光波通信、光纤通信等，近年来已成为电子通信系统的一种重要传输媒体。

2. 通信系统的模型

根据电信号传输的媒质不同，通信可分为有线通信和无线通信两大类。有线通信是指电信号通过导线、电缆线及光纤媒质传递，无线通信是指电信号利用空间电磁波来作为媒质传输。无论哪种通信，通信系统都可以用图 2-1 所示的模型来表示。

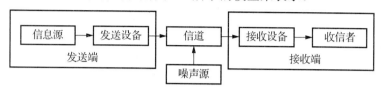

图 2-1　通信系统的模型

1）信息源：把各种消息变换成电信号。

2）发送设备：将原始电信号变换成适合在信道中传输的已调载波电信号，然后将电信号送入信道。

3）信道：是传输电信号的媒质，对有线通信，是指传输导线、电缆线和光缆等；对无线通信，是指空间传播电磁波。

4）接收设备：是将信道送来的已调载波电信号变换成原始电信号，送给收信者。

5）收信者：是将原始电信号变换成消息，这样就完成了消息的传递过程。图 2-1 中的噪声源是指信道中的噪声和分散在发送、接收系统中的噪声的集中表示。

无线通信系统的类型可根据不同的方法来划分，按工作频段或传输手段划分，主要有中波通信、短波通信、超短波通信、微波通信和卫星通信等。工作频率主要指发射与接收的射频（radio frequency，RF）频率。射频实际上就是"高频"的广义语，它是指适合无线电发射和传播的频率。无线通信系统按通信方式划分，主要有（全）双工、半双工和单工方式；按调制方式划分，有调幅、调频、调相及混合调制等；按传送消息的类型划分，有模拟通信和数字通信，还有话音通信、图像通信、数据通信和多媒体通信等。

调制是指由携有信息的电信号（如音频信号）去控制高频振荡信号的某一参数（如振幅），使该参数按照电信号的规律而变化（调幅）。调制信号是指携有信息的电信号，载波信号是指未调制的高频振荡信号，已调波是指经过调制后的高频振荡信号。调制根据受控参数有调幅、调角（调频、调相）。调制的作用是减小天线的尺寸和选台。

解调是调制的逆过程，将已调波转换为载有信息的电信号。

调幅发射机的组成如图 2-2 所示。

各部分的作用如下。

1）振荡器：振荡器可产生 f_{osc} 的高频振荡信号（几十千赫兹以上）。

2）高频放大器：小信号高频谐振放大器可放大振荡信号，使频率倍增至 f_c，并提供足够大的载波功率。

3）调制信号放大器：多级放大器的前几级为小信号放大器，放大微音器的电信号；后几级为功率放大器，提供功率足够的调制信号。

4）振幅调制器：振幅调制器实现调幅功能，将输入的载波信号和调制信号变换为所需的调幅波信号，并加到天线上。

5）微音器：话筒，产生调制信号，也就是低频信号，也叫音频信号。

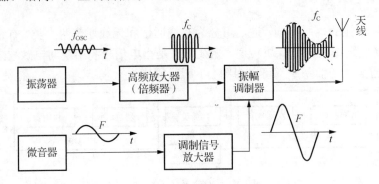

图 2-2　调幅发射机的组成

调幅接收机的组成如图 2-3 所示。

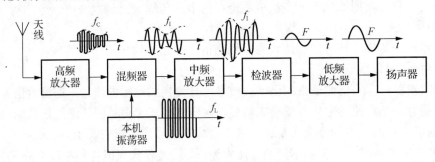

图 2-3　调幅接收机的组成

各部分的作用如下。

1）高频放大器：高频放大器为小信号放大器，其作用为选台。利用可调谐的谐振系统选出有用信号，抑制其他频率的干扰信号，放大选出的有用信号。

2）混频器：混频器的两路输入是由高频放大器输入已调信号 f_C，由本机振荡器输入本机振荡器信号 f_L。其作用是载波变频将已调信号的载波由 f_C（高频）变换为 f_I（中频），$f_I=|f_C-f_L|$，而调制波形不变。

3）本机振荡器：本机振荡器产生频率为 $f_L=|f_C+f_I|$ 的高频等幅振荡信号。F_L 可调，并能跟踪 f_C。

4）中频放大器：中频放大器为多级固定调谐的小信号放大器，其作用是放大中频信号。

5）检波器：检波器的作用是解调，从中频调幅波还原所传送的调制信号。

6）低频放大器：低频放大器由小信号放大器和功率放大器组成。其作用是放大调制信号，向扬声器提供所需的推动功率。

7）扬声器：音箱或耳机，接收的是音频信号。

整个电路的特点是解调电路前包括高频放大器、混频器、本机振荡器、中频放大器等，其优点是增益高和选择性好。如果解调前仅包括高频放大器，无混频器、本机振荡器、中频放大器等，则会增益低，选择性差。

3. 模拟通信与数字通信

按照信道中传输的是模拟信号还是数字信号，可以把通信系统分为模拟通信系统和数字通信系统。模拟通信系统的模型如图 2-4 所示。由于传送的是模拟信号，因此，发送端的信息源是将要传送的话音、音乐及图像等连续变化的模拟信息变换成连续变化的原始电信号。这种原始电信号频率较低，不能直接在信道中传输。人们把这种频率较低且携带信息的原始电信号称为基带信号。为了实现信息的传输，必须把基带信号变换成频率较高且适合在信道中传输的电信号。这种变换过程通常称为调制，实现调制功能的电路称为调制器。调制后的电信号称为已调信号，已调信号是携带信息且适合在信道中传输的电信号。在接收端，为了获取所传输的信息，必须将信道送来的已调信号再变换成基带信号。这种变换与发送端的变换相反，称为解调，实现解调功能的电路称为解调器。解调输出的基带信号，还必须由模拟终端重新恢复成连续变化的模拟信息。

图 2-4　模拟通信系统的模型

数字通信系统是传输数字信号的，因此在发送端必须把由消息源产生的连续变化的模拟基带信号变换成离散的数字脉冲信号。完成这种采样数字变换功能的电路称为 A/D（analog/digital，模/数）转换器。为了提高数字信号的传输效果，增强抗干扰能力和便于计算机处理，必须对 A/D 转换器输出的数字脉冲信号进行编码处理。同时，为了使通信具有保密性，要对编码前的数字脉冲信号先进行加密处理。经过这些处理以后就形成了数字基带信号，然后该信号就可以送入数字调制器中进行数字调制了。数字调制器输出的带有数字信息的已调信号，是可以在信道中传输的。接收端收到数字已调信号后，送入解调器解出原数字基带信号，再经译码、解密处理后恢复出原始数字信号。然后经 D/A 转换器变换成连续的原始模拟信号。模拟信号由模拟终端恢复出所要获取的模拟信息。如果只需要获取数字信息，终端用计算机即可。图 2-5 是传输数字信息的数字通信系统模型。

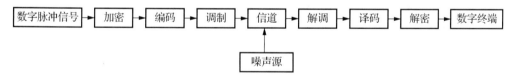

图 2-5　数字通信系统模型

数字通信具有很强的抗噪声、抗干扰能力。数字通信可以方便地实现保密通信，它能适应现代通信的高要求，是现代通信技术的主要方法。

4. 通信方式

如果通信仅在点与点之间进行，那么按信息传送的方向与时间，通信方式可以分为单工通信、半双工通信及全双工通信 3 种。单工通信是指消息只能单方向进行传输的工作方式，如图 2-6（a）所示，如广播、遥控就是一种单工通信方式。半双工通信是指双方都能收发消息，但不能同时进行收和发的工作方式，如图 2-6（b）所示，如使用同一载频工作的普通无线电收发报机和对讲机，就是按这种通信方式工作的。全双工通信是指通信双方可同时进行双向传输消息的工作方式，如图 2-6（c）所示，如普通电话就是最简单的一种全双工通信方式。

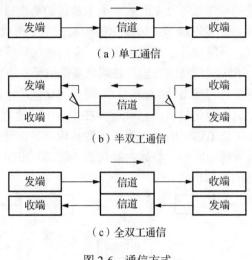

图 2-6　通信方式

5. 调制解调的提出

通信中需要调制的原因有两个：①基带信号是携带信息的低频信号，要想从天线上以电磁能量形成辐射传送是很困难的；②通常传送各种信息的基带信号几乎占有相同的频带，如果直接将它从两个或多个电台的天线同时发射，那么它们必然会相互干扰，从而导致无法接收。因此，实用中的调幅或调频广播电台在播送语音及音乐信号时，是将该基带信号调制到可以从天线上以电磁能量辐射传送的高频振荡来实现广播的。这种可以辐射的高频振荡称为射频，又称为载频（或载波）。载波在调制器中被基带信号调制后，转换成具有一定带宽的已调波，这就需要具有一定带宽的频道来传送。在调幅广播中，每个频道占有的带宽约为10kHz，调频广播中的频道占有宽带150kHz左右，而微波和卫星通信则需要30MHz以上的带宽。因此，在调幅和调频广播中采用不同的频道方式可以传送多个电台的语音和音乐，而不会产生相互干扰。

在接收机中，已调信号被放大、变频和中放后，必须通过解调从已调波中恢复出基带信号，将恢复出的基带信号再放大后送给接收者。解调是将已调波变换为携带信息的基带信号，因此它是调制的逆过程。对应也有调幅解调（包络检波和同步检波）、调幅解调（鉴频）、调相解调（检相）及各种数字解调等。

2.2　高频电子线路设计

高频电子线路是通信系统，特别是无线通信系统的基础，其主要任务是研究组成通信系统的各个部分——单元电路的组成、工作原理及电路的分析与设计。下面通过高频单元电路的设计，使学生掌握高频电子线路设计的基本原理。

2.2.1　高频功率放大器的设计与测试

高频功率放大器用于放大高频已调波（即窄带）信号，一般用于发射机的末级，将高频已调波信号进行功率放大，以满足发送功率的要求，然后经天线将其辐射到空间，保证在一定区域内的接收机可以接收到清晰的信号电平，并且不干扰相邻信道的通信。高频功率放大器是通信系统发射机的重要组成部分。

高频功率放大器由于采用谐振回路作为负载，解决了大功率放大时的效率、失真及阻抗变换等问题。就放大过程而言，电路中的功率管在截止、放大至饱和等区域中工作，表现出了明显的非线性，但其效果是可以对窄带信号实现线性放大。在电路上充分认识谐振回路的选频和阻抗变换作用，掌握其负载特性、调制特性、放大特性等外部特性，对于高频电子线路设计非常重要。

高频功率放大器可分为窄带放大器和宽带放大器。窄带放大器的相对通频带宽较小，如中波段调幅广播的载波频率为 535～1605kHz，而信号带宽只有 9kHz，传送信息的相对带宽只有 0.6%～1.7%，因此高频功率放大器一般采用窄带选频网络为负载。由于调谐系统复杂，且使用范围较窄，窄带高频功率放大器的应用受到很大的限制。对于某些有特殊要求的通信机，要求频率变换的相对范围大，采用传输线变压器作为负载可构成宽带高频功率放大器。晶体管高频功率放大器电路由输入回路、晶体管和输出谐振回路 3 部分组成。

为了提高效率，高频谐振功率放大器应工作于丙类状态。谐振功率放大器晶体管发射结一般为负偏置。

高频功率放大器的主要技术指标如下。

1）高频输出功率 P_O：是指高频功率放大器输出高频信号的功率。在一定条件下，高频功率放大器的输出功率应尽可能大。

2）高频功率放大器的效率 η：是指高频输出功率 P_O 与直流电源提供的功率 P 的比值，即 $\eta = P_O/P$，要求高频功率放大器的效率 η 要高。

3）高频功率放大器的功率增益 A_P：高频功率放大器输出的有用信号功率与输入信号功率的比值，即 $A_P = P_O/P_I$。要求高频功率放大器的功率增益要符合设计要求。

4）高频功率放大器的通频带宽：是指两个半功率点之间的带宽。要求高频功率放大器的通频带宽要符合设计要求。

5）选择性：反映高频功率放大器对通频带内信号的放大和对通频带外信号的抑制能力。要求高频功率放大器的选择性要好。

设计主要解决的问题是丙类功率放大器的调谐特性及负载变化时的动态特性；掌握激励信号变化对功率放大器工作状态的影响；比较甲类功率放大器与丙类功率放大器的功率、效率与特点。

丙类功率放大器通常作为发射机末级的功率放大器以获得较大的功率和较高的效率。设计的电路由三级放大器组成，如图 2-7 所示。

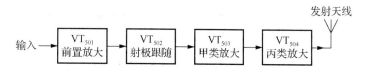

图 2-7　高频功率放大器的原理框图

高频功率放大器的电路图如图 2-8 所示。

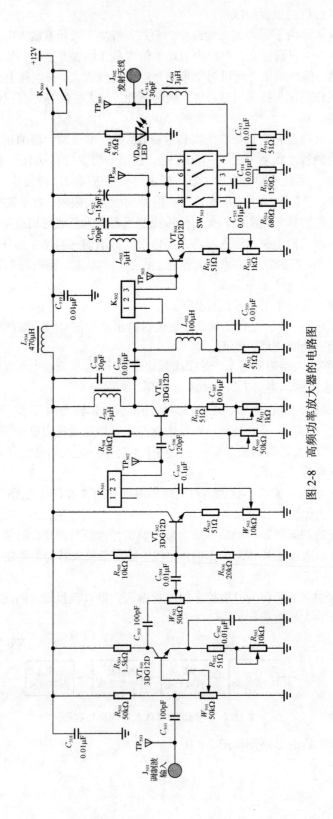

图 2-8 高频功率放大器的电路图

根据电路图，学生可以自己购买元器件和设计印制电路板图，完成焊接和调试。调整高频功率放大电路三级放大器的工作状态，用扫频仪观察整个高频功率放大与发射电路的增益和频率特性，扫频输出探头接 J_{501}，检波探头夹在发射天线绝缘外层上，输出衰减 30～40dB（SW_{501} 拨在 4，阻抗为天线），观察谐振点 10MHz。在 J_{501} 输入 10MHz、峰-峰值为 0.4V、调制度为 30% 的调幅波，用示波器在 TP_{503}、TP_{504} 和 TP_{505} 观察，调整电路中各电位器，使甲类功率放大器与丙类功率放大器的输出最大、失真最小。

甲类、丙类功率放大器直流工作点的比较：在上述状态下，用万用表直流电压挡测量 TP_{503} 和 TP_{504} 的基极电压，然后断开 TP_{501} 处的高频输入信号，再次测量 TP_{503} 和 TP_{504} 的基极电压，进行比较，进一步深入理解甲类功率放大器和乙类功率放大器的特点，即甲类功率放大器有静态偏置，乙类功率放大器没有静态偏置。

调谐特性的测试：在上述状态下，改变输入信号频率（由载波发生器产生），频率范围为 7～13MHz，用示波器测量 TP_{505} 的电压值（SW_{501} 拨在 4，阻抗为天线），表 2-1 为调谐特性的测试表，请同学根据实际测试结果填写。

表 2-1　调谐特性的测试表

f/MHz	7	7.5	8	8.5	9	9.5	10	10.5	11	11.5	12	12.5	13	13.5
$U_{c,P-P}$/V														

负载特性的测试：在上述状态下，保持输入信号频率为 10MHz 左右，即谐振点上，然后将负载电阻转换开关 SW_{501} 依次从 1 到 4 拨动，用示波器测量 TP_{504} 的电压值 U_c 和发射极的电压值 U_e，分析负载 R_L 对工作状态的影响，主要目的是验证匹配负载对输出的影响，在表 2-2 中只有负载为天线时输出最大，表 2-2 为负载特性的测试表，请同学根据实际测试结果填写。

表 2-2　负载特性的测试表

R_L/Ω	680	150	51	天线
$U_{c,P-P}$/V				
$U_{e,P-P}$/V				

功率、效率的测量与计算：表 2-3 中的 V_b、V_c、V_{ce} 需要用万用表直流挡来测，V_i 是输入电压峰-峰值，V_o 是输出电压峰-峰值，两者都用示波器来测量。$I_o=I_c$ 是由发射极直流电压除以发射极电阻得来的，计算出来的效率 η 丙类功率放大器要比甲类功率放大器大；P_c 为晶体管损耗功率，甲类功率放大器要比丙类功率放大器大；P_o 为输出功率，丙类功率放大器要比甲类功率放大器大。如果符合上述要求，电路及测试就是正确的。表 2-3 为功率、效率的测量与计算表，请同学根据实际测试结果填写。

表 2-3　功率、效率的测量与计算表

f/10MHz	V_b	V_c	V_{ce}	V_i	V_o	I_o	I_c	$P_=$	P_o	P_c	η
甲类功率放大器											
丙类功率放大器											

注：$P_=$：电源给出直流功率（$P_==V_{CC}\times I_o$）；
　　P_c：晶体管损耗功率（$P_c=I_c\times V_{ce}$）；
　　P_o：输出功率（$P_o=0.5\times V_o^2/R_L$）。

测试时，应注意 VT_{503}、VT_{504} 金属外壳的温升情况，必要时，可暂时降低载波器输出电平。发射天线可用短接线插头向上叠加代替，高度应适当。

2.2.2　正弦波振荡器的设计

振荡电路的功能是在没有外加输入信号的情况下，电路自动将直流电源提供的能量转化为具有一定振幅、一定频率和一定波形的交变信号输出。按输出的波形分类，振荡器分为正弦波振荡器、方波振荡器、三角波振荡器和锯齿波振荡器等；按产生振荡的原理分类，振荡器分为反馈型振荡器和负阻型振荡器。振荡电路的主要技术指标是振荡频率、频率稳定度、振荡幅度和振荡波形。

1. 反馈型振荡器

反馈型振荡器一般是由放大器和反馈网络组成的一个闭合环路。放大器通常以某种选频网络作为负载，是一个调谐放大器。反馈网络一般是由无源器件组成的线性网络。LC 振荡器属于反馈型正弦波振荡器，有互感耦合型振荡电路、电容反馈型振荡电路和电感反馈型振荡电路等多种类型。

频率稳定度的意义：振荡器的一个重要指标是振荡器的频率稳定度，是指由于外界条件的变化而引起的振荡器的实际工作频率偏离标称频率的程度。振荡器的频率稳定度常用频率偏差表示，分为绝对频率偏差和相对频率偏差。

绝对频率偏差如下：

$$\Delta f = f_1 - f_0 \tag{2-1}$$

相对频率偏差如下：

$$\frac{\Delta f}{f_0} = \frac{f_1 - f_0}{f_0} \tag{2-2}$$

频率稳定度是指在一定时间内频率准确度的变化，实际上是频率的不稳定程度。

长期稳定度：时间间隔为 1 天～12 个月。

短期稳定度：时间为一天，用小时、分、秒计算。

瞬间稳定度：秒或毫秒以内的频率稳定度。

振荡器的频率稳定度常用在一定时间内的频率偏差来衡量。根据用途不同，振荡器对频率稳定度的要求也不同，对于中波发射，稳定度要求不超过 10^{-5}，电视发射为 10^{-7}，普通信号发生器为 $10^{-5} \sim 10^{-4}$，高精度信号发生器为 $10^{-9} \sim 10^{-7}$，而作为频率标准用的振荡器要求稳定度为 10^{-11}，振荡器的频率稳定度应尽可能小。

2. 晶体振荡电路

石英晶体具有压电效应，在晶片两端加上交变电压，晶体就会发生相应的机械振动，同时由于电荷的周期变化，又会有交流电流流过电路。石英晶体振荡器之所以能获得很高的频率稳定度，是因为石英晶体谐振器具有良好的特性，表现如下。

1）石英晶体谐振器具有很高的标准性，其频率稳定度很高。

2）石英晶体谐振器与有源器件的接入系数 p 很小，一般为 $10^{-4} \sim 10^{-3}$。

3）石英晶体谐振器的损耗很小，具有很高的 Q 值，具有窄的通频带，因而选频特性好。

3. 负阻型振荡器

负阻器件有隧道二极管和单结二极管等，它们的伏-安特性在某种条件下呈现负阻特性。

负阻型振荡器就是利用这种负阻特性工作的。负阻型振荡器工作于高频和微波波段，常用于微波电路与系统中。负阻型振荡器一般由负阻器件和选频网络两部分组成。为保证振荡器的正常工作，电流型负阻器件应与串联谐振回路相连接。电压型负阻器件则应与并联谐振回路相连接。振荡器电路如图 2-9（a）所示，它的交流等效电路如图 2-9（b）所示，图中 R 是 R_1 与 R_2 的并联值，由于 R_1 与 R_2 不是很小，所以 R 不能忽略。因而负阻不仅要供给 $R'_L = R_p // R_L$ 的损耗能量，还要抵消 R 引入的损耗。此外，C_1 的接入限制了最高振荡频率。

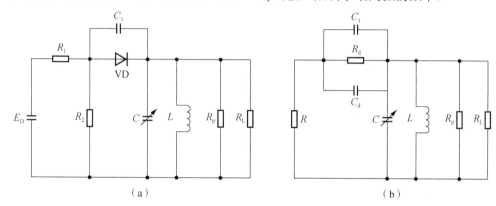

图 2-9　实用隧道二极管振荡电路

隧道二极管振荡电路虽然简单，但在微波波段中应用时，选择合适的电路结构非常重要。其工作频率最高可达几千兆赫兹，体积小、耗电量低，它的缺点是输出功率低。近几年，随着在微波振荡技术方面新型负阻器件的出现，克服了这一缺点，使负阻型振荡器的应用更为广泛。

2.2.3　LC 与晶体振荡器的设计与测试

设计与测试 LC 与晶体振荡器的目的是掌握电容三点式振荡器和晶体振荡器的基本电路及其工作原理；比较静态工作点和动态工作点，以及了解工作点对振荡波形的影响；测量振荡器的反馈系数、波段覆盖系数、频率稳定度等参数；比较 LC 与晶体振荡器的频率稳定度。

三点式振荡器包括电感三点式振荡器（哈脱莱振荡器）和电容三点式振荡器（考毕兹振荡器）。下面就电容三点式振荡器进行分析。

1．电容三点式振荡器

电容三点式振荡器电路如图 2-10 所示，它是基本的三点式电路，其缺点是晶体管自身的输入电容和输出电容对频率稳定度的影响较大，且频率不可调。

2．克拉泼振荡器

克拉泼振荡器电路如图 2-11 所示，其特点是在 L 支路中串入一个可调的小电容 C_3，并加大 C_1 和 C_2 的容量，振荡频率主要由 C_3 和 L 决定。C_1 和 C_2 主要起电容分压反馈作用，从而大大减小了输入电容和输出电容对频率稳定度的影响，且使频率可调。

3．西勒振荡器

西勒振荡器电路如图 2-12 所示，它是在串联改进型的基础上，在 L 两端并联一个小电容 C_4，调节 C_4 可改变振荡频率。西勒电路的优点是进一步提高电路的稳定性，振荡频率可以做得较高，该电路在短波和超短波通信机、电视接收机等高频设备中得到非常广泛的应用。

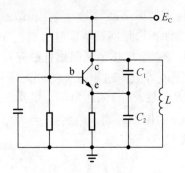
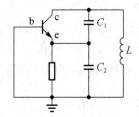

（a）电容三点式振荡器　　　　　　　　（b）交流等效电路

图 2-10　电容三点式振荡器电路

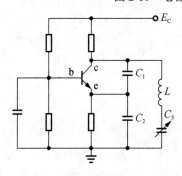
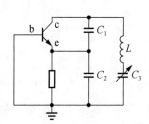

（a）克拉泼振荡器　　　　　　　　（b）交流等效电路

图 2-11　克拉泼振荡器电路

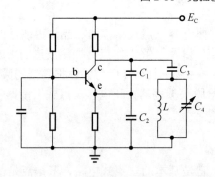
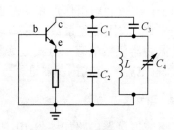

（a）西勒振荡器　　　　　　　　（b）交流等效电路

图 2-12　西勒振荡器电路

4. 晶体振荡器

晶体振荡器电路为并联晶振 b-c 型电路，又称皮尔斯电路，其交流等效电路如图 2-13 所示。

LC 与晶体振荡器的实验电路原理图如图 2-14 所示，用"短路帽"短接切换开关 K_{101}、K_{102}、K_{103} 的 1 和 2 接点构成 LC 振荡电路，短接 K_{101}、K_{102}、K_{103}2-3，并去除电容 C_{107} 后，便成为晶体振荡电路。

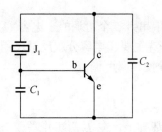

图 2-13　晶体振荡器电路的交流等效电路

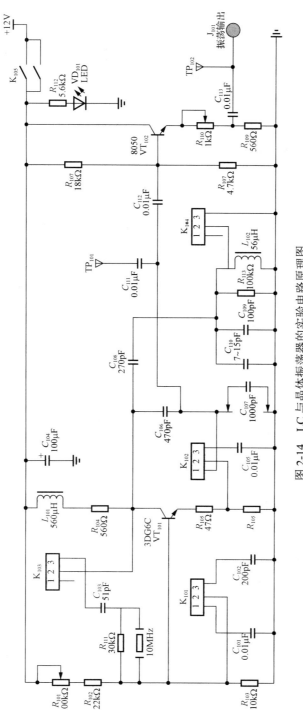

图 2-14　LC 与晶体振荡器的实验电路原理图

调整 LC 振荡电路静态工作点时，应短接电感 L_{102}（即短接 K_{104} 的 2-3）。在这个电路后面可以再加一个射极跟随电路，提供低阻抗输出。电路中的 LC 振荡器的输出频率约为 1.5MHz，晶体振荡器的输出频率为 10MHz，调节电阻 R_{110}，可调节输出的幅度。接+12V 的电源。调整和测量 LC 振荡器的静态工作点，比较振荡器射极直流电压 U_e、U_{eq} 和直流电流 I_e、I_{eq}。

组成 LC 振荡器：短接 K_{101}1-2、K_{102}1-2、K_{103}1-2、K_{104}1-2，并在 C_{107} 处插入 1000pF 的电容。用示波器（探头衰减 10）在测试点 TP_{102} 观测 LC 振荡器的输出波形，用频率计测量其输出频率。

调整静态工作点：短接 K_{104}2-3（即短接电感 L_{102}），使振荡器停振，测量晶体管 VT_{101} 的发射极电压 U_{eq}；然后调整电阻 R_{101} 的值，使 U_{eq}=0.5V，并计算出电流 I_{eq}（=0.5V/1kΩ= 0.5mA）。

测量发射极电压和电流：短接 K_{104}1-2，LC 振荡器恢复工作，测量 VT_{101} 发射极电压 U_e 和 I_e。

改变电容 C_{110} 和电阻 R_{110} 值，使 LC 振荡器的输出频率 f_0 为 1.5MHz、输出幅度 V_L 为 1.5V，观察反馈系数 K_{fu} 对振荡电压的影响。

由原理可知，反馈系数 $K_{fu}=C_{106}/C_{107}$。按表 2-4 改变电容 C_{107} 的值，在 TP_{102} 处测量振荡器的输出幅度 V_L（保持 U_{eq}=0.5V），记录相应的数据，并绘制 $V_L=f(C)$ 曲线。

表 2-4　输出幅度 V_L 和电容 C_{107} 的关系测量

C_{107}/pF	500	1000	1500	2000	2500
$V_{L\ (p-p)}$					

测量振荡电压 V_L 与振荡频率 f 之间的关系，见表 2-5，计算振荡器波段覆盖系数 f_H/f_L，选择测试点 TP_{102}，改变 C_{110} 值，测量 V_L 随 f 的变化规律，并找出振荡器的最高频率 f_H 和最低频率 f_L。请将测量结果填入表中。

表 2-5　振荡电压 V_L 与振荡频率 f 之间的关系

f/kHz						
$V_{L\ (p-p)}$						
$f_H=$_____, $f_L=$_____, $f_H/f_L=$_____						

观察振荡器直流工作点 I_{eq} 对振荡电压 V_L 的影响：保持 C_{107}=1000pF、U_{eq}=0.5V、f_0=1.5MHz 不变，然后按以上调整静态工作点的方法改变 I_{eq}，并测量相应的 V_L，且把数据记入表 2-6。

表 2-6　I_{eq} 对振荡电压 V_L 的影响

I_{eq}/mA	0.25	0.30	0.35	0.40	0.45	0.50	0.55
$V_{L\ (p-p)}$							

比较两类振荡器的频率稳定度。

（1）LC 振荡器

保持 C_{107}=1000pF、U_{eq}=0.5V、f_0=1.5MHz 不变，分别测量 f_1 在 TP_{101} 处和 f_2 在 TP_{102} 处的频率，观察有何变化。

（2）晶体振荡器

短接 K_{101}、K_{102}、K_{103}2-3，并去除电容 C_{107}，再观测 TP_{102} 处的振荡波形，记录幅度 V_L 和频率 f_0 的值。

波形：_____，幅度 V_L=_____，频率 f_0=_____。

然后将测试点移至 TP_{101} 处，测得频率 f_1=_____。

根据以上的测量结果，试比较两种振荡器频率的稳定度 $\Delta f / f_0$。

LC 振荡器：$\dfrac{\Delta f}{f_0} = (f_0 - f_1)/f_0 \times 100\% =$ _____%。

晶体振荡器：$\dfrac{\Delta f}{f_0} = (f_0 - f_1)/f_0 \times 100\% =$ _____%。

2.2.4　高频小信号放大器电路的设计与测试

高频小信号放大器主要用于放大高频小信号，采用谐振回路作为负载，又称为小信号谐振放大器。由于用谐振回路作为负载，解决了放大倍数、通频带宽和阻抗匹配等问题，高频小信号放大器属于窄带放大器。放大电路中的晶体管工作在放大区域，由于信号小、线性失真小，具有对窄带信号不失真放大和滤除带外信号的选频作用。

高频小信号放大器是通信系统中常用的电路，它所放大的信号频率在数百千赫兹至数百兆赫兹之间，其功能是实现对微弱的高频信号进行不失真放大。从信号所含频谱来看，高频小信号放大器的输入信号频谱与放大后输出信号的频谱是相同的。

高频小信号放大器的分类如下。

1）按使用的元器件分，高频小信号放大器可分为晶体管放大器、场效应管放大器和集成电路放大器。

2）按通频带分，高频小信号放大器可分为窄带放大器和宽带放大器。

3）按电路形式分，高频小信号放大器可分为单级放大器和多级放大器。

4）按负载性质分，高频小信号放大器可分为谐振放大器和非谐振放大器。

高频小信号放大器的重要技术指标：电压增益与功率增益、频带宽度、矩形系数、工作稳定性和噪声系数。

其设计的目的是使学生了解谐振回路的选择性、了解信号源内阻及负载对谐振回路的影响、掌握频带的展宽、动态范围及其测试方法。

高频小信号放大器电路是构成无线电设备的主要电路，它的作用是放大信道中的高频小信号。为使放大信号不失真，放大器必须工作在线性范围内，如无线电接收机中的高频放大电路，都是典型的高频窄带小信号放大电路。窄带放大电路中，被放大信号的频带宽度小于或远小于它的中心频率。例如，在调幅接收机的中频放大电路中，带宽为 9kHz、中心频率为 465kHz，相对带宽 $\Delta f/f_0$ 约为百分之几。因此，高频小信号放大电路的基本类型是选频放大电路，选频放大电路以选频器作为线性放大器的负载或作为放大器与负载之间的匹配器。它主要由放大器与选频回路两部分构成。用于放大的有源器件可以是半导体晶体管，也可以是场效应管、电子管或是集成运算放大器。用于调谐的选频器件可以是 LC 谐振回路，也可以是晶体滤波器、陶瓷滤波器、LC 集中滤波器和声表面波滤波器等。本设计用晶体管作为放大器件、LC 谐振回路作为选频器。在分析时，主要用如下参数衡量电路的技术指标：中心频率、增益、噪声系数、灵敏度、通频带与选择性。

单调谐放大电路一般采用 LC 回路作为选频器的放大电路，它只有一个 LC 回路，调谐在一个频率上，并通过变压器耦合输出，图 2-15 为该电路的原理图及输出曲线。

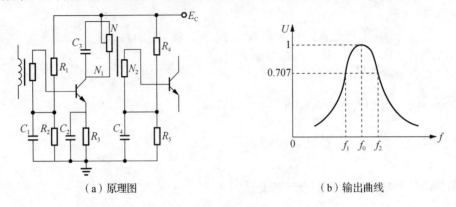

（a）原理图　　　　　　　　　　　　　　（b）输出曲线

图 2-15　单调谐放大电路

为了改善调谐电路的频率特性，通常采用双调谐放大电路，其电路如图 2-16 所示。双调谐放大电路由两个彼此耦合的单调谐放大回路组成。它们的谐振频率应调在同一个中心频率上。两种常见的耦合回路：①两个单调谐回路通过互感 M 耦合，如图 2-16（a）所示，称为互感耦合双调谐振回路；②两个单调谐回路通过电容耦合，如图 2-16（b）所示，称为电容耦合双调谐回路。

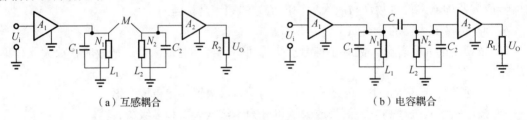

（a）互感耦合　　　　　　　　　　　　　（b）电容耦合

图 2-16　双调谐放大电路

通过改变互感系数 M 或耦合电容 C，就可以改变两个单调谐回路之间的耦合程度。通常用耦合系数 K 来表征其耦合程度：

$$K = \frac{M}{\sqrt{L_1 L_2}} \tag{2-3}$$

电容耦合双调谐回路的耦合系数：

$$K = \frac{C}{\sqrt{(C_1 + C)(C_2 + C)}} \tag{2-4}$$

式中，C_1 与 C_2 为等效到初级、次级回路的全部电容之和。

实际线路分析：由 VT_1 等元器件组成单调谐放大器，如图 2-17（a）所示；由 VT_2 等元器件组成双调谐放大器，如图 2-17（b）所示，单调谐放大器和双调谐放大器输入端分别接 6.5MHz 调制波信号。切换开关 K_1 用于改变射级电阻，以改变 VT_1 的直流工作点。切换开关 K_2 用于改变 LC 振荡回路的阻尼电阻，以改变 LC 回路的 Q 值。切换开关 K_3 可改变双调谐回路的耦合电容，以观测 $\eta<1$、$\eta=1$、$\eta>1$ 这 3 种状态下的双调谐回路幅频特性曲线。

单调谐放大器增益和带宽的测试如下。

将扫频仪的输出探头接到电路的输入端(J_2)，扫频仪的检波探头接到电路的输出端(TP_2)，然后在放大器的射极和调谐回路中分别接入不同阻值的电阻，并通过调节调谐回路的磁芯（T_1），使波形的顶峰出现在频率为 6.5MHz 处，分别测量单调谐放大器的增值与带宽，并记录。

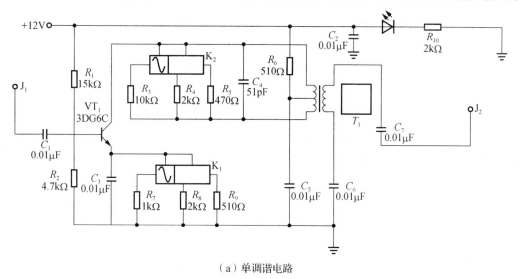

（a）单调谐电路

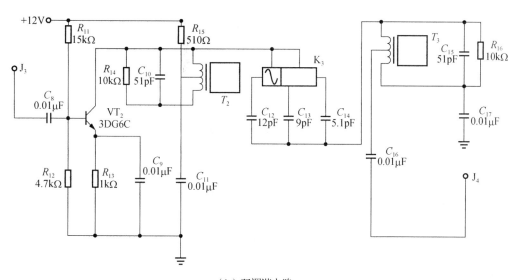

（b）双调谐电路

图 2-17　调谐放大器

调谐放大电路的测试如下。

改变双调谐回路的耦合电容，并通过调节初、次级谐振回路的磁芯，使出现的双峰波形的峰值等高。测量放大器的增益与带宽，并记录。

不同信号频率下的耦合程度测试如下。

在电路的输入端（J_2）输入高频载波信号（0.4V，其频率分别为 6.1MHz、6.5MHz、6.9MHz），用示波器在电路的输出端（TP_4）分别测试 3 种耦合状态下的输出幅度（V），并填写表 2-7 中不同信号频率下的耦合程度测试数据。

表 2-7　不同信号频率下的耦合程度测试

耦合状态＼频率	6.1MHz	6.5MHz	6.9MHz
K_{1103} 1-2 紧耦合			
K_{1103} 2-3 适中耦合			
K_{1103} 4-5 松耦合			

以上测试用的高频载波亦可取自"变容二极管调频器及相位鉴频器实验"所产生的载波信号。

2.2.5　振幅调制与解调电路的设计与测试

振幅调制常用于长波、中波、短波和超短波的无线电广播、通信、电视和雷达等系统。这种调制方式是用传递的低频信号（如代表语言、音乐、图像的电信号）去控制作为传送载体的高频振荡波（称为载波）的幅度，使已调波的幅度随调制信号而线性变化，而保持载波的角频率不变。在振幅调制中，根据所输出已调波信号频谱分量的不同，分为普通调幅（标准振幅调制，用 AM 表示）、抑制载波的双边带调幅（用 DSB 表示）、抑制载波的单边带调幅（用 SSB 表示）等。

标准振幅调制（amplitude modulation，AM）是一种相对便宜的、质量不高的调制形式，主要用于声频和视频的商业广播。调幅也能用于双向移动无线通信，如民用波段广播。

AM 调制器是非线性设备，有两个输入端口和一个输出端口。一端输入振幅为常数的单频载波信号，另一端输入低频信息信号。信息可以是单频信号也可以是由许多频率成分组成的复合波形。在调制器中，信息作用（或调制）在载波上，就产生了振幅随调制信号（信息）瞬时值而变化的已调波。通常已调波（或调幅波）是能有效地通过天线发射，并在自由空间中传播的射频波（简称为 RF 波）。

其设计目的是掌握用集成模拟乘法器构成调幅与检波电路的方法，掌握集成模拟乘法器的使用方法，了解二极管包络检波的主要指标、检波效率及波形失真。

把调制信号和载波同时加到一个非线性元件上（如晶体二极管和晶体管），经过非线性变换电路，就可以产生新的频率成分，再利用一定带宽的谐振回路选出所需的频率成分就可实现调幅。

MC1496 各引脚功能如下。

1）SIG+：信号输入正端。

2）GADJ：增益调节端。

3）SIG-：信号输入负端。

4）BIAS：偏置端。

5）OUT+：正电流输出端。

6）NC：空脚。

7）CAR+：载波信号输入正端。

8）CAR-：载波信号输入负端。

9）OUT-：负电流输出端。

10）V-：负电源。

幅度调制与解调的实验电路原理如图 2-18 所示，图中 U_{301} 是幅度调制乘法器，音频信

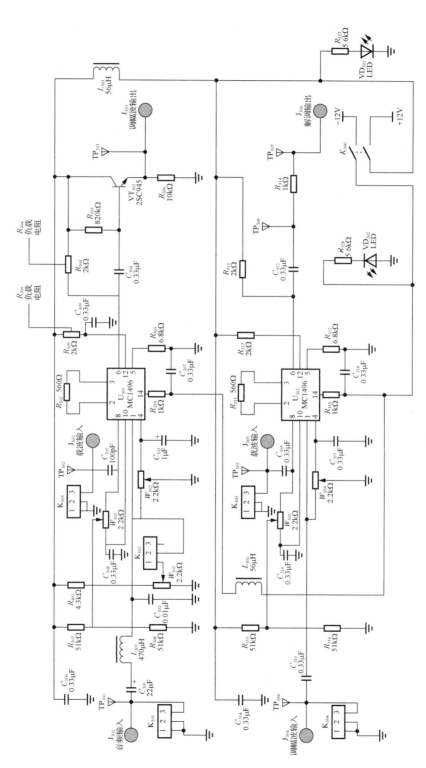

图 2-18　幅度调制与解调的实验电路原理图

号和载波分别从 J_{301} 和 J_{302} 输入到乘法器的两个输入端，K_{301} 和 K_{303} 可分别将两路输入对地短路，以便对乘法器进行输入失调调零。W_{301} 可控制调幅波的调制度，K_{302} 断开时，可观察平衡调幅波，R_{302} 为增益调节电阻，R_{309} 和 R_{304} 分别为乘法器的负载电阻，C_{309} 对输出负端进行交流旁路。C_{304} 为调幅波输出耦合电容，VT_{301} 接成低阻抗输出的射级跟随器。

U$_{302}$ 是幅度解调乘法器，调幅波和载波分别从 J_{304} 和 J_{305} 输入，K_{304} 和 K_{305} 可分别将两路输入对地短路，对乘法器进行输入失调调零。R_{311}、R_{317}、R_{313} 和 C_{312} 的作用与 R_{302}、R_{309}、R_{304} 和 C_{304} 相同。

幅度调制实验需要加音频信号 V_L 和高频信号 V_H。调节函数信号发生器的输出为 0.3V、1kHz 的正弦波信号。调节载波发生器，使其输出为 0.6V、10MHz 的正弦波信号。将音频信号接入调制器的音频输入口 J_{301}、高频信号接入载波输入口 J_{302} 或 TP_{302}，用双踪示波器同时监视 TP_{301} 和 TP_{303} 的波形，以得到理想的 10MHz 调幅波。

观测调幅波，在乘法器的两个输入端分别输入高、低频信号，调节相关的电位器（W_{301} 等），短接 K_{302}1-2，在输出端观测调幅波 V_0，并记录 V_0 的幅度和调制度。此外，在短接 K_{302}2-3 时，可观测平衡调幅波 V_0，并记录 V_0 的幅度。

观测解调输出，在保持调幅波输出的基础上，将调制波和高频载波输入解调乘法器 U$_{302}$，即分别连接 J_{303} 和 J_{304}、J_{302} 和 J_{305}，用双踪示波器分别监视音频输入和解调器的输出。然后在乘法器的两个输入端分别输入调幅波和载波，用示波器观测解调器的输出，记录其频率和幅度。若用平衡调幅波输入（K_{302}2-3 短接），再观察解调器的输出并记录。

为了得到准确的结果，乘法器的失调调零至关重要，且这是一项细致的工作，所以必须要认真完成。用示波器观察波形时，探头应保持衰减 10 倍的位置。

2.2.6 变容二极管调频器的设计与测试

根据频率调制的特点，实现调频的方法分为直接调频和间接调频两大类。对调频电路的性能指标，一般有以下几个方面的要求。

1）调制特性：已调波的瞬时频率变换与调制信号呈线性关系。

2）调制灵敏度：单位调制电压所产生的频率偏移要大，具有较高的调制灵敏度。

3）最大频率偏移与调制信号的频率无关。

4）频率稳定度：未调制的载波频率（即已调波的中心频率）要稳定，具有一定的频率稳定度。

5）无寄生调幅或寄生调幅尽可能小。

直接调频是利用调制信号直接控制振荡器的振荡频率，使其按调制信号的变化规律变化。要控制载波振荡器的振荡频率，就要用调制信号去控制决定载波振荡器振荡频率的元件或电路的参数，从而使载波振荡器的瞬时频率按调制信号的变化规律线性变化，实现直接调频。

1. 改变振荡回路元件参数实现调频

常用的可控电容元件有变容二极管和电抗管电路。常用的可控电抗元件为具有铁氧体磁芯的电感线圈或电抗管电路，而可控电阻元件有 PIN 二极管和场效应管。在 LC 振荡器中，决定振荡器频率的主要元件是电感 L 和电容 C。在 RC 振荡器中，决定振荡器频率的主要元件是电阻 R 和电容 C。因此根据调频的特点，用调制信号去控制可控电感、电容或电阻的数值就能实现调频。

2. 控制振荡器的工作状态实现调频

在微波发射极中，常用速调管振荡器作为载波振荡器，其振荡频率受控于加在管子发射级上的电压。因此，只需将调制信号加至发射级即可实现调频。

变容二极管是根据 PN 结的结电容随反向电压变化而变化的原理而设计与工作的。在施加反向偏置电压时，变容二极管呈现较大的结电容。这个结电容的大小能灵敏地随反向偏置电压变化。利用变容二极管的这一特性，将变容二极管接到振荡器的振荡回路中，作为可控电容元件，则回路的电容量会随调制电压变化，从而改变振荡频率，达到调频的目的。

实训安排变容二极管电路设计的目的是使学生掌握变容二极管调频器的电路结构与电路工作原理，掌握调频器的调制特性及其测量方法。

变容二极管实际上是一个电压控制的可变电容元件。当外加反向偏置电压变化时，变容二极管 PN 结的结电容会随之改变，其变化规律如图 2-19 所示。

变容二极管的结电容 C_j 与电容二极管两端所加的反向偏置电压之间的关系如下：

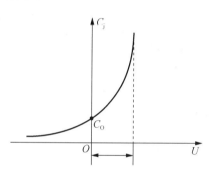

$$C_j = \frac{C_O}{\left(1 + \dfrac{|U|}{U_\varphi}\right)^\gamma} \qquad （2-5）$$

式中，U_φ 为 PN 结的势垒电位差，硅管约为 0.7V，锗管为 0.2~0.3V；C_O 为未加外电压时的耗尽层电容值；U 为变容二极管两端所加的反向偏置电压；γ 为变容二极管结电容的变化指数，它与 PN 结的掺杂情况有关，通常 γ 为 1/3~1/2。采用特殊工艺制成的变容二极管的 γ 值可达 1~5。

图 2-19　变容二极管的 C_j-U 曲线

直接调频的基本原理是用调制信号直接控制振荡回路的参数，使振荡器的输出频率随调制信号的变化规律呈线性改变，以生成调频信号。若载波信号是由 LC 自激振荡器产生的，则振荡频率主要由振荡回路的电感和电容元件决定。因而，只要用调制信号去控制振荡回路的电感和电容，就能达到控制振荡频率的目的。若在 LC 振荡回路上并联一个变容二极管，并用调制信号电压来控制变容二极管的电容值，则振荡器的输出频率将随调制信号的变化而改变，从而达到直接调频的目的。

电容耦合双调谐回路相位鉴频器的组成如图 2-20 所示。

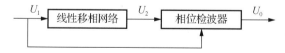

图 2-20　电容耦合双调谐回路相位鉴频器的组成

图 2-20 中的线性移相网络就是频-相变换网络，它将输入调频信号 U_1 的瞬时频率变化转换为相位变化的信号 U_2，然后与原输入的调频信号一起加到相位检波器上，检出反映频率变化的相位变化，从而达到了鉴频的目的。图 2-21 是耦合回路相位鉴频器，它是常用的一种鉴频器。这种鉴频器的相位检波器部分是由两个包络检波器组成的，线性移相网络采用耦合回路。为了扩大线性鉴频的范围，这种相位鉴频器通常都接成平衡和差动输出。

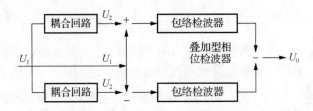

图 2-21　耦合回路相位鉴频器

图 2-22 是电容耦合的双调谐回路相位鉴频器的电路原理图，它是由调频-调相变换器和相位检波器两部分组成的。调频-调相变换器实质上是一个电容耦合双调谐回路谐振放大器，耦合回路初级信号通过电容 C_P 耦合到次级线圈的中心抽头上，L_1C_1 为初级调谐回路，L_2C_2 为次级调谐回路，初、次级回路均调谐在输入调频波的中心频率 f_C 上，二极管 VD_1、VD_2 和电阻 R_1、R_2 分别构成两个对称的包络检波器。鉴频器输出电压 U_0 由 C_5 两端取出，C_5 对高频短路而对低频开路，再考虑到 L_2、C_2 对低频分量的短路作用，因而鉴频器的输出电压 U_0 等于两个检波器负载电阻上电压的变化之差。电阻 R_3 对输入信号频率呈现高阻抗，并为二极管提供直流通路。图 2-22（a）中初、次级回路之间仅通过 C_P 与 C_m 进行耦合，只要改变 C_P 和 C_m 的大小就可调节耦合的松紧程度。由于 C_P 的容量远大于 C_m，C_P 对高频可视为短路。基于上述，耦合回路部分的交流等效电路如图 2-22（b）所示。初级电压 U_1 经 C_m 耦合，在次级回路产生电压 U_2，经 L_2 中心抽头分成两个相等的电压 $U_2 / 2$，由图 2-22 可知，加到两个二极管上的信号电压如下：

$$U_{D_1} = U_1 + \frac{1}{2}U_2 \tag{2-6}$$

$$U_{D_2} = U_1 - \frac{1}{2}U_2 \tag{2-7}$$

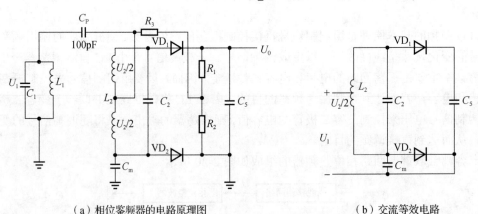

（a）相位鉴频器的电路原理图　　　　　　　　　（b）交流等效电路

图 2-22　电容耦合的双调谐回路相位鉴频器的电路原理图

随着输入信号频率的变化，U_1 和 U_2 之间的相位也发生相应的变化，从而使它们的合成电压发生变化，由此可将调频波变成调幅-调频波，最后由包络检波器检出调制信号。

3. 实际线路分析

变容二极管调频器与相位鉴频器实验电路原理图如图 2-23 所示，图中的上半部分为变

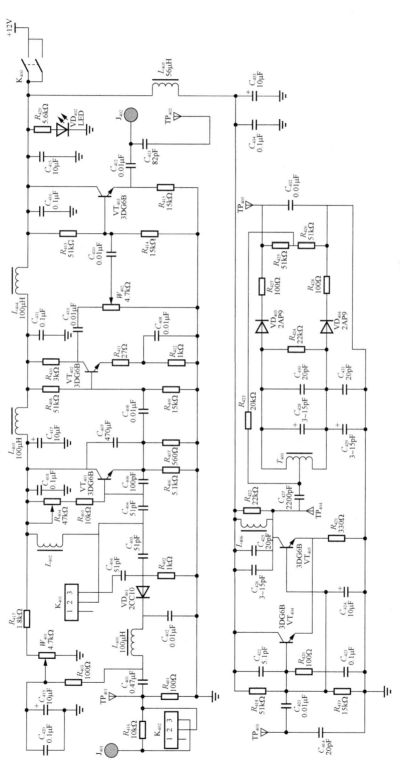

图 2-23　变容二极管调频器与相位鉴频器实验电路原理图

容二极管调频器，下半部分为相位鉴频器。VT$_{401}$为电容三点式振荡器，产生 10MHz 的载波信号。变容二极管 VD$_{401}$ 和 C$_{403}$ 构成振荡回路电容的一部分，直流偏置电压通过 W$_{401}$、R$_{403}$ 和 L$_{401}$ 加至变容二极管 VD$_{401}$ 的负端，C$_{402}$ 为变容二极管的交流通路，R$_{402}$ 为变容二极管的直流通路，L$_{401}$ 和 R$_{403}$ 组成隔离支路，防止载波信号通过电源和低频回路短路。低频信号从输入端 J$_{401}$ 输入，通过变容二极管 VD$_{401}$ 实现直接调频，C$_{401}$ 为耦合电容，VT$_{402}$ 对调制波进行放大，通过 W$_{402}$ 控制调制波的幅度，VT$_{403}$ 为射级跟随器，以减小负载对调频电路的影响。从输出端 J$_{402}$ 或 TP$_{402}$ 输出 10MHz 的调制波，通过隔离电容 C$_{413}$ 接至频率计；用示波器接在 TP$_{402}$ 处观测输出波形，目的是减小对输出波形的影响。J$_{403}$ 为相位鉴频器调制波的输入端，C$_{414}$ 提供合适的容性负载；VT$_{404}$ 和 VT$_{405}$ 接成共集-共基电路，以提高输入阻抗和展宽频带，R$_{418}$、R$_{419}$ 提供公用偏置电压，C$_{422}$ 用以改善输出波形。

4. 测试内容与步骤

（1）振荡器输出的调整

将切换开关 K$_{401}$ 的 1-2 接点短接，调整电位器 W$_{401}$ 使变容二极管 VD$_{401}$ 的负极对地电压为+2V，并观测振荡器输出端的振荡波形与频率。

调整线圈 L$_{402}$ 的磁芯和可调电阻 R$_{404}$，使 R$_{407}$ 两端的电压为（2.5±0.05）V（用直流电压表测量），使振荡器的输出频率为（10±0.02）MHz。

调整电位器 W$_{402}$，使输出振荡幅度为 1.6V。

（2）变容二极管静态调制特性的测量

输入端 J$_{401}$ 无信号输入时，改变变容二极管的直流偏置电压，使反向偏置电压 E$_d$ 在 0~5.5V 范围内变化，分两种情况测量输出频率，并填入表 2-8 中。

表 2-8　变容二极管静态调制特性的测量

	E$_d$/V	0	0.5	1	1.5	2	2.5	3	3.5	4	4.5	5	5.5
f$_0$/MHz	不并 C$_{404}$												
	并 C$_{404}$												

（3）相位鉴频器鉴频特性的测试

1）相位鉴频器的调整：扫频输出探头接 TP$_{403}$，扫频输出衰减 30dB，Y 输入用开路探头接 TP$_{404}$，Y 衰减 10（20dB），Y 增幅最大，扫频宽度控制在 0.5 格/MHz 左右，使用内频标观察和调整 10MHz 鉴频 S 曲线，可调器件为 L$_{406}$、T$_{401}$、C$_{426}$、C$_{428}$、C$_{429}$ 5 个元件。其主要作用：T$_{401}$、C$_{428}$ 调中心 10MHz 至 X 轴线；L$_{406}$、C$_{426}$ 调上下波形对称；C$_{429}$ 调中心 10MHz 附近的线性。

2）鉴频特性的测试：载波发生器模块输出载波的频率为 10MHz、幅度为 0.4V，接入输入端 TP$_{403}$，用直流电压表测量输出端 TP$_{405}$ 的对地电压（若不为零，可略微调 T$_{401}$ 和 C$_{428}$，使其为零），然后在 9.0~11MHz 范围内，以相距 0.2MHz 的点频，测得相应的直流输出电压，并填入表 2-9 中。绘制 f-V$_0$ 曲线，并按最小误差画出鉴频特性的直线（用虚线表示）。

表 2-9　鉴频特性的测试

f/MHz	9.0	9.2	9.4	9.6	9.8	10	10.2	10.4	10.6	10.8	11
V$_0$/mV											

（4）相位鉴频器的解调功能测量

使变容二极管调频器输出调频信号，幅度为 0.4V、频率为 10MHz，频偏最大，并接入电路输入端 J_{403}，在输出端 TP_{405} 测量解调信号。

波形：_____波，频率：____kHz，幅度：____V（允许略微调节 T_{401}）。

（5）变容二极管动态调制特性的测量

在变容二极管调频器的输入端 J_{401} 接入 1kHz 的音频调制信号 V_i。将 K_{401} 的 1-2 短接，令 E_d=2V，连接 J_{402} 与 J_{403}。用双踪示波器同时观察调制信号与解调信号，改变 V_i 的幅度，测量输出信号，并填入表 2-10 中。

表 2-10　相位鉴频器的解调功能测量

V_i/V	0	0.4	0.6	0.8	1.0	1.2	1.4	1.6	1.8	2.0	2.2	2.4
V_0/V												

注意：实验前必须认真阅读扫频仪的使用方法，实验时必须对照实验原理线路图进行连接。

2.2.7　集成乘法器混频电路的设计

1. 设计原理

混频器的功能是将载波为 f_s（高频）的已调波信号不失真地变换为另一载频 f_I（固定中频）的已调波信号，而保持原调制规律不变。例如，在调幅广播接收机中，混频器将中心频率为 535～1605kHz 的已调波信号变换为中心频率为 465kHz 的中频已调波信号。此外，混频器还广泛用于需要进行频率变换的电子系统及仪器中，如频率合成器、外差频率计等。

混频器的电路模型如图 2-24 所示。

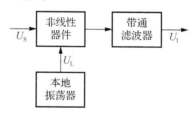

图 2-24　混频器的电路模型

混频器常用的非线性器件有二极管、晶体管、场效应管和乘法器。本机振荡器用 $\omega_I = \omega_L - \omega_S$ 产生一个等幅的高频信号 U_L，并与输入信号 U_S 经混频器后所产生的差频信号经带通滤波器滤出。目前，高质量的通信接收机广泛采用二极管环形混频器和由双差分对管平衡调制器构成的混频器，而在一般接收机（如广播收音机）中，为了简化电路，还是采用简单的晶体管混频器。本实验采用集成模拟相乘器做混频电路实验。

图 2-25 是用 MC1496 构成的混频器，本机振荡器电压 U_L（频率为 16.455MHz）从乘法器的一个输入端（10）输入，信号电压 U_S（频率为 10MHz）从乘法器的另一个输入端（1）输入，混频后的中频（6.455MHz）信号由乘法器的输出端（6）输出。令输出端的 π 型带通滤波器调谐在 6.455MHz，回路带宽为 450kHz，以获得较高的变频增益。

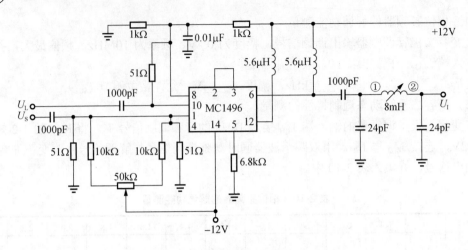

图 2-25　MC1496 构成的混频器电路图

　　为了实现混频功能，混频器件必须工作在非线性状态，而作用在混频器上的除了输入信号电压 U_S 和本机振荡器电压 U_L 外，不可避免地还存在干扰和噪声。它们之间任意两者都有可能产生组合信号频率，这些组合信号频率如果等于或接近中频，将与输入信号一起通过中频放大器、解调器，对输出级产生干涉，影响输入信号的接收。

　　干扰是由于混频不满足线性时变工作条件而形成的，因此不可避免地会产生干扰，其中影响最大的是中频干扰和镜像干扰。

　　2. 电路设计

　　图 2-26 是集成乘法器混频实验电路原理图。

　　（1）中频 LC 滤波器的调整

　　扫频输出衰减 10dB，Y 衰减 10dB，调节 Y 增幅至适当的幅度，扫频输出接至 LCπ型带通滤波器的输入端①，检波探头接至输出端②，调整电感线圈 L_{803} 的磁芯，在 16.455MHz 频率点出现峰值，并记录。

　　（2）中频频率的观测

　　将本机振荡发生实验的振荡输出信号（16.455MHz）作为本实验的本机振荡器信号输入乘法器的一个输入端，乘法器的另一个输入端（载波输入）接载波发生器的输出端（10MHz、0.4V 的载波）。在中频信号输出端观测输出的中频信号，并记录。

　　（3）混频的综合观测

　　输入一个经由 1kΩ 音频调制的载波频率为 10MHz 的调幅波，作为本实验的载波输入，在本机振荡器输入端、载波输入端和中频信号输出端，用双踪示波器对照观测混频的过程，并记录。

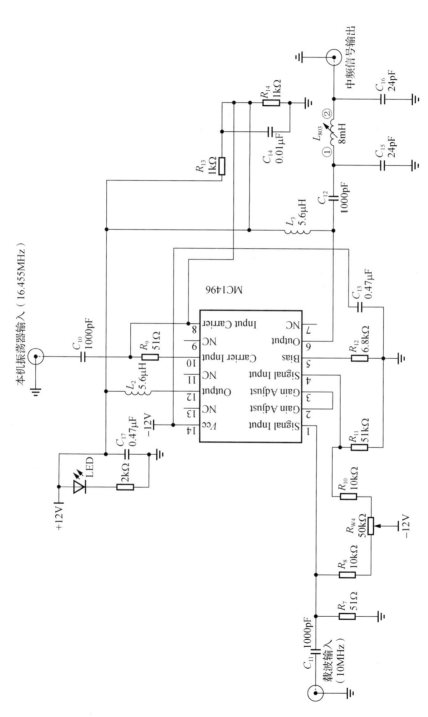

图 2-26　集成乘法器混频实验电路原理图

第3章 微波测量

　　微波是指频率为 300MHz～300GHz 的电磁波，是无线电波中一个有限频带的简称，即波长在 1mm～1m 范围内的电磁波，是分米波、厘米波、毫米波的统称。微波频率比一般的无线电波频率高，通常也称为超高频电磁波。微波作为一种电磁波也具有波粒二象性。微波的基本性质通常呈现为穿透、反射、吸收 3 个特性。对于玻璃、塑料和瓷器，微波几乎是穿越而不被吸收。对于水和食物等，它们会吸收微波而使自身发热。而对于金属类的物质，则会反射微波。微波的频率范围的一种说法是 300kHz～300GHz，相应波长是 1m～1mm；另一种说法是 1～1000GHz，相应的自由空间的波长为 30cm～0.3mm。

3.1　微波技术的特点及重要性

　　微波波谱处于无线电波谱的高端，因为波长短，使同样尺寸的天线具有较高的方向性和分辨能力。

　　在微波波段，电波在大气中的衰减比较小，并能够穿过电离层。对于通信、雷达、遥感、遥测、全球定位系统（global positioning system，GPS）等应用系统来说，微波提供了非常好的性能，也就是低的大气传播衰减、高的辐射方向性和高的分辨率。因为波长短，在相对频率带宽相同时，微波能提供较宽的可用频谱。例如，分米波段、厘米波段和毫米波段的频谱分别为 2.7GHz、27GHz 和 270GHz，这是一个非常丰富的频谱资源。因为波长短，微波设备的尺寸可以做得相对较小，便于安装在飞机、导弹、卫星等各种飞行物中。正是由于微波的这些优点，微波工程在国防工业和信息产业中的地位至关重要，几十年来对于微波波谱的开发和利用经久不衰，而微波也从最初的军事应用逐渐转变到以民用为主。

　　微波技术是无线电技术向高频发展形成的分支技术，同其他尖端科学技术一样，微波技术中有很多问题在理论上并没有完全解决，微波理论是否正确，只有通过生产实践和科学实验才能加以验证。

　　微波测量技术早已经作为一种常用的实验技术列入微波实验内容，很多基本微波研究，如微波波谱分析、粒子加速度等都要用到微波测量技术。因此，掌握微波测量技术是极其重要的。但必须指出，微波测量技术本身是建立在理论的基础之上。因此，掌握足够的微波理论是正确、灵活应用微波测量技术的必要条件。

3.2　低频和微波波段电路实现的区别

　　微波技术主要研究如何引导电磁波在微波传输系统中有效地传输，它是希望电磁波按一定的要求沿着传输系统无辐射地传输。因为对传输系统而言，辐射是一种能量的损耗。

微波技术是无线电技术向高频发展而形成的分支，它与一般的无线电技术有着共同的基础。因此，两种测量有着共同之处，某些微波测量的方法也在低频中应用（如驻波测量法），而低频测量中的差频法在微波测量中也能应用。

微波测量的内容很多，实验课中所进行的是微波基本量的测量。

1. 微波测量的基本量

微波测量的基本量是功率、波长 λ 和驻波比 S，而不是电压、电流和电阻。在低频时，无线电工程测量均建立在原始参量电压、电流和频率的基础上，其他参量，如波长、功率、阻抗、品质因数和放大系数等均可由这 3 个基本量导出。然而，随着频率提高到微波波段，电压、电流不仅失去了原来的意义，而且根本无法直接测量，所以，电压、电流不能再作为微波测量的基本参数。

2. 微波的重要特点

微波的特点是频率高、波长短（和电路的尺寸差不多，甚至更小），电磁场的空间效应不能忽略，因此不能像低频那样用电路的概念和方法来处理问题，而是必须采用场的概念来研究微波问题。因此，微波测量的基本量是以场强为基本量的驻波比、功率和波长等，而其他参量如阻抗（或导纳）、衰减系数、增益和品质因数等，原则上都可以由基本量导出。功率一般是借助能量变换装置，将微波电磁能变换成其他形式的能量来测量，而不是从电压和电流出发来进行计算的。波长则往往根据电磁场的驻波分布直接进行长度的测量；阻抗测量是通过测量驻波比及驻波最小点至负载的距离，从而确定阻抗；衰减量的测量则可以转化为功率的测量；谐振腔 Q 值的测量可以转化为频率和驻波比的测量等。

3. 微波中用分布参数的元器件代替集中参数的元器件

在低频时，每个元器件都有特定的电参数值，如电阻、电容和电感等。但是，在微波波段，由于频率高，故一般的接线或普通的电子元器件就相当于天线，将会产生严重的辐射。因此，在微波电路中，一般低频集中参数的电阻、电容和电感已不能使用，而应以闭合的波导管、空腔谐振器及各种类型的波导元件来代替一般的传输线、振荡回路和电路元件。

4. 低频和微波波段的电路实现具有很大的区别

1）开路：在低频时，不接任何元器件就可以在低频时实现开路。在微波波段，如果不接元器件，则从开路处会有微波辐射出去，因此要用到可调短路器才可以实现真正的开路，在短路时再移动 1/4 个波长就可以实现开路。

2）短路：在低频时，用一根导线就可以实现短路。在微波波段，需要用一个短路板或可调短路器来实现短路。

3）匹配：在低频时，调节电压和电流可以实现匹配。在微波波段，需采用各种匹配器，调节可调螺钉来实现匹配。

4）滤波：在低频时，实现滤波的电路非常容易。在微波波段，采用传输线的方法实现滤波，如波导、同轴线、带状线和微带等，用这些传输线的电抗元件可实现滤波器的 4 种频率变换（低通、高通、带通、带阻）。

5）谐振：在低频时，用电容、电感实现谐振。在微波波段，采用谐振腔，其等效电路是用等效电容、电感来实现谐振的。

3.3　微波测量系统的认识与基础连接

1. 微波测量系统的认识

微波测量一般是在微波信号源和若干波导或同轴元件组成的微波测量系统上进行的，根据信号源输出功率电平的大小，可分为小功率和大功率两类微波测量系统，其中大功率波导测量系统主要用来测量大功率微波管的特性。图 3-1 所示的是一种较常用的小功率波导测量系统。图中信号源产生的微波信号通过同轴/波导转换器进入测量系统。隔离器作为去耦合衰减器，防止反射波进入信号源，影响其输出功率与频率的稳定。可变衰减器用来调节输出功率的大小，使指示器有适当的指示。正接的定向耦合器从主波导中分出部分功率到副波导中，供监视功率和测量频率之用。频率计和监视功率的检波器接在定向耦合器的副波导中，这样安排可以防止在测量频率时对主波导的影响，在简单的测量系统中也有将频率计直接接入主波导的。测量线用来测量主传输线中的驻波参量，待测元件就接在驻波测量线的后面。必须指出：由于测量对象和所采用的测量方法不同，测量系统的布置也相应地有所变化。

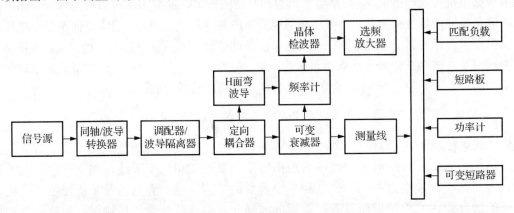

图 3-1　小功率波导测量系统

连接时注意定向耦合器的正确方向，并将短路板接在测量线输出端，选频放大器与测量线先连上 Q9 线。检查无误后方可打开信号发生器和选频放大器的电源。

微波测量系统常用的有同轴和波导两种。小功率同轴测量系统与波导测量系统类似，只是所用的微波元件的具体结构不同。同轴系统频带宽，一般用在较低的微波频段（2cm 波段以下）；波导系统（常用矩形波导）损耗低、功率容量大，一般用在较高频段（厘米波段直至毫米波段）。

信号源是微波测试系统的心脏。微波测量技术要求信号源是具有足够功率电平和一定频率的微波信号，同时要求一定的功率和频率稳定度。为了减小负载对信号源的影响，电路中采用了隔离器。测量装置部分包括测量线、调配元件、短路器、匹配负载及电磁能量检测器（晶体检波架、功率计探头等）。指示器部分包括显示测量信号特性的仪表，常用的测量指示器有指示等幅波的直流微安表、光点测流计、微瓦功率计，以及有指示调制波的测量放大器和选频放大器。此外，还可用示波器、数字电压表等作为指示器。实验室常用选频放大器作为指示器，因为这类仪表灵敏度高，能对微波信号进行宽带或选频放大。

2. 微波测量系统的基础连接

当对微波信号的功率和频率稳定度要求不高时，测量系统可简化为图 3-2，实验室一般采用这种装置。

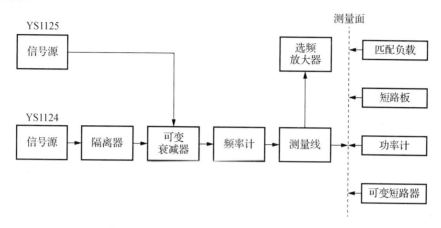

图 3-2 微波测量系统的基础连接

微波测量，首先必须正确连接与调整微波测量系统。图 3-2 是实验室常用的微波测量系统，为了便于操作，信号源通常位于左侧，待测元件接在右侧。连接系统要求平稳，各元件接头对准。晶体检波器输出引线应该远离电源和输入线路，以免干扰。如果系统连接不当，将会影响测量精度，产生误差。系统调整主要指测量线的调整及晶体检波器的校准。

3.4 微波实验系统

1. 微波实验的基础配套仪器和波导元件

表 3-1 和表 3-2 分别是微波实验的基础配套仪器和波导元件。

表 3-1 基础配套仪器

名称	性能
标准信号发生器	f: 7.5～12.4GHz
波导测量线	$P \geqslant 5\text{mW}$
波导元件	剩余驻波比≤1.03，含 9 种常用元件
数显微瓦功率计	含 GX2-N8 波导探头一只
波导功率探头	频率精度：$\delta \leqslant 0.3\%$
频率计、选频放大器	1kHz 方波，增益为 0～60dB

表 3-2　BD-20A 型波导元件

成套产品	单位	数量
E-H 阻抗调配器	只	1
定向耦合器	只	1
可变衰减器（附衰减曲线对照表）	只	1
晶体检波器（附输出电缆）	只	1
匹配负载	只	1
波导同轴转换	只	1
90° H 面波导	只	1
可变短路器	只	1
直波导	只	1

　　根据实验扩展需要，除了以上器件，还有下列波导元件：单螺调配器、90°扭波导、90° E 面弯波导、波导开关、E-T 型接头、H-T 型接头、EH-T 型接头、双脊宽带喇叭天线（同轴）、角锥天线（波导）、容性或感性两端口元件。

　　2. 微波信号发生器

　　使用信号发生器时要注意以下两点。

　　1）有的信号发生器的机内已连接了隔离器，因此在一般测量情况下，系统不必再串接隔离器，同时系统中的可变衰减器实际上已充当了隔离器。

　　2）如果信号发生器上有功率调节旋钮，在正常使用情况下，一般不要将机器面板上的功率调节旋钮旋到最大处，因功率是通过耦合环伸入腔体内拾取能量的，耦合环过度伸入会引起频率牵引而造成跳模，影响使用。

　　3. 测量线技术

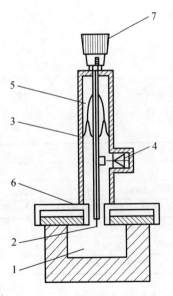

图 3-3　波导测量线的结构

1—传输波导；2—探针；3—同轴线；4—微波二极管；
5—调谐活塞；6—检波滑座；7—深度调节螺母

　　测量线是微波测量中的常用仪器，它在微波测量中的用途很广，不仅可以用来测量传输线上的驻波场分布，还可以测量波长、阻抗、衰减、相位移和 Q 值（品质因数）等微波参量，有"微波万用表"之称。其使用方便、灵活，具有一定的精度，因而在微波测量中的应用较广泛。

　　根据传输线的不同，测量线的形式也不相同，常用的测量线有同轴型和波导型，波导测量线一般包括开槽线、探针耦合指示机构、机械传动及位置移动装置 3 部分。波导测量线的结构如图 3-3 所示。

　　测量线一般由一段开槽线、探针耦合指示机构（耦合探针、调谐探头和输出指示）、机械传动及位置移动装置 3 个部分组成。由于耦合探针伸入传输线而引入不均匀性，其作用相当于在线上并联一个导纳，从而影响系统的工作状态，因此测量前必须仔细调整测量线，以减少其影响。

测量线的调整：一般包括选择合适的探针穿伸度、调谐探头和测定晶体检波特性。探针电路的调谐方法：先使探针的穿伸度适当，通常取 1.0～1.5mm，然后测量线终端接匹配负载，移动探针至测量线中间部位，调节探头活塞，直到输出指示最大。

（1）开槽线

开槽线是指在矩形波导的宽边（上面）正中平行于波导的轴线开一条窄缝，由于很少切割电流，因而开槽对波导内的场分布影响很小，槽长有几个半波长。

（2）探针耦合指示机构

探针耦合指示机构包括耦合探针、调谐探头及输出指示。金属探针垂直伸入波导（或同轴线）槽缝少许，由于它与电力线平行耦合，产生大小正比于该处场强的感应电压，耦合出一部分电磁场能量，经调谐腔体送至晶体检波器检波后输出直流或低频电流，由微安表或测量放大器指示。

（3）机械传动及位置移动装置

探头固定在托架上，依靠齿轮齿条的传动可使探针沿开槽线移动，以便检测相应各点的场分布。探针位置由游标尺读数，精度可达 0.05mm，若借助于百分表，精度达 0.01mm。

正确使用测量线是提高测量精度的重要方面，它包括探针穿伸度的调整和探头的调谐。从理论上来说，探针在波导中可等效为一并联导纳，其等效电导 G 反映了探针吸收功率的大小，因而 G 的存在将使所测得的驻波比小于真实值；等效电纳 B 反映了探针在波导中所产生的反射对驻波场的影响，因而将使驻波相位发生偏移，也即使驻波最大点与最小点的位置发生偏移，因而驻波图形产生倾斜。探针插入越深，影响越大。

（4）减少和消除这些影响的方法

减小探针的穿伸度和正确调谐探头的谐振腔是保证测量精确性的前提，但穿伸度的减小会影响输出指示的灵敏度，因而必须适当地调整，一般是旋到底后退出 2 圈半为宜。探头的调谐是十分重要的，既可以消除电纳的影响，又可以提高测试灵敏度。

调谐方法：当测量线端接不匹配负载时，将测量线探针置于波腹点，调节调谐腔体活塞，使输出指示最大，或在测量线终端接匹配负载，调节调谐腔体活塞，使输出指示最大，这时对应的电纳为零，电导为最大。当电源的工作频率变化时，必须重新调谐。

3.5 微波测量内容

微波测量系统连接的基本器件是匹配负载，匹配负载的目的是使微波功率全部吸收而无反射。

波导中常用的匹配负载有面吸收式和体吸收式两种。面吸收式负载如图 3-4 所示。

① 面吸收式负载：它是一段终端短路的波导，在其末端平行于电场方向放入尖劈形的吸收片，且置于矩形波导中 TE_{10} 模的电场最强处。吸收片是玻璃片或陶瓷片，其上用真空镀膜方法沉积一层金属或用碳化方法沉积一层碳膜。吸收片前端做成尖劈状，其目的是使微波功率逐渐吸收而不引起反射。这种匹配负载可做到在波导的全频带内驻波比不大于 1.01。

② 体吸收式负载：大功率时常用体吸收式匹配负载。如图 3-5 所示是水负载，其波导终端安置劈形玻璃容器，其内通入水，利用水对微波吸收能力强的特点，来吸收微波功率。

流进的水吸收微波功率后温度升高，根据水的流量和进出水的温度差可测量微波功率值。其前端也被做成尖劈状，以保证匹配。

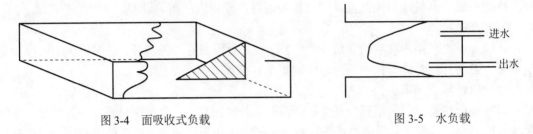

图 3-4　面吸收式负载　　　　　　　　　　　图 3-5　水负载

通过本节的学习，要熟悉微波信号源的工作方式、信号检测及学会用吸收式频率计测量工作频率。

当波导中存在不均匀性或负载不匹配时，波导中将出现驻波。测量驻波特性的仪器就是驻波测量线（简称测量线）。实验前要对测量线进行探针电路调谐，探针调节的方法是将探针穿透深度放在适当位置（通常为 1.5～2mm），然后调节探头调谐活塞（侧立小圆盘），使选放指示最大。调谐的过程就是减小探针反射对驻波图形的影响和提高测量系统灵敏度的过程，这是减小驻波测量误差的关键，必须认真调整。另外，当改变信号发生器频率或探针插入深度时，由于探针电纳相应改变，必须重新进行探针调谐。同时将信号源的工作方式置于等幅位置，将衰减置于较大位置，晶体检波器输出端接至相应的指示器，记录测量结果。

1）微波测量系统连接如图 3-6 所示。

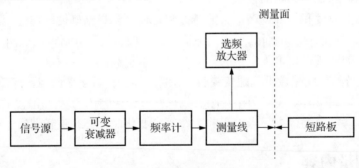

图 3-6　微波测量系统连接

开机检查信号源，看频率是否显示正常，并调到 9.37GHz，工作状态需选择在"等幅"处或"方波"处。

2）调节选频放大器增益放大到合适位置，调节频率微调使表针最大，并调谐测量线的探头，使选频放大器表头的读数最大。若表针超过刻度，可调节增益电位器减小指示，或减小选频放大选器的分贝值。

3）移动测量线探针平台，可观察到从大到小及从小到大的周期变化（即波腹与波节交替出现），此时系统即处于正常待测状态。

4）调节选频放大器增益电位器使表针处于满刻度处，用频率计测量信号源的工作频率。缓慢旋转频率计上的黑盖或调谐频率计，在 9.3～9.4GHz 范围内放慢旋转动作，选频放大器会有一个明显的表针跌落，该跌落处即是实际频率点，如图 3-7（a）所示为表针处于满刻度处，图 3-7（b）所示为表针跌落。

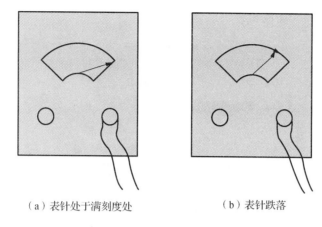

（a）表针处于满刻度处　　　　　　（b）表针跌落

图 3-7　选频放大器测量系统频率

5）测量波长常用的方法有谐振法和驻波分布法。前者用谐振式波长计测量，后者用驻波测量线测量波导波长。

3.5.1　λ_g 波导波长的测量

λ_g 波导波长测量系统连接如图 3-6 所示。

通过本节的学习，要熟悉测量线的调整及使用方法，熟悉测量线的开槽传输线、探头和传动装置 3 部分的主要结构、原理及用途，熟悉测量线的调整方法。

本节实验依据的原理：根据驻波分布特征，在波导系统中能量传输是以电场、磁场交替行进的，而不是在自由空间直线传输。当系统终端短路时，在传输系统中会形成纯驻波分布状态，在这种情况下，两个波节点之间的距离为 1/2 波导波长。

1）当测量线终端短路时，传输线上呈现出纯驻波，移动测量探针，测出相邻两个驻波节点之间的距离，即可求出波导波长。

2）当传输线上存在驻波时，相邻两个驻波最小点之间的距离为 1/2 波导波长，即

$$\lambda_g = 2(D_{\min 2} - D_{\min 1}) \tag{3-1}$$

3）只要精确测得驻波最小点位置，就可测得 λ_g。为了提高测量精度，通常采用交叉读数法确定驻波最小的位置 $D_{\min}$。采用交叉读数法，即在最小点附近两边取相等指示度的两点，其位置读数为 D_1、D_2，如图 3-8 所示。

$$D_{\min} = \frac{D_1 + D_2}{2} \tag{3-2}$$

对于传输横电磁波的同轴线系统，按上述方法测出的波导波长就是工作波长，即 $\lambda_g = \lambda$；对于矩形波导，测量线测出的波长是波导波长 λ_g。波导波长和工作波长之间的关系如下：

$$\lambda_g = \frac{\lambda}{\sqrt{1 - \left(\dfrac{\lambda}{\lambda_c}\right)^2}} \tag{3-3}$$

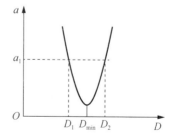

图 3-8　交叉读数法

a 表示选频放大器（微波仪器）的指示大小

由式（3-3），可得工作波长 λ：

$$\lambda = \frac{\lambda_{\mathrm{g}}}{\sqrt{1 - \left(\dfrac{\lambda_{\mathrm{g}}}{\lambda_{\mathrm{c}}}\right)^2}} \qquad (3\text{-}4)$$

式中，λ 为工作波长；λ_{c} 为真空中波导波长。

1. 实验方法及步骤

1）在测量线上连接短路板，使系统处于全反射状态。

2）找出一个特征明显的波节点，该波节点的读数为 $D_{\min 1}$ 并记下分度值，再移动测量线探针座找出另一个波节点 $D_{\min 2}$，同样在标尺上读出分度值。

3）$D_{\min 2} - D_{\min 1}$ 为两个波节点的距离长度，根据原理（在传输系统中纯驻波分布状态下，两个波节点间的距离为 1/2 波导波长），确认为半波长。

4）$\lambda_{\mathrm{g}} = \dfrac{D_{\min 2} - D_{\min 1}}{2}$。

2. 测量时的注意事项

测量波导波长或其他参量时，测量线探针位置及短路器活塞必须朝一个方向移动，以免引起回差。读数法测纯驻波节点时，微波衰减器衰减量必须置于最小值，以提高指示器的灵敏度。但在移动时必须同时加大衰减量或降低指示器的灵敏度，以防止晶体烧毁或指示电表过载而损害。当微波信号源频率改变时，测量线必须重新调整。

3.5.2 负载方向驻波比的测量

驻波比的测量是微波测量中最基本的测量，通过驻波测量，不仅可以了解传输线上的场分布，还可以测量阻抗、波长、相位移、衰减和 Q 值等其他参量。因此，驻波比的测量是微波测量中重要的内容之一。微波器件的驻波比是指该器件在测量线中所形成的驻波电场的最大值与最小值之比，即

$$S = \frac{E_{\max}}{E_{\min}} \qquad (3\text{-}5)$$

根据驻波比 S 的定义，S 的变化范围很大：当系统匹配时，$S=1$；当系统处于全反射时 $S=\infty$。因此，一般按驻波比的大小分为小驻波比，$S \leqslant 3$；中驻波比，$3 < S \leqslant 10$；大驻波比，$S > 10$。

传输线上存在驻波时，能量不能有效地传到负载，这就增加了损耗。大功率传输时，由于驻波的存在，驻波电场的最大点处可能产生击穿打火，因而驻波的测量及调配是十分重要的。驻波比的测量方法很多，有测量线法、反射计法、电桥法和谐振法等，用测量线进行驻波比测量的主要方法及应用条件见表 3-3。

表 3-3　用测量线测量驻波比的方法及应用条件

测量方法	应用条件
直接法	中小驻波比 $S \leqslant 10$
等指示度法	大驻波比 $S > 10$

续表

测量方法	应用条件
功率衰减法	适用任意驻波比
节点偏移法	适用源驻波比
移动终端法	适用测量线剩余驻波比

直接法测量驻波比指的是直接测出测量线上最大场强 E_{max}（实际测出的是与它相对应的检波电流 I_{max}）和最小场强 E_{min}（实际测出的是与它相对应的检波电流 I_{min}），从而计算出驻波比。如果晶体检波率为 n，则驻波比为

$$S = \left(\frac{I_{max}}{I_{min}} \right)^{\frac{1}{n}}$$
（3-6）

为了测量准确，可多测量几个驻波最大值和最小值，并按下式计算驻波比，即

$$S = \left(\frac{I_{max1} + I_{max2} + \cdots + I_{maxm}}{I_{min1} + I_{min2} + \cdots + I_{minm}} \right)^{\frac{1}{n}}$$
（3-7）

凡是 $S \leqslant 10$ 的中小驻波比，都可以用直接法测量。

1. 直接法测量驻波比（适用于驻波比小于或等于 10 的情况）

当使用的测量线内的检波晶体为平方律时，可由选频放大器读数（α）直接计算，即

$$S = \sqrt{\frac{\alpha_{max}}{\alpha_{min}}}$$
（3-8）

由于有些选频放大器表头刻度内已有换算或驻波比值，只要将波腹调节至满分度值（$S=1$），然后找出波节点，就可直接读出驻波比值（波节点对应的驻波刻度）。

2. 等指示度法（也称为二倍最小法，适用于驻波比大于 10 的情况）测量驻波比

当被测器件的驻波比大于 10 时，由于驻波最大处与最小处的电压相差较大，若在驻波最小点处使晶体输出的指示电表上得到明显的偏转，那么在驻波最大点时由于电压较大，往往晶体的检波特性偏离平方律，这样用直接法测量就会引入较大的误差。等指示度法是通过测量驻波图形在最小点附近场强的分布规律，从而计算出驻波比，如图 3-9 所示。

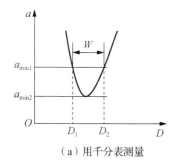

（a）用千分表测量

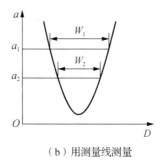

（b）用测量线测量

图 3-9　最小点附近场分布

因此，大驻波比的测量，通常改用测量最小点附近驻波分布规律的间接方法，常用的是等指示度法。它是通过测量波导波长及二倍最小点之间的距离，从而求得驻波比。假定测量

线内的检波晶体为平方律时，只需测出读数为最小点 2 倍的两点的距离（W）及已知波导波长（λ_g）即可计算。

当 $S \geqslant 10$ 时，可简化为

$$S = \sqrt{1 + \frac{1}{\left(\sin\left(\dfrac{\pi W}{\lambda_g}\right)\right)^2}} \qquad (3\text{-}9)$$

$$S \approx \frac{\lambda_g}{\pi W} \qquad (3\text{-}10)$$

3.5.3 大驻波比的测量

大驻波比的测量系统连接图如图 3-6 所示，实际测量连接图如图 3-10 所示。

（a）千分尺和选频放大器

（b）负载连接

（c）测量线和千分尺

（d）W 值测量

图 3-10　实际测量连接图

1. 需要掌握的内容

1）掌握直接法、等指示度法及功率衰减法测量电压驻波比的方法。
2）掌握用等指示度法测量 W 及移动测量线探针位置时应注意的地方。
3）掌握功率衰减法测量大驻波比的方法。

2. 实验方法及步骤

1）在测量线上连接短路板，架上百分表附件，信号源频率调至 9.37GHz。对于信号源点频，选择方波状态。
2）调整系统并找出波节点，此时尽可能开大选频放大器增益至 50dB 或 60dB 处，在接近波节点时（注意朝源的单一方向移动），找出最靠近波节点的一个读数。例如，在选频放

大器表头刻度 200 处，将百分表顶上动作，转动百分
表外圈调节至"0"刻度，再慢慢移动测量线探针座，
在通过真正的节点（最小指示）后再重新回到选频放
大器表头刻度 200 处，如图 3-11 所示，此时记录百分
表读数，此读数即为 W。已知 λ_{g}，而 π 是常数，即可
得到大驻波比：

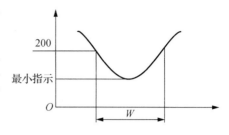

图 3-11　选频放大器表头刻度示意图

$$S \approx \frac{\lambda_{\mathrm{g}}}{\pi W} \qquad (3\text{-}11)$$

例如，当 $f = 9.37\mathrm{GHz}$、$\lambda_{\mathrm{g}} = 44.8\mathrm{mm}$，测得 $W = 0.28\mathrm{mm}$ 时，驻波比为

$$S = \frac{44.8}{3.14 \times 0.28} \approx 50$$

可以看到，驻波系数 S 越大，W/λ_{g} 的值就越小，因而，宽度 W 和波导波长 λ_{g} 的测量精
度对测量结果的影响很大，特别是在大驻波比时，需要用高精度的位置指示装置，如千分表。
测量线探针移动时应尽可能朝一个方向，不要来回晃动，以免测量线齿轮间隙的"回差"影
响精度。在测量驻波最小点位置时，为了减小误差，也必须采用交叉读数法。

3.5.4　中驻波比的测量

中驻波比测量系统的连接如图 3-12 所示。

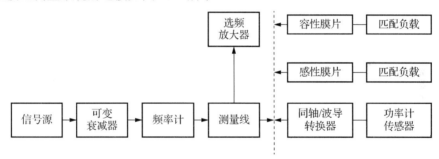

图 3-12　中驻波比测量系统的连接

中驻波比测量的方法有以下两种。

1）当驻波小于 5 时可直接在选频放大器上测出量值，表头上有一个经过换算的驻波比
刻度。

2）按图 3-12 连接后，找出波腹点，调节选频放大器增益电位器使表头满刻度，即驻波
为"1"时，将移动探针座移动至波节点，即读数最小时，即可直接在表头驻波比刻度中读
出驻波比量值。

在测试中要注意，若驻波节点指示已超过"4"，可将"放大选择"增益增加 10dB，可
直读 $S<10$ 范围内的量值。

3.5.5　小驻波比的测量

小驻波比测量系统的连接如图 3-6 所示，把短路板换成匹配负载。

同中驻波比一样，实际上小驻波比测量方法是在完全匹配状况下，有意串接上容性膜片、
感性膜片，破坏传输场结构，增大驻波比，因此当这些因素排除后，驻波就变得非常小。测

量时因波腹、波节不敏感，需要仔细确认波腹的位置，然后正确读出波节处的驻波刻度（小驻波比测量时最好使用节点位移法）。按上述方法连接后，找出波腹点，调节选频放大器增益电位器使表头满刻度，即驻波为"1"时，将移动探针座移动至波节点，即读数最小时，即可直接在表头驻波比刻度中读出驻波比量值。

小驻波比测量时还可以用节点位移法测量小驻波比，在小驻波比时（$S<1.05$），驻波最大值和最小值都很接近，加上测量线本身存在一定的误差，直接测量驻波比有困难。同时，由于不可能得到完全匹配的终端，终端器的驻波比会影响测量结果的准确度。因此，采用间接的测量方法——节点位移法。

节点位移法是指测量驻波比分布位置偏移大小的方法，驻波图形分布的位置取决于反射系数的幅角，幅角不同，驻波图形的分布也不同，随着幅角的变化，整个驻波分布图形将沿线移动。因此，若在被测量器件的后面接上可调短路器，移动短路活塞的位置，就可以改变传输线中的驻波分布，根据驻波节点位置偏移的大小来确定驻波比。利用节点偏移法可以消除终端器的影响，一般可测到小至 1.001 的驻波，其测量精度主要取决于测量驻波节点位置的精确度和信号频率的稳定度。

要注意影响节点偏移法测量精度的因素及应采用的主要措施，如果测量节点偏移的时间太长，会引入误差。

3.5.6 调配技术实验

通过调配技术实验，掌握调配器的基本原理和方法，提高调配器的操作技巧。

1. 连接方法

图 3-13 为调配器系统连接图，图 3-14 为调配器实物连接图。

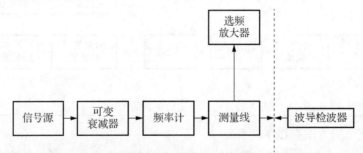

图 3-13 调配器系统连接图

（a）单螺调配器电路连接 　　　　　（b）四螺调配器电路连接

图 3-14 调配器实物连接图

2. 测量方法

利用单螺调配器或双路（E-HT）调配器将已破坏的匹配状态，如串接 L_0（感性膜片）的合成驻波 $S \approx 1.9$ 或串接 C_0（容性膜片）的合成驻波 $S \approx 1.3$，通过调节滑座位置（改变相移）及调节指针深度（改变导纳），使驻波比 $S < 1.1$ 即可。图 3-14 中的（a）所示连接方法为边调节边观察 YS3892 选频放大器的表头指针，在处于波节点位置时，不断向指示大的方向移动，原则上相移变化较为明显，导纳变化作为辅助修正，在此过程中也要移动 TC26 探头滑座在节点位置附近反复观察。有时效果相反，要不断地修正原先调配器的动作，直到满足 $S < 1.1$，甚至 $S < 1.05$。调节的步骤如下。

1）找到波腹和波节。

2）在 TC26 测量线上找一个小范围（120～190mm）。

3）将测量线移到波节点，调配器往波腹调节。

4）将测量线移到波节点。

5）调配器往波腹点调。

6）波腹、波节越来越小，调增益旋钮把波腹移到驻波等于 1 的位置。

最后的结果是，在测量线上整个都是 $S < 1.1$。

实验时要注意在调配方法上常采用逐步减小驻波比的方法，即先将测量线的探针置于波节（或波腹）位置，调整调配器，观察到指示器读数增大（如果探针位于波腹处，则应使指示读数减小），就说明调配螺钉移动方向正确，反复调节单螺钉的位置及螺钉的穿伸度，直至达到所要求的驻波比。

注意：在每次调配过程中，驻波的相位也会随之改变，因此，当用测量线观察波节（或波腹）电平时，要移动探头位置，使其真正位于波节（或波腹）点。

3.5.7　衰减测量实验

吸收式衰减器包括固定衰减器和可变衰减器两种。图 3-15 是吸收式衰减器。

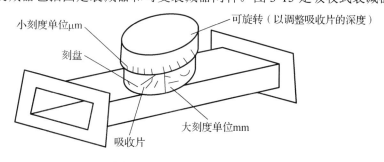

图 3-15　月牙刀形吸收式衰减器

衰减器的作用是使通过它的电磁波产生一定量的衰减，用来降低传输系统中的传输功率，控制一定的功率电平。当利用小功率仪表来测量较大功率系统时，则可在被测系统与小功率仪表之间接入衰减量适当的衰减器。

1）尖刀形的衰减器，由于矩形波导中传输主模 TE_{10} 波的电场沿波导宽边按正弦分布，所以当吸收片移到波导宽边中心位置时，由于电场最强，所以衰减最大；而当吸收片移到窄边时，由于电场为零，所以吸收衰减最小。这种形式的衰减器，其吸收片从窄边移到宽边中心时，衰减量可在 0～35dB 的范围内变化。吸收片的位置可借助于机械测微装置读出。由于吸收片的位置与衰减量的关系不是线性的，所以在实际使用前，应借助于精密的衰减标准器制作出衰减量的校正曲线。

2）支持吸收片的小杆应尽量细和硬，以减少对电磁波的反射。当吸收片较长时，常用两根平行的细杆支持，它们的尺寸相同而沿传输方向相距 $\lambda_g/4$，这样两个小杆的反射波相位相差 π，正好相互抵消。

另一种可调月牙刀形衰减器，它的吸收片是刀形。其从矩形波导宽边中线上的无辐射缝中插入波导内，通过旋动吸收片来调节吸收片插入波导的深度，以调节吸收片吸收宽边中心处的电场能量的多少。衰减量与插入波导内的刀片面积（或深度）有关，可变刀形衰减器的起始衰减量为 0dB。在插入吸收刀片时，由于没有附加的支持物，所以对波导内波的传输影响很小，因此输入驻波比接近于 1，其最大衰减量可以达到 50dB。

3）固定衰减器没有移动吸收片的机械装置，它的衰减量一般为 10～20dB。

3.5.8　电抗匹配元件

在微波系统中，电抗元件的基本结构都是利用微波传输线中结构尺寸的不连续性组成的。由于不连续性引起的损耗很小，故不连续性的等效电路不外乎是电感、电容、理想变压器和无耗线段及它们的组合。电抗元件包括电感器和电容器。电感器是指能够集中磁场和储存磁能的元件，电容器是指能够集中电场和储存电能的元件。

1．膜片结构

波导的膜片是垂直于波导管轴线放置的薄金属片，有对称和不对称之分，如图 3-16 所示。

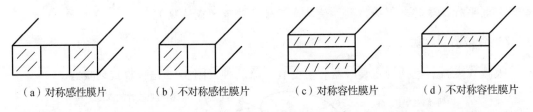

（a）对称感性膜片　　（b）不对称感性膜片　　（c）对称容性膜片　　（d）不对称容性膜片

图 3-16　膜片

2．匹配作用

在波导中放入膜片后，将引起波的反射，反射波的大小和相位随膜片的尺寸及位置的不同而变化，利用膜片产生的反射波来抵消负载不匹配所产生的反射波。

1）电容膜片：在波导的横截面宽边上放置一块金属膜片，在其上对称或不对称之处开一个与波导宽壁尺寸相同的窄长窗孔，如图 3-17 所示。

当波导宽壁上的轴向电流到达膜片时，要流进膜片。而电流到达膜片窗口时，传导电流被截止，在窗孔的边缘上积聚电荷而进行充放电，因此两膜片之间就有电场的变化，而储存电能。这相当于在横截面处并接一个电容器，故称这种膜片为电容膜片。其等效电路图如图 3-17（c）所示。

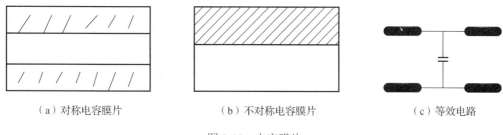

（a）对称电容膜片　　　　　　（b）不对称电容膜片　　　　　　（c）等效电路

图 3-17　电容膜片

2）电感膜片：如图 3-18 所示，当波导横截面上加上膜片以后，使波导宽壁上的轴向电流产生分流，于是在膜片的附近必然会产生磁场并集中一部分磁能，因此称这种膜片为电感膜片。

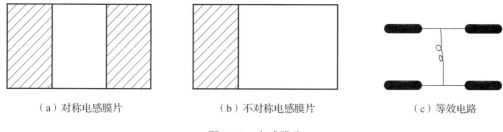

（a）对称电感膜片　　　　　　（b）不对称电感膜片　　　　　　（c）等效电路

图 3-18　电感膜片

3）谐振窗：谐振窗如图 3-19 所示，可将谐振窗看成电感膜片和电容膜片的组合，其等效电路近似为 LC 并联回路。它具有谐振特性。

图 3-19　谐振窗

当工作频率等于谐振频率，即 $f = f_0$ 时，电磁场能量相等，并联导纳为零，即 $Y = 0$，信号可无反射地通过，即为匹配状态。

当工作频率低于谐振频率，即 $f < f_0$ 时，由 $Y = \mathrm{j}\omega C + \dfrac{1}{\mathrm{j}\omega L}$ 可知，并联回路呈感性，即谐振窗具有电感性。

当工作频率高于谐振频率，即 $f > f_0$ 时，由 $Y = \mathrm{j}\omega C + \dfrac{1}{\mathrm{j}\omega L}$ 可知，并联电路呈容性，即谐振窗具有电容性。

同样，如果工作频率不变，谐振窗的尺寸变化也会引起谐振窗电抗性质的变化。

第4章 频率合成器

在通信系统和电子设备中，为了提高技术性能，或者实现某些特殊的高指标要求，可广泛采用各种类型的反馈控制回路。对于通信系统来说，传送信息的载波信号通常采用高频振荡信号，而一个高频振荡信号含有 3 个基本参数，即振幅、频率和相位。在传送信息时，发射信号可用振幅调制、频率调制和相位调制。对于反馈控制电路来说，也就是实现对这 3 个参数的分别控制，即自动振幅控制、自动频率控制和自动相位控制。

反馈控制电路可以看成是由被控制对象和反馈控制器两部分组成的自动调节系统。图 4-1 所示是反馈控制电路的组成。其中，X_O 为系统的输出量，X_R 为系统的输入量，也就是反馈控制器的比较标准量。根据实际工作的需要，每个反馈控制电路的 X_O 和 X_R 之间都具有确定的关系，如 $X_O = g(X_R)$。若这一关系受到破坏，反馈控制器就能够检测出输出量与输入量关系的程度，从而产生相应的误差量 X_e，并将其加到被控对象上对输出量 X_O 进行调整，使输出量与输入量之间的关系接近或恢复到预定的关系 $X_O = g(X_R)$。

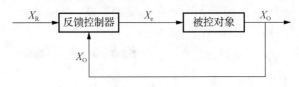

图 4-1　反馈控制电路

高频电子线路是通信系统，特别是无线通信系统的基础，其主要任务是研究组成通信系统的各个部分、单元电路的组成、工作原理及电路的分析与设计。下面通过高频单元电路的设计，学生可掌握高频的基本原理。

1. 频率合成器的分类及主要技术指标

电子与通信技术的发展，对振荡信号源的要求越来越高，不仅要求其频率稳定度和准确度高，而且要求其能方便快速地转换频率。晶体振荡器的频率稳定度和准确度很高，但频率表变化范围小，用于固定频率振荡器。LC 振荡器改变频率较方便，但频率稳定度和准确度不高，很难满足通信、雷达、测控、电子对抗和仪器仪表等电子系统的需要。频率合成技术可解决对振荡信号源要求高的需求。

频率合成器中用一个（或几个）高准确度和高稳定度的基准频率，通过一定的变换与处理后，形成一系列等间隔的离散频率。这些离散频率的频率准确度和稳定度都与基准频率相同，而且能在很短的时间段内由某一频率切换到另一频率。

频率合成器可以分为直接频率合成器、锁相频率合成器等。由于频率合成器应用广泛，且在不同的应用领域，其技术指标也不完全相同。

2. 直接频率合成器

直接频率合成是相对出现较早的一种频率合成技术，其理论相对比较成熟，原理也比较简单。它采用单个或多个不同频率的晶体振荡器作为基准源，经过具有加、减、乘、除运算功能的混频器、倍频器、分频器产生所需的新频率，由具有选频功能的滤波器和电子开关阵进行频率选择，可产生大量的频率间隔较小的离散频率系列。

图 4-2 所示为直接频率合成器的基本单元。图中仅用了一个石英晶体振荡器作为基准频率 f_R，M 表示倍频器的倍频次数，N 表示分频器的分频次数。频率相加器是由混频器和带通滤波器构成的，用于输出混频后的和频分量。当输入基准频率为 f_R 时，合成器的输出频率 f_O 为

$$f_O = \frac{M_3}{N_3}\left(\frac{M_1}{N_1} + \frac{M_2}{N_2}\right)f_R \tag{4-1}$$

式中，$\dfrac{M_2}{N_2}$ 为分频比的余数，其值应为一简单的整数比。只需要改变各倍频器的倍频次数和分频器的分频次数，即可获得一系列的离散频率。

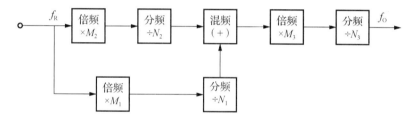

图 4-2　直接频率合成器的基本单元

图 4-3 是另一种常见的直接频率合成器的原理图。图中基准频率是由谐波发生器提供的，发生器引出了 10 条谐波输出线，其频率分别为 0～9MHz。3 个单刀 10 掷开关阵 S_1、S_2 和 S_3 各有 10 个结点，分别接到谐波发生器的 10 个输出端上，只要改变 S_1、S_2、S_3 的连接位置，即可得到频率间隔为 100kHz、频率范围为 10.0～99.9MHz 的离散频率。

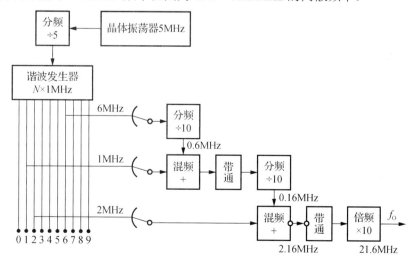

图 4-3　直接频率合成器的原理图

直接频率合成器的频率跳变一般是通过控制滤波器和电子开关阵实现的，频率切换时间主要受限于选频电路和电子开关阵的响应速度。其优点是频率转换时间比较短，能产生任意小的频率间隔；缺点是频率范围有限，离散频率点不能太多。此外，由于采用了大量的倍频器、分频器，特别是混频器，输出信号频率成分和相位噪声显著加大。而过多的滤波器又使设备变大、成本增加，其发展受到了限制。

3. 锁相频率合成器

锁相频率合成器由基准频率产生器和锁相环路两部分组成。由于锁相环路具有良好的窄带跟踪特性，使频率准确地锁定在参考频率或其某次谐波上，并使被锁定的频率具有与参考频率一致的频率稳定度和较高的频谱纯度。由于其系统结构简单，输出频率频谱纯度高，能得到大量的离散频率，且有多种大规模集成锁相频率合成器的成品供选用，它已成为目前频率合成技术中的主要形式。参考基准频率 f_R 可以由晶体振荡器直接产生，也可以在晶体振荡器后面加入一个参考分频器（÷R）来产生。后者可用数字信号控制分频比，使用较为方便。

图 4-4 是利用中规模锁相环频率合成器 MC145106 与环路滤波器、压控振荡器组成的频率合成器。MC145106 内部集成有检相器、参考分频器（÷R）、程序分频器（÷N）和构成晶体振荡器的放大器。

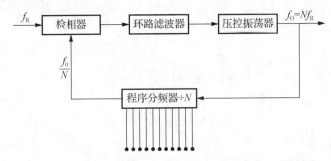

图 4-4 典型锁相频率合成器的原理

4. 分频式频率合成器的制作与测试

现代通信系统需要频率稳定度高且可在大范围调节的信号源，采用传统的 RC 或 LC 信号源虽然调节频率较为方便，但信号源的稳定度一般只能达到 10^{-3}，不能满足通信系统对信号源稳定性的要求。石英晶体振荡器的稳定性好，很容易达到 10^{-6}，但石英晶体的频率可调范围很小，不能满足在大范围连续可调的要求。现代锁相频率合成技术用石英晶体信号源作为基准频率，用锁相技术控制压控振荡器即可得到稳定度与基准频率接近且频率可在大范围内调节的信号源，满足现代通信对信号源的要求。频率合成技术是高频电子电路及电子测量课程的重要内容之一。因此，要求参与本实验的学生通过频率合成器的制作，进一步巩固所学过的有关课程内容，使所学过的知识得到进一步的充实与提高。

图 4-5 所示为集成锁相环频率合成器示意图，图中集成锁相环内包括检相器、低通滤波器和压控振荡器 3 个部分，f_O 为压控振荡器的输出，将该频率进行 1/N 分频，当环路锁定时，应满足

$$f_R = \frac{1}{N} f_O \tag{4-2}$$

所以压控振荡器的输出频率为 $f_O = N f_R$，若 f_O 偏离该频率时，由检相器产生的误差电

压将对压控振荡器的频率进行自动校正，使其频率稳定性接近 f_O。若要改变输出 f_O，只要改变分频系数 N 即可实现。

锁相环频率合成器是目前应用最广泛的频率合成器，基本锁相环频率合成器如图 4-6 所示。

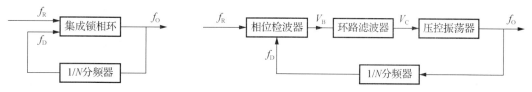

图 4-5　集成锁相环频率合成器示意图　　　　图 4-6　基本锁相环频率合成器

参考频率通常用高稳定度的晶体振荡器产生，经过固定分频比的参考分频之后获得。当锁相环锁定后，相位检波器的两个输入端的频率是相等的。压控振荡器的输出频率 f_O 经 N 分频得

$$f_R = f_D = \frac{f_O}{N} \tag{4-3}$$

所以输出频率是参考频率 f_R 的整数倍，即

$$f_O = N f_R \tag{4-4}$$

固定分频器的工作频率明显高于可变分频比，超高速器件的上限频率可达千兆赫兹以上，若在可变分频比之前串接一固定分频器作为前置分频器，则可大大提高压控振荡器的工作频率，如图 4-7 所示。

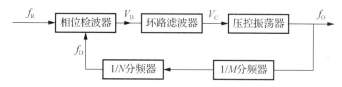

图 4-7　前置分频器锁相环频率合成器

前置分频器的分频比为 M，则可得

$$f_O = N(M f_R) \tag{4-5}$$

频率合成器及其技术指标：频率合成器体积小、质量轻、成本低、功耗低、功能灵活性大，广泛应用于各种电路与电子系统中。频率合成器的技术指标包括以下 4 项。

1）频率范围：是指频率合成器输出的最低频率 f_L 和最高频率 f_H 之间的变化范围，也可用覆盖系数 $k = f_H/f_L$ 表示（k 又称为波段系数）。如果覆盖系数 $2 < k \leqslant 3$，则整个频段可以划分为几个波段。在频率合成器中，分波段的覆盖系数一般取决于压控振荡器的特性。

2）频率间隔（频率分辨率）：频率合成器的输出是不连续的，两个相邻频率之间的最小间隔就是频率间隔。频率间隔又称为频率分辨率。不同用途的频率合成器，对频率间隔的要求是不同的。对于短波单边带通信来说，现在多取频率间隔为 100Hz，有的甚至取 10Hz、1Hz 乃至 0.1Hz；对于超短波通信来说，频率间隔多取 50kHz、25kHz 等。在一些测量仪器中，其频率间隔可达兆赫兹量级。

3）频率转换时间：是指频率合成器从某一个频率转换到另一个频率，并达到稳定所需要的时间。它与采用的频率合成方法有关。

4）频率准确度：是指频率合成器的工作频率偏离规定频率的数值，即频率误差。而频率稳定度是指在规定的时间间隔内，频率合成器的频率偏离规定频率相对变化的大小。

锁相环频率合成器的电路图如图 4-8 所示。

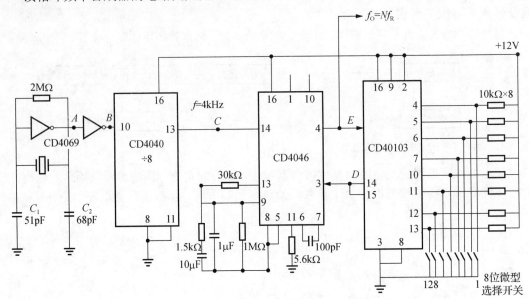

图 4-8　锁相环频率合成器的电路图

测试要求如下。

1）根据电路图所提供的集成电路名称，查找有关资料，了解集成电路 CD4069、CD4040、CD4046、CD40103 的用途、引脚功能、内部结构及主要工作原理，并写出调研报告。

2）根据实验室提供的元件及工具组装频率合成器。

3）对组装完成的频率合成器仔细检查，无接线错误后接上 +12V 电源（**注意：电源正、负极性不要接反**），用示波器初步检查频率合成器工作是否正常。

4）将开关"1"打开，其余位全部闭合（接地），用示波器观察电路图中 A、B、C、D、E 各点的波形，画出相应的波形，测量出这些波形所代表的频率。

5）将开关"128"打开，其余位全部闭合（接地），用示波器观察电路图中 A、B、C、D、E 各点的波形，画出相应的波形，测量出这些波形所代表的频率。

6）将 8 位开关全部打开，用示波器观察电路图中 A、B、C、D、E 各点的波形，画出相应的波形，测量出这些波形所代表的频率。

7）做完上述测试后，根据结果分析所制作的频率合成器工作是否正常。验证频率合成结果 $f_R = \dfrac{1}{N} f_O$ 是否正确。

实验元件： CD4069 6 反相器一个（由于芯片中只需用到两个非门，为简化电路，图 4-8 中只画出了其中的两个非门）、CD4040 12 分频器一个、CD4046 集成锁相环一个、CD40103 8 位可预置分频器一个。

管座： 14P 两个、16P 两个、8 位微型选择开关一个、印刷板一个、接线柱 6 个。

电阻： 2MΩ 一个、30kΩ 一个、1.5kΩ 一个、1MΩ 一个、5.6kΩ 一个、10kΩ 8 个。

电容： 51pF、68pF、100pF、10μF、1μF。

晶体振荡器： 1MHz 一个。

实验用仪器： 数字频率计、双踪示波器一台、稳压电源一台。

第5章 复合信号发生器系统设计

本章我们以 2017 年国赛综合测评的题目作为案例，详细讲解如何设计一个满足具体要求的电路。

5.1 设计目标

使用两片 READ2302G（双运放）和一片 HD74LS74 芯片设计制作一个复合信号发生器。设计制作要求如图 5-1 所示。设计制作一个方波发生器输出方波，将方波发生器输出的方波 4 分频后再与三角波同相叠加输出一个复合信号，再经滤波器滤波后输出一个正弦波信号。

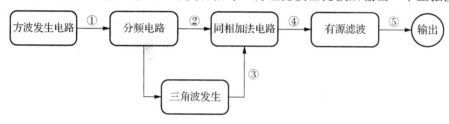

图 5-1 复合信号发生器的设计

要求如下。

1）方波发生器输出信号参数要求：$3 \times (1 \pm 5\%)$V，f=20kHz$\pm$100Hz，波形无明显失真。
2）分频电路输出信号参数要求：$1 \times (1 \pm 5\%)$V，f=5kHz$\pm$100Hz，波形无明显失真。
3）三角波发生器输出信号参数要求：$1 \times (1 \pm 5\%)$V，f=5kHz$\pm$100Hz，波形无明显失真。
4）同相加法器输出复合信号参数要求：$2 \times (1 \pm 5\%)$V，f=5kHz$\pm$100Hz，波形无明显失真。
5）滤波器输出正弦波信号参数要求：$3 \times (1 \pm 5\%)$V，f=5kHz$\pm$100Hz，波形无明显失真。
6）电源只能选用+5V 单电源，由稳压电源供给。

5.2 设计分析

可用的资源只有两片双通道运算放大器（本章简称为运放）和一片双 D 触发器，共计 4 个运放和两个 D 触发器。

我们对各级的实现做简易的分析：方波发生器需要一个运放；分频电路实现 4 分频的功能，需要两个 D 触发器；三角波产生通过对分频后的方波作积分运算实现，需要一个运放；同相加法需要一个运放；有源滤波器需要一个运放。因此给的资源刚好可以满足我们的需求。

同时只提供一个 5V 电源的进行供电,看似简单的电路却非常考验电路设计者的基本功,浙江省 70 多个参赛队,拿到 27 分(满分 30 分)及以上的只有两支队伍。做设计,基本功非常重要。

5.3 模块设计

这一节具体讲解每一级电路如何设计。

1. 方波发生电路

第一级电路设计,双电源的方波发生电路如图 5-2 所示。

对电路做一下简单的分析,假定:上电开始时,运放的同相端电位比反相端略高;R_f 与 R_g 的比值为 1:1;运放理想。

上电开始,由于同相端电位比反相端高,输出为正的限幅值,即为正电源电压 5V。R_f 和 R_g 对输出进行 1:1 分压,同相端的电压为 2.5V。同时,输出电压经过 $R\_integral$ 转换成电流,对积分电容 $C\_integral$ 进行充放电,如图 5-3 所示,电容右端的电压(即反相端的电压)由 0 缓慢上升,见绿色标线。

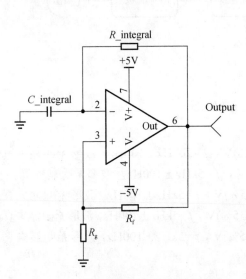

图 5-2 双电源的方波发生电路

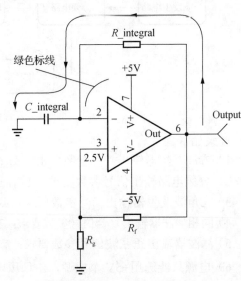

图 5-3 输出高电平的电流状态

在电容右端的电压上升至 2.5V 之前,输出端的波形保持 5V 高电平,如图 5-4 所示。

+5V ────

图 5-4 电容电压达到 2.5V 之前输出波形保持高电平

在电容右端电压上升到超过 2.5V 的时刻,超过了同相端电压,运放输出翻转为负限幅值,即为负电源电压-5V,同相端电压也变成了-2.5V。此时电路的电流状态如图 5-5 所示,电容 $C\_integral$ 通过电阻 $R\_integral$ 对运放输出端进行放电,电容右端的电压开始由 2.5V 缓慢下降,见绿色标线,输出波形如图 5-6 所示。

在电容右端电压下降到-2.5V 的时刻,低于同相端电压,运放输出翻转为正的限幅值,为正电源电压+5V,同相端电压也变成了+2.5V。此时的电流状态如图 5-3 所示,运放的输出

端通过电阻 *R*_integral 对电容 *C*_integral 进行充电，电容右端的电压开始由-2.5V 缓慢上升，输出波形如图 5-7 所示。

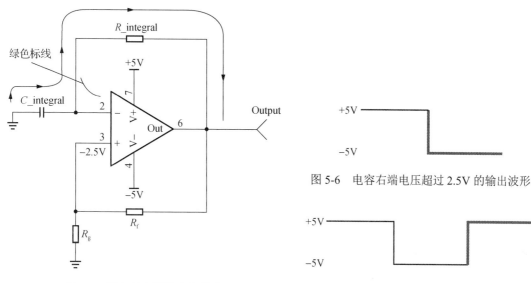

图 5-5　输出低电平的电流状态

图 5-6　电容右端电压超过 2.5V 的输出波形

图 5-7　电容右端电压下降到-2.5V 的输出波形

此时电路的状态和高电平的电路状态一样，只要给它一定的时间，这个双电源供电电路就可以源源不断地输出不断跳转的电平，我们称之为"方波"。翻转的速度表示方波的频率。显然，*R*_integral 和 *C*_integral 的乘积对翻转速度起着决定性的作用，*R* 限定了对 *C* 的充放电电流大小，*C* 标定了电容容量。乘积越大，充放电越慢，频率越低。反之，则相反。

注意：前面提到了"双电源供电"，为什么要强调"双电源"呢？这就要提到一个概念，即"比较器"。比较器是一类特殊的运放，其作用是比较两个输入电压的大小。同相端电压比反相端电压高，则输出高电平；反之，则输出低电平。这就要求这类运放的高低电平的翻转速度足够快，翻转速度快是比较器最大的一个特点。通常来讲，低电平都用 0V 表示。因此绝大多数的比较器是单电源供电。5V 单电源工作的比较器最为常见，如 TLV3501。

接下来，我们把图 5-2 所示的电路用单电源供电，如图 5-8 所示。

依然假定：上电开始时，运放的同相端电位比反相端略高；*R*f 与 *R*g 的比值为 1∶1；理想比较器。

再次上电，由于同相端电位比反相端略高，输出+5V，同相端的电压为 2.5V。电容右端的电压（即反相端的电压）由 0 缓慢上升，如图 5-9 所示。输出波形如图 5-10 所示。

在电容右端电压上升到超过 2.5V 的时刻，超过了同相端电压，运放输出翻转为 0V，同相端电压经过分压得到 0V，此时的电流状态如图 5-11 所示。反相端电压开始由 2.5V 缓慢下降。那为什么输出电平还不翻转？是不是运放坏掉了？要不换一个芯片再试试？然而结果让你失望了。让我们想想问题出在哪里，我们想让输出翻转，输出 5V，也就是说我们在等待，等待反相端电压下降到比同相端低，即同相端的电压为 0V，这就是问题的关键。电容左边是地，也就是 0V，电容要完全放电，右端才能到 0V。理论上来说，放电的极限就是 0V，但是要花费无穷的时间来达到，如图 5-12 所示。

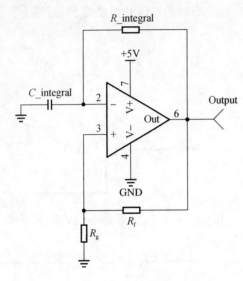

图 5-8　单电源供电的比较器

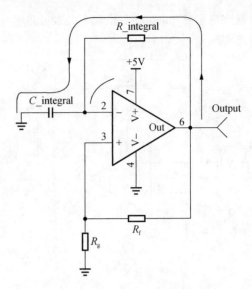

图 5-9　输出高电平的电流状态

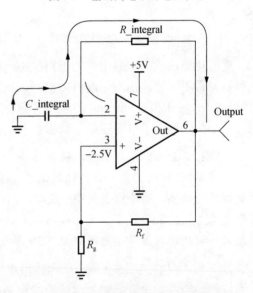

图 5-11　输出低电平的电流状态

+5V ———

图 5-10　输出波形

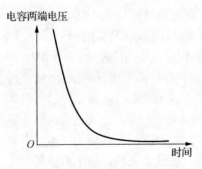

图 5-12　电容放电波形

由图可知，我们需要让同相端电压在比较器输出 0V 的时刻不为 0V，即加入一个上拉电阻，把 5V 这个值以一定的比例加到同相端的电阻网络中，如图 5-13 所示。

这样一来，就有效地避免了苦苦等待翻转的尴尬，同时注意，由于输出的是具有快速变化边沿的方波信号，芯片的供电脚附近应该对地并联去耦电容。

设计要求：输出频率为 20kHz±0.1kHz，因此需要把积分电阻换成电位器以便精准调节；输出幅度为 3V，因此需要对运放的输出进行分压，如图 5-14 所示。

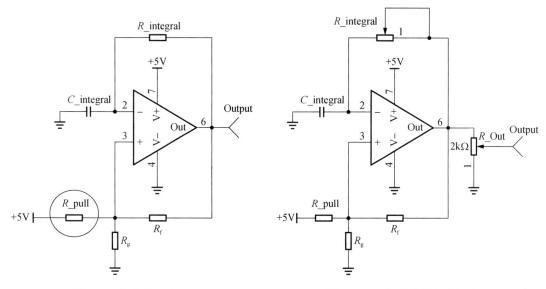

图 5-13　加入上拉电阻　　　　　　　图 5-14　对运放的输出进行分压

输出分压电阻的选择要合适。如果电阻过小，则会从运放索取过大的电流，若这个电流超过了运放的输出能力范围，就会使输出幅度降低。如果电阻过大，则会增加输出阻抗，导致对下一级的驱动能力变小。因此在选取这个电阻时，要兼顾运放的驱动能力和本级对下一级的电流输出能力。至此，第一级就已经制作完成了。

2. 分频电路

下面我们开始第二级电路的设计。要求输出 5kHz 的方波。5kHz 可以由 20kHz 4 分频得到。

D 触发器如图 5-15 所示。当 C（clock）端信号的上升沿到来时，D 的电平传递给 Q，$\overline{Q}$ 等于 Q 的反。

将 $\overline{Q}$ 和 D 连起来，C 作为输入，Q 作为输出，这样就构成了 2 分频电路。两个 2 分频电路级联，就构成了 4 分频电路，如图 5-16 所示，图 5-17 为分频波形。

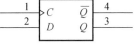

图 5-15　D 触发器

这一级电路的输出频率完全取决于输入频率。因此精度上等于输入信号的频率精度。为了使输出幅度为 1V，需要用电位器进行分压，如图 5-18 所示。

需要注意的是，触发器是数字逻辑器件，其输出电流能力非常弱，以 74LS74 为例，其输出的最大电流为 0.8mA。因此，在必要的时候需要接电压跟随器提高输出电流的能力，但在该设计中，并没有多余的运放可以使用，所以电阻 R_Out 的选取是关键。输出 5V，按照最大输出 0.8mA 进行计算，则电阻为 5V/0.8mA=6.25kΩ，且需要留一定的余量，则选择 10kΩ 的电位器比较合适。那是不是选择的电位器越大越好呢？选一个 100kΩ 的电位器可不可以呢？这个问题我们先埋一个伏笔。

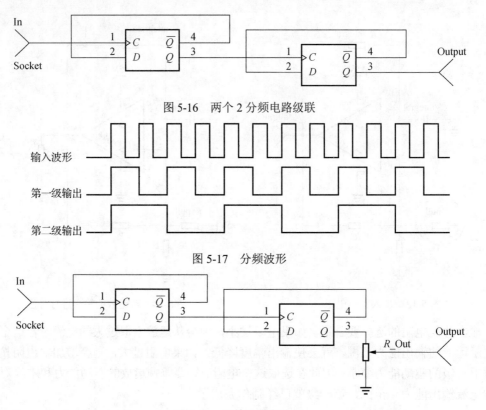

图 5-16　两个 2 分频电路级联

图 5-17　分频波形

图 5-18　对输出进行分压

3. 三角波发生电路

下面讨论三角波发生电路：三角波可以由方波积分产生，因此三角波的发生电路实际上就是积分电路。

双电源的积分电路图如图 5-19 所示。

输入电压经过电阻转化成电流对电容进行充电。充电的速度取决于 R 与 C 的乘积。若输入有微小的直流量，同样也会对电容进行充电。直流对电容充电，会导致输出饱和，最终为+5V 或-5V。为了给可能存在的直流量提供通路，我们可以在电容上并联一个较大的电阻，如图 5-20 所示。

R_dc 需要远远大于 $R\_integral$ 以尽量降低 R_dc 对交流量的影响。

注意：电阻越大，电阻的热噪声也会越大，因此电阻的选取尽量不要大于 500kΩ，如果电路需要很大的电阻，那么不妨思考一下电路结构是否需要改进。

超过 500kΩ 的电阻可能已经很接近运放的输入阻抗，虚断（指在理想情况下，流入集成运放输入端的电流为零）是否还成立就需要进一步验证，否则，电路设计出来的精度就会差很多。例如，你设计的增益为 5 倍，实际可能只有 3 倍，并且伴随着不小的噪声。

用图 5-20 所示的电路对分频后的方波进行积分，需要用一个高通滤波器滤除直流分量，如图 5-21 所示。

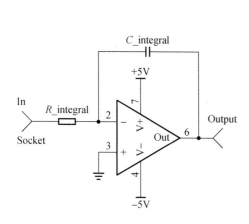

图 5-19 双电源的积分电路图

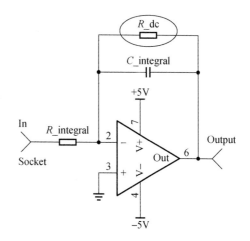

图 5-20 在电容上并联一个较大的电阻

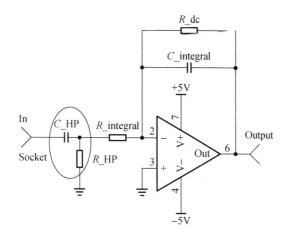

图 5-21 加入高通滤波器

这样我们就可以对方波积分，得到三角波，如图 5-22 所示。值得一提的是，高通滤波器 R_HP 是必要的，在电路设计中尽可能避免只用一个电容进行"隔直"，因为一个电容在可能存在直流量的情况下极容易导致输出饱和。

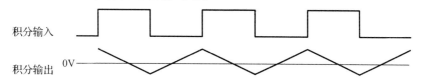

积分输入

积分输出

图 5-22 双电源供电的积分电路波形

图 5-22 是双电源供电的积分电路波形，输出波形关于 0V 对称，围绕着 0V 上下波动。那在单电源电路中，如何处理呢？

首先，我们分析一下双电源供电的积分原理：方波经过高通滤波器变成了上下关于 0V 对称的方波，输入 2.5V 时，反相端比同相端高 2.5V，输出下降；输入-2.5V 时，反相端比同相端低 2.5V，输出上升；并且上升和下降的速度是一样的。我们现在想做的事情就是，把对称线的值从 0V 变成 2.5V，也就是说，让运放以为，2.5V 是地电平。那么问题又来了，运放是如何知道"地"在哪里的呢？我们把图 5-21 所示的电路图画完整，如图 5-23 所示。

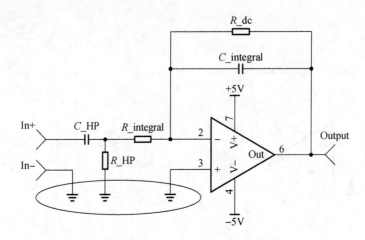

图 5-23 "地"的位置

运放本身不会"自动寻地"。在图 5-23 所示电路中，我们从 3 个地方告诉运放"这个'地'就是你的地"，运放说"好，我知道了。"于是，运放的输出围绕着你告诉它的这个"地"进行摆动。于是，在输入=AC+0V 时，输出=AC+0V。此时，你只要说："2.5V 是你的地。"它就会围绕着 2.5V 进行摆动。

如图 5-24 所示。我们将"地"改为 2.5V。于是，在输入=AC+2.5V 时，输出=AC+2.5V。我们再观察输入的方波，本身就是 2.5V±2.5V（0～5V）的信号，因此，In-输入端直接接地，就可以达到输入信号是 AC+2.5V 的目的。

如图 5-25 所示，运放同相端的 2.5V 用电位器分压得到，将 R_integral 用电位器替代，可以精确调节输出幅度。此时，输出电压就已经围绕着 2.5V 进行摆动了。

输出波形如图 5-26 所示。

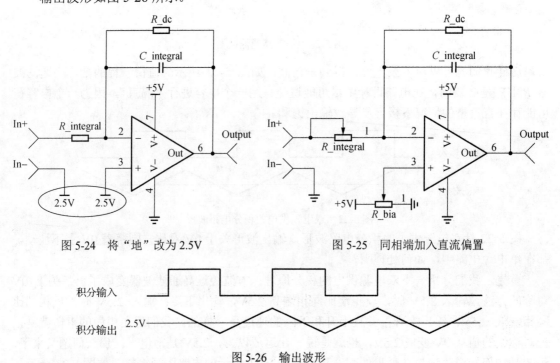

图 5-24 将"地"改为 2.5V   图 5-25 同相端加入直流偏置

图 5-26 输出波形

4. 同相加法电路

接下来我们讨论同相加法电路。

加法电路是电路中最常见的结构，如图 5-27 所示，这是最简单的加法电路，由叠加定理可知，Add_Out 点的电位等于+5V 单独作用的电位和接地单独作用的电位的和。因此，只要把+5V 和接地换成我们想要相加的两个源，在 Add_Out 点上就可以得到两个源叠加的加权和，若想要权重为 1∶1，则只需要使 R_1=R_2 即可。但是这种无源的加法电路的输出幅度是固定的，为了可以调整输出幅度，我们可以在后面接一个同相放大电路。为了方便调整幅度，反相端连接的两个电阻用电位器替代，如图 5-28 所示。

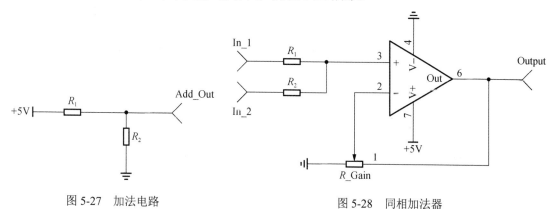

图 5-27　加法电路　　　　　　　　图 5-28　同相加法器

这样连接就构成了同相加法器，其本质是一个加法电路加上同相放大器。调节 R_1 和 R_2 即可调节两个输入的权值，调节 R_Gain 即可调节输出幅值的大小。

需要注意的是，这种结构下，输入的直流量和交流量都会被加，因为电路不知道哪个是交流哪个是直流，电路只是简单地对瞬时的电位做加法。设计要求将分频后的方波信号和三角波信号进行相加，这时候要考虑两个信号中的直流量。

在反相端的电阻和地之间，串一个电容，如图 5-29 所示。

对于交流信号来说，C 的阻抗很小，电路可以近似等效于图 5-28 所示的电路，可以起到放大的作用。对于直流信号来说，C 相当于开路，此时电路就等效成了跟随器，不会起到放大的作用。这是一种很典型的单电源放大方法，交流信号的放大倍数可以很大，直流偏置不变，可以达到在不改变直流偏置的情况下放大交流信号的目的。

需要注意的是，由于电容 C 的存在，这种结构对低频信号的响应不佳，电容 C 的大小也直接和低频截止频率相关，故在选择电容的容值时需要考虑实际需求。

现在，我们再回到输入的地方，加法器的输入有两个，In_1 和 In_2，在其中一个源单独作用时，电流从这个源流向另外一个源，负载是（R_1+R_2）。例如，In_1 单独作用时，电流流向如图 5-30 所示。

电流从 In_1 流出，先后经过 R_1、R_2，再流入 In_2。我们希望源 In_1 和 In_2 的内阻越小越好，这样电流对输入信号幅度的影响就会越小。

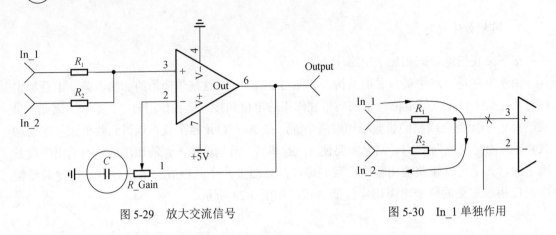

图 5-29　放大交流信号　　　　　　图 5-30　In_1 单独作用

注意：由于运放输入阻抗很大，和运放同相端相连的线可以等效成开路。

再看设计第二级电路时所说的伏笔（图 5-16），现在把这两级连接起来，如图 5-31 所示。

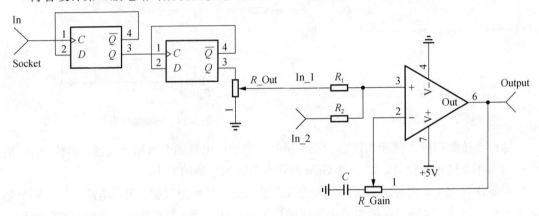

图 5-31　两个 D 触发器级联

因为要调整输出幅度，所以在第二级 D 触发器的输出串一个电位器，考虑到 D 触发器的驱动能力，串的电位器的阻值有一个最小值，根据我们之前的计算，是 6.25kΩ。那是不是这个值越大越好呢？

刚刚我们讲到了，对于加法器的输入信号，我们希望其内阻相对于（R_1+R_2）越小越好。这就要求 R_Out 不能太大。

有同学可能会说，把 R_1 和 R_2 改成很大不就行了吗？

这就是之前提到过的，电阻尽量不要选得太大，会加大热噪声，同时大电阻也会接近运放的输入阻抗导致电路工作不理想。根据之前的计算，R_Out 选择 10kΩ 的电位器，R_1、R_2 选择 80kΩ 左右的电阻较为合适。在这里大家可以看到，电路中所有器件的确定都是有理有据的，而不是随便地猜测。凭猜测设计出来的电路无异于是在赌运气，运气好，则电路就可以工作；运气不好，则电路工作异常。任何设计都不能赌运气，这是墨菲定律告诉我们的。

5. 有源滤波器

接下来我们来设计有源滤波器。

常见的有源滤波器有巴特沃斯滤波器和切比雪夫滤波器。巴特沃斯滤波器的特点是通带内平稳，切比雪夫滤波器的特点是截止特性好。

加法器的输出信号如图 5-32 所示。

图 5-32　加法器的输出信号

从波形中可以看出，这个信号的频谱相当丰富，而我们需要从该信号中选出基波正弦波，并把所有除基波正弦波之外的频率尽可能多地滤除，这就需要使用低通滤波器，并且滤波器的截止特性尽可能地好，因此我们选用切比雪夫滤波器。切比雪夫滤波器的结构如图 5-33 所示。

C_1 的下端，巴特沃斯滤波器是接地，切比雪夫滤波器则是接输出。因此，切比雪夫滤波器可以通过 C_1 对截止频率附近的频率点进行正反馈补偿，截止频率点得到了适当的右移，而超过补偿频率的信号则快速下降。因此，C_1 的选择很关键，如果选择不当，则可能会引起运放的不稳定，表现为自激。为了使电路稳定，必须保证通过 C_1 反馈回来的信号，除补偿点以外的频率都可以被 R_2、C_2 滤除，所以 C_1 的选取不能过大，否则，低频信号就会通过 C_1 正反馈到同相端导致运放自激。从反相端来看，运放起着同相放大的作用，R_f/R_g 的大小直接关系到放大倍数。为了方便调节，我们将电阻用电位器替代，如图 5-34 所示。

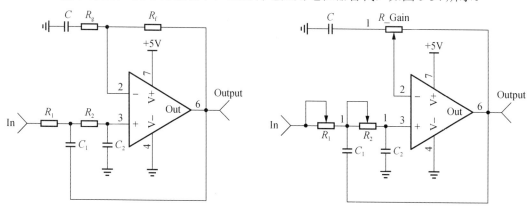

图 5-33　切比雪夫滤波器的结构　　　　　图 5-34　用电位器替代电阻

为了避免输出饱和，我们先将 2 脚调到电位器 R_Gain 的最左边，此时运放对同相端输入信号的增益为 1。

把截止频率点向低设置，以确保高频分量可以被充分衰减。不必担心滤波器对基波频率的衰减，因为可以通过调节 R_Gain 来调节运放的输出幅度。顺序调节 R_1、R_2、R_Gain 即可得到完美的正弦波形。

第6章　四旋翼无人机设计与开发基础

6.1　STM32F4 入门实验

STM32 指的是 ST 公司推出的基于 ARM 公司的 Cortex-M 内核的 32 位微控制器（即 MCU）。而 ARM 公司的 Cortex 架构可细分为面向通用处理器市场的 A 系列、面向高端实时系统的 R 系列及面向微控制器市场的 M 系列。可以理解为，ST 公司付费使用 ARM 公司的 Cortex-M 架构设计，对其进行修改完善后投入生产，命名为 STM32 微控制器。近几年，STM32 的全球市场增长快速，尤其是中国市场发展迅猛。

目前，STM32 分为低功耗的 L 系列、快速型的 F 系列和高速型的 H 系列。F 系列又可细分为基于 ARM Cortex-M0 内核的 F0 系列，基于 ARM Cortex-M3 内核的 F1 系列、F2 系列，基于 ARM Cortex-M4 内核的 F3 系列、F4 系列，基于 ARM Cortex-M7 内核的 F7 系列等。在综合了价格、处理能力、外设资源等因素后，我们的无人机上采用的便是其中的 F4 系列。STM32F4 根据其引脚数目、存储器大小、外设种类与数目等的不同又可进行进一步的细分。

对于飞控板上的 STM32F405RGT6，这一串字符意味着什么呢？STM32F4 我们前面已经介绍过了。对于后两位数字，需要结合起来标示具体型号。例如，F405 与 F407，两者最大系统频率相同，外设基本相同，而两者最大的区别是 F407 有以太网控制器，而 F405 却没有。F405 和 F415 两者也基本相同，区别是 F415 有高级加密标准等，而 F405 则没有。细节可参考 ST 公司的选型手册，里面详细介绍了各型号外设的不同。需要注意的是，这里的 R 和 G，"R" 代表引脚数目，在常见的 LQFP 封装下有 C、R、V、Z、I、B 等，从左到右数量依次增加。C 代表 48&49、R 代表 64&66、V 代表 100、Z 代表 144、I 代表 176&201（178+25），B 代表 208。"G" 代表 Flash 容量，现有 4、6、8、B、C、E、G 等，从左到右递增。其中，B 为 128KB、C 为 256KB、E 为 512KB、G 为 1MB。"T" 代表封装，这里就是 LQFP。"6" 代表工作温度，这里是指-40~+85℃。

对于初学者而言，最常见的问题是，如果在网上找一个 STM32 系列不同型号单片机的例程，我的开发板能不能用呢？对于 F4x5 和 F4x7 而言，如果没有使用以太网、高级加密标准硬件加密等，仅使用常用外设的程序，无须修改即可通用。需要注意的是，其引脚数目（引脚数少的某些外设数量会减少）和 Flash 容量是否符合要求。如果是 F1 系列的程序移到 F4 上，则还需要考虑总线时钟和外设时钟的问题，还有引用的库文件也有所区别。

对 STM32 的基本含义有所了解之后，那其内部又是怎么样的呢？STM32 既然属于 MCU （micro control unit，微控制单元），则其内部一定包含了 CPU（central processing unit，中央处理器）、RAM（random access memory，随机存储器）、ROM（random only memory，只读

存储器）和 I/O（input/output，输入/输出）接口。当然，STM32 系列 MCU 还包含了丰富的片内外设，如 Timer、IIC（inter-Integrated circuit，集成电路总线）、SPI（serial peripheral interface，串行外设接口）、ADC（analog-to-digital converter，模数转换器）、DAC（digital-to-analog converter，数模转换器）、DMA（direct memory access，直接存储器存取）等。通过 ST 公司集成于片上的外设，我们就可以通过单片机完成一系列看似复杂的控制了。本书主要以实用为主，本章的内容将基于使学生最快了解 STM32 单片机的目的进行讲解，不必要的理论尽可能一笔带过，对此感兴趣的学生可自行探究。

6.1.1　Keil MDK 开发入门

　　STM32 的开发环境常见的有 Keil 公司（于 2005 年被 ARM 公司收购）的 μVision、IAR 公司的 EWARM、Atollic 公司的 TrueSTUDIO、Oracle 公司的 Eclipse 等，开发环境可以理解为一些常用工具的集合，其中一般包括编辑器、预处理器、编译器、汇编器和链接器等。优秀的开发环境可以有效地组织代码文件，提供辅助编程的工具和插件，使编程过程更加顺畅和高效。实际上，假如你使用 PC（personal computer，个人计算机）自带的记事本作为编辑器，然后单独下载 ARM 公司的编译器和烧录软件，也可以搭建一个简易的开发环境，只是少了很多辅助工具，效率就成倍地下降了。

　　我们使用的是 Keil 公司的 MDK（microcontroller development kit，微控制器开发工具包）。MDK 本身指的是一套针对 ARM Cortex 内核微控制器提出的综合软件开发解决方案。其中，MDK-Core 是针对 Cortex-M 系列的，其基于 μVision 开发环境，再加上其他工具和服务，便构成了一个完整的集成开发环境。所以，μVision 是 Keil 公司为基于 ARM Cortex-M 内核的 MCU 专门推出的集成开发环境，其已经集成了完善的开发工具，界面简洁、上手快、效率高。

　　本书的所有讲解均基于 μVision 的 μVision5 版本。

　　1. μVision5 基础

　　选择 μVison 窗口中的"Help"→"About μVision"选项，在弹出的"About μVision"对话框中可以看到，μVision 集成了 MDK-ARM 工具链，包含 armasm 汇编器、armcc 编译器、armlink 链接器、armar 库管理器、formelf 转换器，还有 MDK 调试器、Flash 编程工具等。

　　对于嵌入式开发而言，我们大多不需要像软件工程师一样，对程序的编译下载过程十分明了，这样选择一款适合自身平台的集成开发环境将对之后的工作与学习十分重要。Keil MDK 使用户无须了解汇编指令，无须过多关心编译和链接，而只需专注于自身产品需求的开发。

　　μVision5 不同于之前的版本，考虑到后期方便加入新设备支持和中间件独立于工具链更新，集成开发环境和 DFP（device family pack，设备系列包）需要分开下载安装。在安装完 μVision5 后，可根据现在使用的芯片下载相应设备的 DFP 包。例如，当前使用的是 STM32F4，则需要下载 STM32F4 的 DFP 包。DFP 包可以直接到 ST 官网下载。

　　2. 熟悉 μVision 界面

　　Keil 采用了传统的集成开发环境布局，除了菜单栏、工具栏、编辑视图、输出视图、状态栏外，区别集中在左侧。窗体左侧包含了 4 个可切换页面的视图，分别为 Project、Books、

Functions、Templates。

1）Project 页面中会列出已添加的文件夹及文件，对于扩展名为 c 的文件，其次级目录下可见其引用的所有头文件。

2）Books 页面中列举了可能会频繁参考的官方文献资料，如 Reference Manual、User Manual、Data Sheet 等。

3）Functions 页面中列举了当前工程的所有扩展名为 c 的文件，其次级菜单列举了该扩展名为 c 的文件内所有已定义的函数及其输入参数。

4）Templates 页面允许自定义代码块模板，可将常用的声明、定义或注释生成为模板，要用时只需双击即可快速录入。

μVision 5 工具栏的使用频率较高，工具栏中的常用工具图标如图 6-1 和图 6-2 所示。

图 6-1　常用工具图标（1）

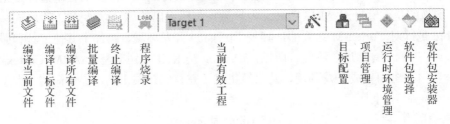

图 6-2　常用工具图标（2）

小提示：

① 图 6-1 和图 6-2 中的工具大多有快捷键，合理利用快捷键可提升效率。

② 当鼠标指针在工具图标上滞留时，会弹出标签显示工具名称和简介。

③ Keil 允许建立多工程工作空间，在该情况下，"当前有效工程"下拉列表用于标示当前的有效工程，编译和烧录动作将执行在该工程下。

3. μVision 5 基本知识

μVision 5 的编辑器为我们提供了语法高亮、智能缩进、自动补全、智能跳转、动态语法检查等一系列便于编码的设定，大大提高了编程效率。

编辑窗口下的右键菜单中包含了大量的跳转动作，右键菜单中的跳转到……的定义（Go To Definition Of…）、跳转到……的声明（Go To Reference To…）和跳转到头文件（Go To Headerfile）搭配菜单栏中的光标前进（Navigate Forwards）和光标返回（Navigate Backwards），是初学者的利器，推荐在使用中熟练掌握。

例如，如果想查看某个函数在哪儿定义、是什么类型。在工程编译成功后（无报错），可以右击该函数（如图 6-3 中的 KEY_Init），在弹出的快捷菜单中选择"Go To Definition Of 'KEY_Init'"选项，即可跳转到该函数的定义处。查阅完毕后，单击工具栏中的"Navigate

Backwards"按钮，光标则返回原来文件下的历史位置。

单击"Configuration"按钮，在打开的"Configuration"对话框（图 6-4）中可以更改当前集成开发环境中编辑器的具体设置。下面介绍几个重要的功能，以及其配置的位置。

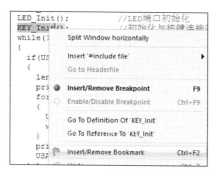

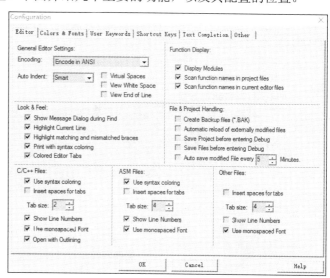

图 6-3　跳转功能示例　　　　　　图 6-4　"Configuration"对话框

（1）智能缩进

选择"Editor"选项卡，在"Auto Indent"下拉列表中默认选择"Smart"模式。该模式下，很多时候，编辑器会根据情况自动缩进。

（2）语法高亮

在编辑器中输入的代码，某些字符不是黑色，而是其他的颜色，如注释是绿色的、系统关键字是蓝色的、字符串是紫色的等。具体修改可到"Colors&Fonts"选项卡中，在左侧的"Windows"列表框中选择"C/C++ Editer Files"选项，再在"Element"列表框中选中你希望自定义字体、字号或颜色的字符集合，最后单击"Font"选项组中的相应按钮或选择相应下拉列表中的选项即可对其进行更改。

（3）代码补全

这个选项默认是关闭的，推荐初学者开启此功能。在"Text Completion"选项卡中的"Show Code Completion List for"选项组中，选中"Symbols after x Characters"选项，即可在打出 x 个字符后显示文本候选列表，此处一般设为 2 个。

6.1.2　μVision5 基本操作

要想让一个工程实现丰富的功能，我们往往会使用多个头文件和源文件。那么，建立一个工程的哪些文件是必需的呢？这些文件又是以怎样的结构传递到编译器呢？下面我们来了解一下。

1. 新工程的文件组织

这里仅做简要的介绍，感兴趣的学生可以深入探究，当然，你也可以先忽略这些文件的内容。因为一旦你独立写了一两个稍大一些的项目后，再回头看这些定义时，它们已经简单易懂了。

建立一个 STM32F4 的基本工程，常包含以下内容。

1）启动文件：

```
startup_stm32f40_41xxx.s
```

2）CM4 内核文件：

```
core_cm4.h
core_cm4_simd.h
core_cmFunc.h
core_cmInstr.h
```

3）STM32F4 相关文件：

```
stm32f4xx.h
stm32f4xx_conf.h
stm32f4xx_it.c
stm32f4xx_it.h,
system_stm32f4xx.c
system_stm32f4xx.h
```

4）自定义函数：

```
main.c
led.c
key.c
……
```

5）库函数（采用库开发时）：

```
stm32f4xx_adc.h
stm32f4xx_crc.h
stm32f4xx_dbgmcu.h
……
```

为了方便后期查找，以上文件需要放在正确的位置，工程越大，位置的正确性要求越高。首先，建立一个文件夹如 Sample，用于存放所有的文件和文件夹。在该文件夹下建立 6 个新文件夹：APP、Core、FWLib、OBJ、System 和 User。APP 文件夹存放后期根据项目需求所增加的源文件和头文件；Core 文件夹存放启动文件和 CM4 内核文件；FWLib 文件夹存放的是固件库文件；在 OBJ 文件夹中再新建 Listing 文件夹和 Output 文件夹，存放集成开发环境自动生成的相关文件；System 文件夹存放常用的文件；User 文件夹存放 main 和 STM32F4的相关文件。当然，也可以根据自己的习惯组织文件。

程序启动时，最开始调用 startup_stm32f40_41xxx.s 文件，这是一个汇编文件，调用后会初始化堆栈，接着调用 SystemInit 函数初始化系统时钟，然后才进入 main 函数执行用户程序。

在一般的用法中，我们会在自己编写的头文件中调用 stm32f4xx_conf.h 文件，这个文件会调用 stm32f4xx_flash_ramfunc.h，如图 6-5 所示。最后的结果是，除了 stm32f4xx_it.c 文件（专门用于存放中断函数），应该添加的文件都用到了。

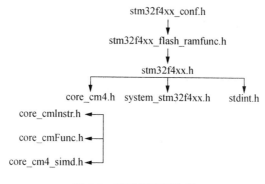

图 6-5 引用流程层次图

由于我们采用的是库开发方式，还需要将外设库中的相关文件包含进来。实际上，stm32f4xx_conf.h 文件的主要作用就是管理库文件引用。可到该文件下查看可以引用的头文件，也可以注释掉没有用到的头文件。

以上内容，无须详尽地了解其具体的实现，我们要做的是有个大概的认识。

2. 编译准备工作

打开μVision 5，选择菜单栏中的"Project"→"New μVision Project"选项，在弹出的"Create New Project"对话框中选择之前建立的文件夹 Sample，并输入工程名，单击"保存"按钮。在弹出的对话框中选择当前型号的 CPU，这里选择 STM32F405RGTx，单击"OK"按钮，在弹出的"Manage Run-Time Environment"对话框中，直接单击"OK"按钮即可。

在工程窗口中右击"Target 1"，在弹出的快捷菜单中选择"Options for Targets"选项，然后在弹出的"Options for Targets"对话框中，单击"Output"选项卡中的"Select Folder for Objects"按钮，选择 Output 文件夹；然后切换到"Listing"选项卡，单击"Select Folder for Listing"按钮，选择 listing 文件夹。

要想让编译器正确地检测到工程所需的头文件，首先，切换到"C/C++"选项卡，确保"Define"文本框中的信息是正确的。然后单击"Include Paths"文本框右侧的 按钮，在弹出的"Folder Setup"对话框中单击 （New）按钮，可见下面新建了一条列表，再单击 按钮，在弹出的"浏览文件夹"对话框中选择文件夹，单击"确定"按钮，则该文件夹下的头文件都可被检测到了。通过这样的方式将所需的所有头文件都包含进来即可。

添加完头文件后，还需要添加 startup 汇编文件和源文件。单击"File Extensions，Books and Environment"按钮 ，弹出"Manage Project Items"对话框，在"Groups"列表框中依次添加文件夹：Core、User、App、System、FWLib。

选中 Core 文件夹，单击"Add Files"按钮，在弹出的"Project"对话框中找到 startup_stm32f40_41xxx.s 所在的文件夹，将文件类型切换为 Asm Source Files（扩展名为 asm），文件过滤后会保留扩展名为 s 的文件，双击该文件，可见"Manage Project Items"对话框中的"Files"列表框中已经有该文件，则该文件可被编译器获取。

同样的操作但不用修改过滤的文件类型，即可对 User、App、System、FWLib 完成相关源文件的添加。

需要注意的是，Core 文件夹下有头文件，但不需要添加到 Core 组中。头文件经过上面的设置已经可以引用，除非该头文件需要被频繁编辑。FWLib 组最好根据需要添加 Source

文件夹中扩展名为 c 的文件。如果不确定是否需要某×××.c 文件，也可全部添加（stm32f4xx_fmc.c 除外，在 STM32F40x 或 STM32F41x 系列芯片中添加该文件时，直接编译会报错）。

当然，misc.c（涉及中断）、stm32f4xx_rcc.c（涉及时钟）、stm32f4xx_gpio.c（涉及引脚）这 3 个文件大多数的工程会用到，建议先添加这 3 个，其他文件根据需求来添加。

至此，编译设置完成。接下来要完成烧录的相关配置。

3. 烧录准备工作

在工程窗口中右击"Target 1"，在弹出的快捷菜单中选择"Options for Targets"选项，弹出"Options for Targets"对话框，选择"Debug"选项卡。该页面的左侧是软件模拟器，右侧是硬件调试器。所以，如果左侧的"Use Simulator"单选按钮被选中，则在右侧的"Use"下拉列表中选择合适的烧录器，由于飞控板板载 Jlink，故选择"J-link/J-TRACE Cortex"即可。然后单击"Settings"按钮，在 JTAG Device Chain（JTAG 设备链）中，可以看到已经识别到 Jlink。如果已经连接上飞控板，却没有显示，请检查驱动是否正确安装。如果有连接，则到左侧的"Port"下拉列表中将 JTAG 改为 SW（或 SWD），速度可改为 10MHz。然后检查"Debug"选项卡，右侧的"Load Application at Startup"和"Run to main( )"两个复选框均被选中。

切换到"Utilities"选项卡，选中"Use Debug Driver"复选框，单击"Settings"按钮，看一下"Programming Algorithm"选项组，一般这里会自动添加 STM32F4xx Flash 项，如果没有，单击"Add"按钮，在弹出的对话框中选择"Description"，将 STM32F4xx Flash 的"Flash size"设为 1M 即可。

完成这些设置后，只要成功编译，便可执行烧录。

6.1.3 基础扩展

1. 基本技巧

通过代码补全快速录入，因为 STM32 的库函数名一般较长，这样做有两个好处：一是尽量避免各文件中的函数名冲突；二是阅读性更强。在不开启代码补全时，很难记忆，大小写的变化加大了出错概率，也加大了编程者的工作量。在代码补全的配合下，可以忽略大小写，工作量也会减小。

1）名称补全。例如，固件库中定义的结构体类型 GPIO_InitTypeDef，只需输入"gpio_in"，便可开始选择，习惯之后效率会很高。

2）结构体成员变量补全。如果我们用 GPIO_InitTypeDef 定义了一个结构体变量 GPIO_InitStructure，在 GPIO_InitStructure 后加个"."，该结构体下的成员变量即可列举出来供选择。

3）外设寄存器（结构体指针）补全。如果喜欢用寄存器，不必记住都有哪些寄存器，在 TIM1 后输入"->"，TIM1 中的所有寄存器都可列举出来。

2. 仿真调试

有时程序编译成功，烧录也没有问题，但运行的结果却与预期的不符，这时便可使用仿真调试。

仿真调试分为硬件仿真调试和软件仿真调试。相对而言，硬件仿真更加接近真实情况，硬件仿真需要仿真器支持（Jlink 是支持硬件仿真的）和硬件连接。

由于仿真调试是一项需要综合知识的工作，很难用较少篇幅阐述清楚，推荐各位同学查阅相关资料，掌握仿真调试技能。

3. STM32CubeMX

STM32CubeMX 是 ST 公司推出的用于配置 STM32 代码的工具，它把很多东西封装得比较好，如硬件抽象层、中间层、示例代码等。建议将 STM32CubeMX 和传统的固件库开发结合起来学习，STM32CubeMX 可以将需要的硬件初始化完成，并生成集成开发环境的工程代码。

4. 其他

1）编译器：ARMCC 与 PC 上常用的 GCC 编译器语法上基本一致，但也有所差别。例如，在 GCC 中 char 类型默认是有符号的，而 ARMCC 中 char 则默认是无符号的。

2）正则表达式：如果你需要常常进行复杂文本查找、修改、增加、删除等操作，可使用正则表达式，且 μVision 已经支持正则表达式，虽然 μVision 5 的正则表达式支持并不完整，但已经能实现很多常用的匹配操作。

6.2　GPIO、SYSTICK、操作按键与小灯

本节将为大家讲解 GPIO（general purpose input output，通用输入输出）和 SYSTICK（system tick timer，系统节拍定时器）的相关内容。通过本节的学习，我们即可通过一种简单而又有效的方式，在指定的时间输出高低电平或检测电平。如果结合一些简单的外设和新鲜的创意，便能实现较复杂的功能。

1. GPIO 简介

GPIO 可由开发者根据需求配置，既可以简单地输出信号、读取信号，也可以复用为指定功能引脚（如串口的 I/O 引脚等）。STM32F405RGT6 共有 64 个引脚，其中有 A、B、C 3 个 GPIO 端口，每个端口有受控 I/O 引脚 16 个。

每个 I/O 均被配置为如下模式。

1）输入浮空：引脚内部处于高内阻状态，使读取的电平能尽可能准确。但没给外部输入信号时，此时的电平是极易受外部影响而不稳定的。

2）输入上/下拉：在浮空的基础上，引脚内接一个较大阻值的电阻到 V_{CC}/GND（接地），使引脚读取的电平保持稳定。一般没有外部拉电阻会启用内部拉电阻。

3）模拟功能：将引脚作为 ADC 读取用，将 ADC 电路与引脚连接，使读取模拟电压时不受内部推挽电路等的影响。

4）具有上拉或下拉功能的推挽输出：通过一个推挽电路进行输出，能提供较大的电流（推荐不大于 25mA）。

5）具有上拉或下拉功能的开漏输出：当输出为低电平时，与推挽输出低电平一致；输出为高电平时，输出悬空，类似于浮空模式，此时读取电平取决于外部电路，接到上拉电阻

时，可输出高电平。采用上拉电阻使开漏模式的上升沿会比较平缓，而优点是可以多引脚并接实现"与"操作。

6）具有上拉或下拉功能的复用功能推挽：在推挽功能的基础上，由复用外设控制输出。只是此时输出电平不由开发者直接控制。

7）具有上拉或下拉功能的复用功能开漏：在开漏功能的基础上，由复用外设控制输出。只是此时输出电平不由开发者直接控制。

2. SYSTICK 简介

SYSTICK 是 Cortex 内核中的一个 24 位递减式的系统节拍定时器。SYSTICK 主要是为RTOS（real-time operating system，实时操作系统）在相同或相近的内核上移植方便而设立的。这里我们主要将其用作延时函数的定时器。

由于 STM32F405 的时钟频率一般设置为 168MHz，那么在当前系统频率下，如果取其 8分频，则 SYSTICK 的运行频率为 21MHz，此时 SYSTICK 的计数器每减一次用时 1/21μs。SYSTICK 有一个预装载器和一个计数器。如果预装载器存了 21 个数字，启动定时器后，则在 1μs 后，计数器减到 0，此时 SYSTICK 的 CTRL 寄存器的第 16 位（从 0 开始编号）会自动置 1。

所以延时的原理就是，根据所需要的定时的多少，向延时函数传入一个整数，函数将这个数字乘以 21，给到预装载器，清 0 计数器值，开始计数，然后进入循环，一直判断SYSTICK->CTRL 的第 16 位，该位为 1 时退出循环。过了指定的时间后，SYSTICK 的计数器归 0，SYSTICK->CTRL 的第 16 位自动置 1，跳出循环。此时关闭 SYSTICK 的计时器，延时完成。

需要注意的是，由于 SYSTICK 的计数器为 24 位，其存放的最大数字为 $2^{24}-1$，在 8 分频的情况下，乘以 1/21μs 为 798915μs，取整为 798ms，这是其最大延时。要想达到秒级的延时，则只能以循环的形式通过多次计时实现。这是 Delay_ms 的具体实现。

3. 系统频率

对于 STM32F405 来讲，我们一般将其配置到 168MHz。但如果你看例程，会发现 main函数中没有出现时钟配置函数。那时钟是在哪里配置的呢？之前在"Options for Targets"对话框中的"Debug"选项卡中选中"Load Application at Startup"和"Run to main( )"两个复选框，就意味着，程序最开始从 startup 文件进入，然后在该文件中调用 SystemInit 函数，其具体实现在 system_stm32f4xx.c 文件下。

对于初学者，无须看懂 SystemInit 函数下的寄存器配置。对于一个新工程，我们需要修改系统时钟，即只需修改 system_stm32f4xx.c 中的 PLL_M、PLL_N 及 PLL_P。由于外部晶体振荡器的频率为 8MHz，故需要将 PLL_M 修改为 8，将 PLL_N 修改为 336，将 PLL_P 修改为 2。如此，系统时钟在进入 main 函数前就已经是 168MHz 了。除非修改其他参数，否则高速总线时钟（advanced high performance bus，AHB）等于 SYSTICK，外围总线时钟（advanced peripheral bus，APB）中 APB1 为高速总线时钟 4 分频，即 42MHz，APB2 为 AHB的 2 分频，即 84MHz。

我们可以通过时钟树来了解时钟的配置过程，如图 6-6 所示。时钟树可以清楚地反映系统时钟 SYSCLK、AHB 及 APB 之间的关系。

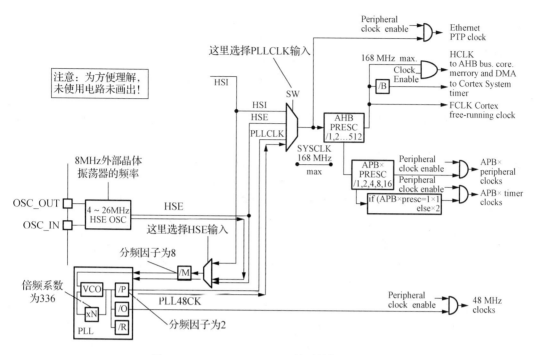

图 6-6 STM32F405xx/07xx 的时钟树（局部）

4. 控制 LED

（1）基本知识

LED（light emitting diode，发光二极管）是半导体二极管的一种，可以将流经其 PN 结的正向电流的部分电能转化成光能。

就一般使用而言，需要了解如下内容。

1）LED 的最大正向电流。对于常见的 3mm 或 5mm LED，不同颜色的 LED 会略有差别，其电流一般为 5～20mA。如果对亮度没有要求，则串联 330Ω～1kΩ 的电阻一般是适用的。

2）LED 的控制操作。LED 的阳极（阴极）通过电阻连到单片机的电源 V_{CC}（接地），另一端直接连到单片机的引脚，通过控制该引脚的高低电平，即可控制 LED 亮灭。

3）STM32 控制 LED 所用的引脚，应该设置为推挽输出模式，以提供足够的输出电流。

（2）代码实现

LED 常见接线原理图如图 6-7 所示，LED1 连接的引脚为 PB9，LED 的控制代码如下。

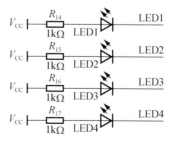

图 6-7 LED 常见接线原理图

```
GPIO_SetBits(GPIOB,GPIO_Pin_9);      // PB9 置为高电平，关闭 LED
GPIO_ResetBits(GPIOB,GPIO_Pin_9);    // PB9 置为低电平，点亮 LED
```

5. 按键检测

（1）基本知识

我们可以用单片机得到某个引脚的当前电平，通过这一功能我们能实现按键。就一般使用而言，需要了解如下内容。

1）按键检测原理。常见按键接线如图 6-8 所示，引脚设置为浮空输入模式，这里外接了上拉电阻，没有按键时，检测到的是高电平，按下键后，检测到的是低电平。这里用的是外接上拉电阻，实际上也可通过程序设置，启用内部上拉电阻。

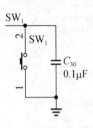

图 6-8　常见按键接线

2）按键时长。正常按键一次，按下的时间可长可短，一般为数十到数百毫秒。由于单片机程序运行一轮的时间很快，若没有延时，一般不足 1ms，下一轮进行按键检测时，若这次的按键还未放开，则按键指令就会重复执行。为了避免这种情况，可以在检测到按键后，进行一定的延时。当然，更好的解决方案是通过外部中断（边沿检测）、定时器和硬件滤波等方式来实现。

3）按键抖动。按键过程中，由于按键本身结构的原因，按下和弹起按键时，都会产生机械抖动。若编程过程中未考虑到这一因素，就可能造成按键效果的不稳定。可以通过硬件滤波或软件滤波进行"消抖"，以实现更好的按键效果。采用外部中断实现时，要尤其注意"消抖"，而对于延时的方式而言（按键后延时足够的时间），则无须考虑这一问题。

（2）代码实现

对应上面的原理图，若该引脚设置为浮空输入模式或开漏模式时，按键的检测代码如下（按下键时，若引脚检测到电平，则函数返回 0；否则返回 1）：

```
GPIO_ReadInputDataBit(GPIOC,GPIO_Pin_5);
```

6. 精确延时

LED 要实现闪灯的效果，对频率是有要求的。由于人眼的视觉暂留效应，小灯的闪烁频率大于 100Hz 后，人眼看到的小灯就是常亮的了（显示屏就是通过这种方式刷新的，频率一般是 60Hz）。而且，我们要让小灯闪烁时，一般希望小灯闪烁的快和慢分别代表着不同的事件。由此，我们总是希望能精确控制小灯的闪烁间隔。

于是，在切换小灯的状态后可以延时一定的时间，再次切换小灯状态时再延时一定的时间。通过 for 循环的作用，就能控制小灯闪烁的频率和次数。例如：

```
//使小灯闪烁 10 次，周期为 1s，即闪烁频率为 1Hz
for(i=0;i<10;i++)
{
    GPIO_SetBits(GPIOB,GPIO_Pin_9);        //关闭 LED
    Delay_ms(500);                         //延时 500ms
    GPIO_ResetBits(GPIOB,GPIO_Pin_9);      //打开 LED
    Delay_ms(500);                         //延时 500ms
}
```

SysTick 本身是一个定时器,这里我们用其实现了一个延时函数 Delay_us。Delay_ms 是基于 Delay_us 实现的。关于具体函数的实现,由于涉及寄存器内容,这里不做具体讲解,会用即可。

需要注意的是,单片机在延时期间一直处于占用状态,不能处理其他事物(除了中断),如果对处理速度要求较高的程序应尽可能少用或不用延时。

7. 代码讲解

```
//下面是通过直接操作库函数的方式实现 I/O 控制的
while(1)
{
    GPIO_ResetBits(GPIOB,GPIO_Pin_9);      //LED0 对应引脚GPIOF.9拉低,亮等同LED0=0;
    GPIO_SetBits(GPIOB,GPIO_Pin_10);       //LED1 对应引脚GPIOF.10拉高,灭等同LED1=1;
    delay_ms(500);                         //延时 500ms
    GPIO_SetBits(GPIOB,GPIO_Pin_9);        //LED0 对应引脚GPIOF.0拉高,灭等同LED0=1;
    GPIO_ResetBits(GPIOB,GPIO_Pin_10);     //LED1 对应引脚GPIOF.10拉低,亮等同LED1=0;
    delay_ms(500);                         //延时 500ms
}


//下面的代码是通过直接操作寄存器的方式实现 I/O 控制的
int main(void)
{
    delay_init(168);                       //初始化延时函数
    LED_Init();                            //初始化 LED 端口
    while(1)
    {
        GPIOF->BSRRH=GPIO_Pin_9;           //LED0 亮
        GPIOF->BSRRL=GPIO_Pin_10;          //LED1 灭
        delay_ms(500);
        GPIOF->BSRRL=GPIO_Pin_9;           //LED0 灭
        GPIOF->BSRRH=GPIO_Pin_10;          //LED1 亮
        delay_ms(500);
    }
}
```

以上有两个版本的代码,一个是简单版本的,用库函数实现 LED 的操作,可读性较好,但代码冗长,执行效率一般。另一个是寄存器加预编译指令实现的更简洁、高效的版本。前者适合 C 语言初学者入门使用,C 语言扎实的同学可直接使用后者。两者的具体差别仅在于 LED 的自定义操作函数实现的不同。

两个例程可对比学习,感受调用库函数和操作寄存器的异同。推荐采用库函数写法,性能要求较高时,再对调用频繁的函数使用寄存器写法优化一下即可。

研究代码时,首先进入 main 函数,再了解各个功能的具体实现。一般进入 main 函数后,首先完成相关模块的初始化,然后在一个死循环"while(1){...}"中实现目标功能。这里是通过检测按键实现小灯不同的动作,然后对某些重要的函数或宏定义进行跳转(编译完成后），查看其具体实现。当然，对于简单的函数，直接将鼠标指针在函数上悬停一下查看其声明即可。

下面是主程序代码。对于该段代码，需要注意的是 if 语句最后的延时，初学者可以自己尝试修改这个值，看看会发生什么；把延时函数放到 if 语句外，又会发生什么；要实现一组小灯动作，需要怎么改，并思考可能存在的问题。

```c
#include "delay.h"
#include "key.h"
#include "led.h"
int main(void)
{
    LED_Init();                       //小灯初始化
    Key_Init();                       //按键初始化
    Delay_Init();                     //延时初始化
    while(1)
    {
        if(KeyPressed(KEY_ANY))       //若有按键按下
        {
            if(KeyPressed(KEY_0))     //若是按键 0 按下
            {
                LED_Toggle(LED_0);    //切换 0 号小灯的状态
            }
            if(KeyPressed(KEY_1))     //若是按键 1 按下
            {
                if(LED_isOff(LED_1))  //若 1 号小灯关闭
                    LED_On(LED_1);    //打开 1 号小灯
                else                  //若 1 号小灯打开
                    LED_Off(LED_1);   //关闭 1 号小灯
            }
            if(KeyPressed(KEY_2))     //若是按键 2 按下
            {
                if(LED_isOn(LED_2))   //若 2 号小灯打开
                    LED_All_Off();    //关闭所有小灯
                else                  //若 2 号小灯关闭
                    LED_All_On();     //打开所有小灯
            }
            //只要有按键按下,就会切换 3 号小灯的状态
            LED_Toggle(LED_3);
            Delay_ms(200);            //延时 200ms
        }
    }
}
```

如下是 LED 初始化的代码，在 STM32 库函数中，每个外设都有其特定的初始化结构体，可以将下面的 LED 和按键的两个初始化函数进行比较，即可看出端倪。先用结构体类型定

义一个结构体局部变量,开启相关时钟,为结构体变量的成员变量一一赋值,最后取结构体变量的地址传递给库函数 GPIO_Init,对 GPIOx 进行配置,初始化完成。当然后期其他外设还会有稍微更复杂一点的结构体类型,但流程是一致的。

LED_Init( )函数实现:

```
void LED_Init(void)
{
    GPIO_InitTypeDef GPIO_InitStructure;
    //使能 GPIOB 和 GPIOC 时钟
    RCC_AHB1PeriphClockCmd(RCC_AHB1Periph_GPIOC| RCC_AHB1Periph_GPIOB,
        ENABLE);
    GPIO_InitStructure.GPIO_Mode=GPIO_Mode_OUT;              //输出模式
    GPIO_InitStructure.GPIO_OType=GPIO_OType_PP;             //推挽输出
    GPIO_InitStructure.GPIO_Speed=GPIO_Speed_100MHz;         //速度为100MHz
    GPIO_InitStructure.GPIO_PuPd=GPIO_PuPd_UP;               //启用上拉电阻
    GPIO_InitStructure.GPIO_Pin-GFIO_Pin_2|GPIO_Pin_3;       //指定引脚号
    GPIO_Init(GPIOC, &GPIO_InitStructure);           //将之前的配置应用到 GPIOC
    //只修改引脚号,其余沿用临时变量 GPIO_InitStructure 的内容
    GPIO_InitStructure.GPIO_Pin=GPIO_Pin_8|GPIO_Pin_9;
    GPIO_Init(GPIOB, &GPIO_InitStructure);           //将之前的配置应用到 GPIOB
    LED_All_Off();                                    //先关闭所有小灯
}
```

值得注意的是,我们如何知道一个片上外设的时钟源是哪一个呢?需要记住的是 STM32F40x 下所有的 GPIOx 都是挂接在 AHB1 时钟下,但是没有必要每个都记。对于其他外设可以在右键快捷菜单中选择"Go To Define Of 'RCC_AHB1PeriphClockCmd'"选项,在该函数的输入参数列表框中就可以看到挂接在 AHB1 时钟下的所有片上外设,即 GPIOx 的时钟源都是 AHB1。

如果向上滚动滚动条可以看到 AHB2、AHB3、APB1 和 APB2 的相关外设信息。当然,也可以在左侧的 Project Workspace 的文件列表中直接打开 STM32f4xx_rcc.c,检索 AHB1Periph 或类似的字眼,即可查找到所需外设的时钟源信息。同学们可以翻看图 6-6 所示的时钟树,加深对各时钟之间关系的认识。

如下是按键初始化函数,注意配置为输入模式时,GPIO_OType 和 GPIO_PuPd 的设置不起作用。

```
void Key_Init()
{
    GPIO_InitTypeDef GPIO_InitStructure;
    //3 个按键采用同样的配置
    RCC_AHB1PeriphClockCmd(RCC_AHB1Periph_GPIOA|RCC_AHB1Periph_GPIOC,
        ENABLE);
    GPIO_InitStructure.GPIO_Mode=GPIO_Mode_IN;              //输入模式
    GPIO_InitStructure.GPIO_PuPd=GPIO_PuPd_UP;              //接入内置上拉电阻
    //GPIO_InitStructure.GPIO_OType=GPIO_OType_PP;           //输出类型不用设置
```

```
//GPIO_InitStructure.GPIO_Speed=GPIO_Speed_50MHz; //输出速度不用设置
GPIO_InitStructure.GPIO_Pin=GPIO_Pin_4;              //指定引脚号
GPIO_Init(GPIOA, &GPIO_InitStructure);        //将之前的配置应用到 GPIOA
//只修改引脚号，其余沿用临时变量 GPIO_InitStructure 的内容
GPIO_InitStructure.GPIO_Pin=GPIO_Pin_4 | GPIO_Pin_5;
GPIO_Init(GPIOC, &GPIO_InitStructure);        //将之前的配置应用到 GPIOC
}
```

程序中所用的延时函数配置和相关函数的定义如下（实际上，无须对其中的寄存器很熟悉，对于初学者而言，会用即可。先将代码列在这里，希望学生在掌握了定时器章节的相关内容后，再来研习这段代码）。

```
//注意:调用延时函数前,务必先进行初始化操作
#include "delay.h"
#define MAX_SINGLE_DELAY 798              //最大单次延时,单位为 ms
static u8 fac_us;                          //us 延时,分频因子
static u32 fac_ms;                         //ms 延时,分频因子
//延时初始化函数
//注意:若在新建工程中导入本文件,请确认已将系统频率配置为 168MHz
void Delay_Init()
{
    //SysTick 的时钟源取系统频率的 8 分频,即为 21MHz
    SysTick_CLKSourceConfig(SysTick_CLKSource_HCLK_Div8);
    fac_us=21;        //从 21MHz 分频到 1MHz,所需分频因子为 21
    fac_ms=21000;     //从 21MHz 分频到 1kHz,所需分频因子为 21000
}
//us 级延时,nus 为要延时的微秒数
//因为 SysTick->LOAD 为 24bit,故 nus<=(2^24-1)/fac_us,即 nus<=798915,单位为 us
void Delay_us(u32 nus)
{
    u32 temp;
    SysTick->LOAD=nus*fac_us;                //时间加载
    SysTick->VAL=0X00;                       //清计数器
    SysTick->CTRL|=SysTick_CTRL_ENABLE_Msk;  //开始倒数
    do{
        temp=SysTick->CTRL;
      }while((temp&0x01)&&!(temp&(1<<16)));   //等待时间到达
    SysTick->CTRL &=~SysTick_CTRL_ENABLE_Msk; //关计数器
    SysTick->VAL=0X00;                        //清计数器
}
//此函数主要用于实现 Delay_ms
//因为 SysTick->LOAD 为 24bit,故 nms<=(2^24-1)/fac_us/1000,即 nms<=798,单位为 ms
static void Delay_xms(u16 nms)
{
    u32 temp;
```

```
    SysTick->LOAD=(u32)nms*fac_ms;
    SysTick->VAL=0x00;
    SysTick->CTRL|=SysTick_CTRL_ENABLE_Msk ;
    do
{
        temp=SysTick->CTRL;
}while((temp&0x01)&&!(temp&(1<<16)));
    SysTick->CTRL &=~SysTick_CTRL_ENABLE_Msk;
    SysTick->VAL=0X00;
}
//ms 级延时
void Delay_ms(u32 nms)
{
    u8 repeat;
    u16 remain;
    repeat=nms/MAX_SINGLE_DELAY;
    remain=nms%MAX_SINGLE_DELAY;
    while(repeat)
    {
        Delay_xms(MAX_SINGLE_DELAY);
        repeat--;
    }
    if(remain)
        Delay_xms(remain);
}
```

6.3　USART 串口收发调试

　　串口是串行接口的简称，是一种以串行方式，在单工、半双工或全双工模式下，采用异步（或同步）方式传输数据的通信协议。串口通信在工业自动化控制领域有着非常广泛的应用。基本的串口接线只需 TxD（发送端）、RxD（接收端）及 GND（地端）即可，十分方便。

　　串行通信就是将数据"串成一列"从一根线上传输到另一通信端，与之对应的是并行通信，将多位数据"并成一排"在多根传输线上同时传输。串行方式占用 I/O 资源少，成本较低。并行通信更占资源，但传输数据更高效。显然，串行通信更适合较远（相对并口而言）距离通信和传输速度要求不是很高的情况。以串行方式通信的不只有串口，常用的还有 IIC、SPI 等。

6.3.1　串口入门

　　STM32 中控制串口通信的外设模块称为 USART（universal synchronous/asynchronous receiver/transmitter，通用同步/异步收发机）。对于初学者而言，除了波特率需要根据实际情况进行调整之外，其他设置项无须了解清楚也可以完成大多数的通信。

学习串口的协议之前，我们需要先知道几个基础名词：电平、波特率、同/异步通信、单/双工通信。

1. 电平

串口通信是一种数字通信方式，故而其规定将读取电位高于某个值的信号认定为高，将读取电位低于某个值的信号认定为低。而处于中间段的电位认为是无效数据。所以需要通信端的逻辑电平一致才能正常通信。单片机引脚与计算机串口引脚的电平是不一致的，这也是为什么我们会使用 TTL（transistor-transistor logic，晶体管-晶体管逻辑）与 RS232 信号电平转换芯片，如 MAX232。当然，现在的计算机基本不带串口，如果要让计算机与单片机通过串口通信，则需要通过 USB（universal serial bus，通用串行总线）接口，而 USB 所用协议不同于串口，这就需要将 USB 转换成 TTL 芯片，如 PL2303、CH340 等。区别就是，前者仅仅转换了电平，后者主要是完成不同协议之间数据的中转。对于我们的飞控板，则是使用了板载调试器来完成相关数据的转换工作。

2. 波特率

波特率一般不是随意设置，而是根据速度需求和稳定性要求从标准波特率中（单位为波特）选择，如 1200、2400、4800、9600、14400、19200、38400、43000、56000、57600、115200、128000 等。在当前通信端和通信线路允许的情况下，可选取较高的波特率。平时开发中，使用最频繁的波特率有 9600、19200、38400、57600、115200 等。

当然，一般由单片机时钟分频所得的波特率，和理论计算所得的波特率有一定的系统误差，关于 STM32F4 单片机各常见波特率的误差，可以查阅其参考手册。介于此，以及其他诸多原因，串口通信速率较高时，可靠性会降低，一般小于 2.5% 即认为稳定。

要准确地理解波特率，需要了解波特率和比特率的关系。

1）码元是携带信息的数字单位，指的是在数字信道中传送信号的一个波形符号。通过数字调制，可以让一个波形符号表示多个比特信息。故码元可以是二进制的，也可以是其他进制的。我们平时所使用的串口通信，一般是未调制的，这时可简单认为一个码元，就是一个比特（bit）。

2）波特率又称信号速率、码元速率或调制速率，表示通信线路每秒最多传输的码元个数，符号为 RB，单位为 Bd（Baud，波特）。

3）比特率指的是通信线路每秒传输的信息量，即每秒能传输的二进制位数，通常用波特率表示，其单位是比特/秒（b/s）。需要注意的是，严格意义上，比特率分为毛比特率和净比特率。毛比特率的计算中包含了有效数据位，还有协议开销，如串口通信中的起始位和停止位等辅助位就是协议开销。净比特率则仅表示有效数据的传输速率。

波特率与毛比特率的关系：毛比特率=波特率×lb$M$，其中，lb$M$=log$_2M$，而 M 表示进制数。简单来说，对于 M 进制的码元，一个码元表示 log$_2M$ 个比特。毛比特率和波特率的比值为 lb$M$，当 M=2 时，即波特率与毛比特率数值相等。

例如，某次串口通信中，不间断地发送数据，传输速率（默认指代有效数据）为 960b/s，故净比特率为 960×8=7680b/s。由于未调制，故一个码元就是一个比特。每传输的一帧数据，包含有该字符（8 位）本身，在仅有一个起始位和一个停止位的情况下，其波特率为

960×10=9600Bd，总比特率也为 9600b/s。可见波特率并不完全代表通信速率，还与协议开销有关。

3. 同/异步通信

数据通信针对不同的通信需求，有同步与异步之分。串口一般采用异步通信。

异步通信模式下，通信双方独立使用自身的通信时钟。假如你在单片机上将波特率设置为 115200，那要确保另一通信端的波特率也设为 115200，若其中一个时钟误差较大，则可能产生数据传输紊乱。数据传输根据通信端提前设置好的统一的波特率和数据格式等"约定"完成通信。该模式的问题是，接收方并不清楚数据什么时候开始传输，如发 0x00 或 0xFF，整个过程电平都未改变。所以串口使用起始位和停止位来避免这个情况。起始位是 0，停止位是 1。故而，空闲时，接收方接收到的是 1，突然接收到 0 时，表示开始接收数据了。然后数据通信时钟周期判定，在接收一次字符的每个位的过程中，通信两端可以认为是同步的。但两个字符之间是不同步的，故而异步通信严格来说未全程同步。

同步通信要求通信双方拥有同频、同相的同步时钟信号。常见的同步方式是由主机产生时钟信号，然后从机接收主机的时钟信号实现同步。时钟线发送一个脉冲时，则表示一个比特数据需要接收或发送。没有数据传输时，时钟线拉高。STM32 中 USART 的同步模式类似于这种方式，具体细节请参考 STM32F4 的参考手册。

相比较而言，同步通信要求更高，双方时钟的允许误差较小；异步通信实现更简单，双方时钟可允许一定的误差。但同步通信在高速通信时可靠性往往比异步通信更好。

4. 单/双工通信

单工指的是数据只会单向传输，接收端和发送端的关系是固定的。而双工即收发的需求皆有，其中全双工表示通过 Rx 接收数据、Tx 发送数据，二者可以同时进行；半双工起始于 RS485 标准，将 Rx 和 Tx 合并为一根数据线，收发不能同时进行。大多数情况下，我们直接使用全双工通信即可。

6.3.2　协议概述

1. 信号排布

串口通信包含起始位、数据位、奇偶校验位、停止位、空闲位。

1）起始位固定为 1 位数据长度；数据位可设置为 8 位或 9 位。若设置为 9 位，第 9 位可为自定义数据，也可设为奇偶校验位；停止位可为 1 位、1.5 位、2 位。停止位的 1.5 位的理解如下：数据传输时，一位数据的表现形式是一个周期固定的脉冲，这个脉冲时间取一半，即可以说占 0.5 个数据位宽，但这个 0.5 位在数据位中是不存在的。其实际作用是，结束位延长半个周期时间，以确保传输能正确地结束。

2）数据位存放需要传输的数据。起始位和停止位的作用是通知接收端数据发送的开始与结束。空闲位不设长度，以高电平表示，表示没有数据传输。

3）奇偶校验位。这里涉及数据奇偶性的知识。当数据位有 9 位且开启奇（偶）校验时，第 9 位根据前 8 位 "1" 的个数决定，若为奇数个，该位为 1，否则为 0。这样的话，若前 8 位中某 1 位数据接收出错，接收端运算出的奇偶校验数据位就与发送端发送的相反。事实上，在传输过程中偶尔 1 位数据出错的机会最多，故该校验方法常常用到。

需要补充的是，串口通信中，为了稳定性常常会使用流控制，会多出几根信号线，用来确保信号传输的稳定性。

2. 时序图

要了解一个协议，最直观的反映是时序图。时序图展示的是多个信号之间必须遵守的逻辑关系与时间关系。时序图的横向表示不同时间段对应的信号逻辑电平，纵向各行分别对应一根信号线。

串口全双工异步通信的收/发时序图如图 6-9 所示（不包括流控制和奇偶校验位）。

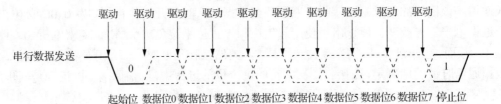

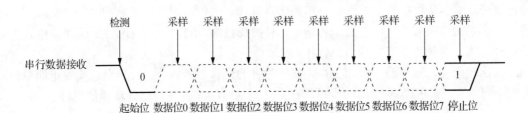

图 6-9　串口收/发时序图（1）

串口在该模式下的收和发是相对独立的，但行为一致，也可以合并为如图 6-10 所示的形式。

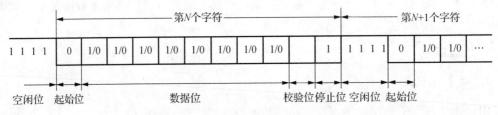

图 6-10　串口收/发时序图（2）

6.3.3　代码讲解

首先代码中要包含需要的头文件，需要注意的是 sys.h 这个头文件，其通过 STM32 单片机的"位带操作"实现对寄存器中单个位的操作。这里的作用是实现调用一个函数便可以设置某个 I/O 接口为输入或输出模式。sys.c 文件中定义了几个常用的汇编指令。实际上，该工程并未用到这些宏定义或函数，只是由于该文件日后会用到，这里为了统一化，之后所有主程序文件中都会包含该文件。

stdio.h 是 C 语言的标准输入/输出库。由于我们使用了 C 标准库函数 printf 和 sprintf 函数，故而要包含进来。

接下来是两行使用 extern 前缀的变量声明，由于 USART1_RxData_Flag 和 USART1_RxData

是定义于 usart.c 中的变量,故要想在其他.c 文件中调用,则需要进行 extern 声明。这个声明可放在两个地方,一个是定义该变量的源文件所对应的头文件中,如这里就可以把这两行声明放到 usart.h 中,之后只需包含该头文件便可调用这些变量;另一个是放到需要调用该变量的源文件中。

　　接下来我们进行初始化。在串口初始化中,调用一个函数便可完成初始化,输入参数为想要设置的波特率,然后通过自定义函数发送一串字符串。进入死循环后,可通过虚拟串口助手查看到这一串字符串。

```
#include "sys.h"
#include "delay.h"
#include "key.h"
#include "led.h"
#include "usart.h"
#include <stdio.h>
extern u8 USART1_RxData_Flag;
extern u8 USART1_RxData;
int main(void)
{
    LED_Init();                //小灯初始化
    Key_Init();                //按键初始化
    Delay_Init();              //延时初始化
    USART1_Init(115200);       //串口初始化,波特率为 115200
    USART1_Send_Str((u8*)"This is a LED/KEY/USART sample!\n");
    //加上 u8*,以强制转换类型,避免警告
    //u8*表示指向 unsigned char(无符号字符类型)的指针,属于指针类型
    while(1)
    {
        if(KeyPressed(KEY[0]))
        {
            USART1_Send_Str((u8*)"\nKEY_0:Self-define function 1");
            //自定义函数发送字符串
            LED_Action_1();
            //小灯非全亮时,依序点亮小灯,若小灯全亮则关闭全部小灯,若小灯全熄则点亮第
            一个小灯
            Delay_ms(200);
        }
        if(KeyPressed(KEY[1]))
        {
            u8 Info_Str[30]="\nKEY_1:Self-define function 2";
            //这里有 29 个字符
            USART1_Send_Bytes(Info_Str,29);
            //自定义函数发送指定数目的字符串
            LED_Action_2();
```

```
        //小灯全亮时,依序关闭小灯,若小灯全熄则点亮全部小灯,若小灯全亮则熄灭第一
        个小灯
        Delay_ms(200);
    }
    if(KeyPressed(KEY[2]))
    {
        int NUM_i=1;
        char temp_Str[30];
        printf("\nKEY_2:System funtion %d",NUM_i);
        //用 printf 发送字符串和变量,需启用 MicroLIB
        NUM_i++;
        sprintf(temp_Str,"\nKEY_2:System funtion %d",NUM_i);
        //可使用该函数,结合自定义字符串发送函数,替代 printf
        USART1_Send_Str((u8*)temp_Str);
        LED_Action_3(); //切换所有小灯状态
        Delay_ms(200);
    }
    if(USART1_RxData_Flag)
    //若串口收到一个字符,则反馈该字符
    {
        USART_SendData(USART1,USART1_RxData);
        //发送接收到的字符
        USART1_RxData_Flag=0;
        //清空接收标志位
    }
    }
    }
```

　　串口初始化函数部分,主要包含 3 个部分。首先是 GPIO 的初始化,配置引脚复用为 Tx 和 Rx。然后是 USART 参数部分,设置波特率、数据排布、流控制、单双工等。还有 NVIC（nested vectored interrupt controller, 嵌套向量中断控制器）,在 STM32 平台上,每当我们让一个中断正常工作时都需要开启该控制器。此外还有,使能端口时钟、使能串口时钟、使能串口模块、使能串口 RXNE（接收不为空）中断、清串口 TXE（发送为空）中断标志位等。

　　在源码中可以看到,使用复用功能的引脚 GPIO 配置方式和之前大同小异,唯独引脚映射根据需要可以更改,而复用功能（这里是复用为串口）的参数配置部分则根据需要修改。STM32 平台下,一个外设可能映射到多个引脚,故而需要选取具体的映射方式,如 USART1 的 Tx 和 Rx,既可以按常见的方式映射到引脚 PA9 与 PA10,也可以映射到引脚 PB6 和 PB7。GPIO_PinAFConfig( )函数的作用是选择具体的映射关系。这种设计的优点是,假如某个引脚已作为他用时,还可以用其他引脚代替该引脚以实现所需的复用功能。

　　这里还需要了解一个重要的概念——中断。没有中断时,程序的执行过程是按 main 中出现的函数顺序线性执行的过程。但如果我们希望某些随机事件发生时,单片机也能立即响应,该怎么办呢? 例如,串口突然接收到一个数据,我们当然可以使用轮询的方式,在 while

循环中不停地查询标志位来判断是否有数据接收到。但假如程序较复杂或使用延时函数时，运行一遍可能会花上 ms 级的时间，串口数据可能就会丢失数据，那怎么办呢？这就需要中断来解决了。

中断的作用是，一旦有中断事件发生，相应的寄存器的中断标志位被置位，此时单片机会暂时停止 main 程序的运行，而先执行中断服务程序（interrupt service routines，ISR）的内容。ISR 是独立于 main 程序的一部分代码，用户不能主动调用，当其在相应寄存器的标志位置位时会自动调用。待处理完 ISR 后，处理器会接着之前 main 程序暂停处继续运行。由此可以看出，ISR 部分的优先级是高于 main 部分的，前者可以打断后者。一般说来，ISR 的代码应尽可能地简短，否则可能影响其他中断的响应。

除了串口中断之外，我们还需要了解 Cortex-M 内核下，复位、不可屏蔽中断、外部中断、故障都统一为异常。汇编文件 startup_stm32f40_41xxx.s 定义了所有异常的入口地址。其中，复位、不可屏蔽中断、硬故障是不可配置的，其优先级也是最高的，而其他的则可以配置。对于可配置部分，都是通过 NVIC 来进行配置的。

若某一中断还未结束而另一中断又有请求，处理器又如何响应呢？ NVIC 配置的主要内容就是优先级，即对不同中断之间可能的中断优先级进行仲裁。根据需求正确选择抢占优先级和子优先级可以让程序的中断尽可能避免错误地被打断是十分重要的。抢占优先级和子优先级共同使用 4 位，NVIC_PriorityGroupConfig( ) 可分配 NVIC_PriorityGroup 抢占优先级和子优先级分别占用几位。NVIC_PriorityGroup_0 中的 0 表示抢占优先级占 0 位，此时子优先级占 4 位。同理，NVIC_PriorityGroup_4 表示抢占优先级占 4 位，此时子优先级占 0 位。

对于抢占优先级而言，优先级高的可以抢占优先级低的中断。例如，抢占优先级为 0 的中断（以下简称"抢占 0 级"）和抢占优先级为 1 的中断（以下简称"抢占 1 级"），当抢占 0 级处于响应中（即在处理该中断的 ISR 期间），抢占 1 级请求到来时，将不被响应而等待；而当抢占 1 级处于响应中，抢占 0 级可以打断抢占 1 级的中断，先完成抢占 0 级的 ISR 后，再继续执行完抢占 1 级的 ISR。这种高优先级中断打断低优先级中断的行为，称为嵌套中断。

对于子优先级而言，仅当两个中断抢占优先级相同时才进行比较。此时，若两个中断中的任意一个中断已进入中断，则另一中断不能打断，即不能嵌套。但当两中断请求同时到来时，优先响应子优先级较高的中断。

接下来我们来看看 ISR 的写法。USART1 有多种中断，如 RXNE、TXE、TC 等，所以首先要判断到来的是否是我们需要的中断请求。然后，将接收的数据存入自定义的缓存变量中，将自己定义的串口接收标志位置位，马上退出中断。

需要注意的是，中断需要清中断标志位，否则会循环进入中断导致程序卡死。当然，RXNE 标志位有点特殊，因为每当我们读取数据后，RXNE 标志位会自动清零。但对于其他中断而言，还是推荐在判断完具体中断后，第一句便清标志位。这里我们也可以在接收语句前加一句代码 "USART_ClearITPendingBit(USART1, USART_IT_RXNE)"，使程序看起来更严谨。

再接下来就是自定义的发送函数，使用这些发送函数可以获得比 printf( ) 更高的效率。printf( ) 包含了大量的转义字符的处理代码，如果仅仅发送字符串时，推荐使用自定义的函数，因为 STM32F40x 相对 PC 的处理能力还是差了几个数量级。

最后是对输入/输出流的重定向，我们知道 printf( ) 在 PC 上意味着将字符输出到屏幕上，而单片机一般是通过串口输出，那怎么办呢？由于 printf( )的每一个字符的具体输出都是通过 fputc( )函数实现的，只要修改 fputc( )函数输出到串口，则 printf 的内容处理好后便可通过串口打印出来了。同理 scanf( )也由 fgetc( )函数实现了重定向。当然，要使用 printf( )和 scanf( )函数，我们务必要记得选择"Options for Targets"→"Target"→"Micro LIB"选项和包含 <stdio.h>串口初始化及相关函数定义。

```
#include <stdio.h>
#include "usart.h"
u8 USART1_RxData_Flag=0; //串口 1 数据接收标志位
u8 USART1_RxData=0;         //串口 1 缓冲区读回数据
//串口 1 初始化程序
void USART1_Init(u32 baud){
    GPIO_InitTypeDef GPIO_InitStructure;
    USART_InitTypeDef USART_InitStructure;
    NVIC_InitTypeDef NVIC_InitStructure;
    RCC_AHB1PeriphClockCmd(RCC_AHB1Periph_GPIOA,ENABLE);
    RCC_APB2PeriphClockCmd(RCC_APB2Periph_USART1,ENABLE);
    GPIO_PinAFConfig(GPIOA,GPIO_PinSource9,GPIO_AF_USART1);
    //PA9 复用为 USART1_TX
    GPIO_PinAFConfig(GPIOA,GPIO_PinSource10,GPIO_AF_USART1);
    //PA10 复用为 USART1_RX
    GPIO_InitStructure.GPIO_Pin=GPIO_Pin_9 | GPIO_Pin_10;
    GPIO_InitStructure.GPIO_Mode=GPIO_Mode_AF;                 //复用功能
    GPIO_InitStructure.GPIO_Speed=GPIO_Speed_50MHz;           //速度为 50MHz
    GPIO_InitStructure.GPIO_OType=GPIO_OType_PP;               //推挽复用输出
    GPIO_InitStructure.GPIO_PuPd=GPIO_PuPd_UP;                 //上拉
    GPIO_Init(GPIOA,&GPIO_InitStructure);
    USART_InitStructure.USART_BaudRate=baud;                   //波特率设置
    USART_InitStructure.USART_WordLength=USART_WordLength_8b;  //8 位数据格式
    USART_InitStructure.USART_StopBits=USART_StopBits_1; //一个停止位
    USART_InitStructure.USART_Parity=USART_Parity_No;     //无奇偶校验位
    //无硬件数据流控制
    USART_InitStructure.USART_HardwareFlowControl=USART_HardwareFlow
    Control_None;
    USART_InitStructure.USART_Mode=USART_Mode_Rx | USART_Mode_Tx;
                                                          //双工模式
    USART_Init(USART1,&USART_InitStructure);               //初始化串口 1
    USART_Cmd(USART1,ENABLE);                              //使能串口 1
    USART_ClearFlag(USART1, USART_FLAG_TXE);              //清 TXE 标志位
    USART_ITConfig(USART1, USART_IT_RXNE, ENABLE);        //开启相关中断
    NVIC_PriorityGroupConfig(NVIC_PriorityGroup_2);       //中断优先级配置
    NVIC_InitStructure.NVIC_IRQChannel=USART1_IRQn;       //串口 1 中断通道
    NVIC_InitStructure.NVIC_IRQChannelPreemptionPriority=3; //抢占优先级 3
```

```
    NVIC_InitStructure.NVIC_IRQChannelSubPriority=3;      //子优先级 3
    NVIC_InitStructure.NVIC_IRQChannelCmd=ENABLE;           //IRQ 通道使能
    NVIC_Init(&NVIC_InitStructure);              //根据指定的参数初始化 VIC 寄存器
    }
    //串口 1 中断服务请求
    void USART1_IRQHandler(void)
    {
        if(USART_GetITStatus(USART1, USART_IT_RXNE))
        {
            USART1_RxData=(u8)USART_ReceiveData(USART1);
            USART1_RxData_Flag=1;
        }
    }
    //串口 1 发送数组的指定个元素
    void USART1_Send_Bytes(u8 *p,u16 num)
    {
        while(num--)
        {
            while (!USART_GetFlagStatus(USART1, USART_FLAG_TXE));
            USART_SendData(USART1, *p++);
        }
    }
    //串口 1 发送字符串,'\0'为结束符
    void USART1_Send_Str(u8 *p)
    {
        while(*p)
        {
            while (!USART_GetFlagStatus(USART1, USART_FLAG_TXE));
            USART_SendData(USART1, *p++);
        }
    }
    //当输入参数为纯字符串时,推荐使用自定义串口发送函数
    //这里定义了标准输入/输出流的底层实现
int fputc(int ch, FILE *f)   //将 printf 重定向到串口 1
{
    while (!USART_GetFlagStatus(USART1, USART_FLAG_TXE));
    //若上次发送未完成,则等待
    USART_SendData(USART1, (uint8_t) ch);
    return ch;
}
int fgetc(FILE *f)              //将 scanf 重定向到串口 1
{
    int ch;
    while (!USART_GetFlagStatus(USART1, USART_FLAG_RXNE));
```

```
//若接收缓存器为空,则等待
ch=USART_ReceiveData(USART1);
while (!USART_GetFlagStatus(USART1, USART_FLAG_TC));
//若上次发送未完成,则等待
USART_SendData(USART1, (uint8_t) ch);
return ch;
}
```

6.4 ADC 读取电池电压

ADC 是一种将模拟信号转化为数字信号的转换器。通过 STM32 内部集成的 ADC 模块可以采样外部电压,并将其转化为数字值。STM32 采用的是 12 位逐次逼近型模数转换器。在飞控板上,ADC 主要用于读取(分压后的)电池电压。

实际上,ADC 在生活中的运用也非常广泛。因为现在的计算设备大多数是数字存储的,如录音机通过传声器将声波信号转化为电信号后,再利用 ADC 将模拟信号采样为数字信号后才可存储,这个过程也称为采样。而声音的播放则是其逆过程,利用 DAC 将数字信号转化为模拟信号后,再通过扬声器将电信号转化为声波信号。

6.4.1 ADC 入门

1. ADC 原理

要想对 ADC 有所了解,首先要了解以下几个词语,即采样分辨率、采样频率、采样精度。

1)采样分辨率是指对连续信号采样得到离散信号的阶数,阶数越高越能精细地表示采样信号电压值(采样频率足够的前提下)。前面提到的 12 位 ADC 指的就是该 ADC 的分辨率为 12 位,表示将参考电压 V_{ref} 分为 2^{12} 阶(即 0～4095,由于单端输入),当采样到的信号属于某两个阶次之间时,即认为该输入信号属于其中一个阶。

2)采样频率指的是在 1s 内对原始信号采样的次数。理论上,采样频率越高,从时间维度上,越能还原波形的变化细节。当采样分辨率固定时,越高的采样频率,对采样电路要求越高。当采样分辨率较高时,如图 6-11(b)所示的 6 位 ADC 采样信号,当其采样频率降到 32Hz 时,则所得的采样信号图形与图 6-11(c)一致。

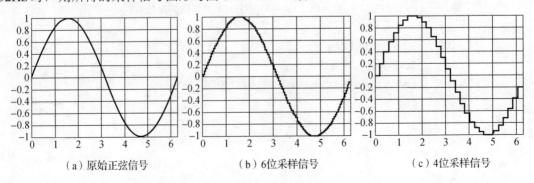

(a)原始正弦信号   (b)6位采样信号   (c)4位采样信号

图 6-11 6 位 ADC 和 4 位 ADC 的采样信号

3）采样精度指的是实际值所能到达期望值的精确程度，即描述误差的大小。采样精度主要受到采样器件内部电路特性的影响，然而信号本身的采样频率等也会对采样精度产生影响。

综上所述，采样频率决定采样信号横轴的精细度，采样分辨率决定信号纵轴的精细度。ADC 精度主要取决于其内部的电路设计。ADC 电路除了需要供电电源之外，还有一个参考电源，参考电源的精度也直接影响 ADC 的精度。当采样频率、采样分辨率、采样精度越高时，波形保真度就越高。若 ADC 的采样频率较高，则由于 ADC 内部电容可能未充电饱和，所测得电压可能会偏下，此时需要进行纠正或校准。对于 STM32 内部的 ADC 而言，采样频率较大时，采样精度也会有一定程度的降低，使用时需要注意。

当采样一次电压时，ADC 完成数据转换后，可以读取到一个无符号的 16 位数据，可设置为右对齐（表 6-1）或左对齐（表 6-2）。由此决定 12 位有效数据在 16 位数据中的位置。对于注入组通道而言，左对齐时，左侧的第一位为扩展符号位；右对齐时，左侧的 4 个位为扩展符号位。由于注入组通道的转换数据将减去 ADC_JOFRx 寄存器中写入的用户自定义偏移量，结果可以是一个负值。对于规则组而言，非有效数据填 0。当然，ADC 有效位也可以设置为 10 位、8 位和 6 位，其数据排布的规律相同。

表 6-1　12 位数据右对齐

注入组															
SEXT	SEXT	SEXT	SEXT	D11	D10	D9	D8	D7	D6	D5	D4	D3	D2	D1	D0
规则组															
0	0	0	0	D11	D10	D9	D8	D7	D6	D5	D4	D3	D2	D1	D0

表 6-2　12 位数据左对齐

注入组															
SEXT	D11	D10	D9	D8	D7	D6	D5	D4	D3	D2	D1	D0	0	0	0
规则组															
D11	D10	D9	D8	D7	D6	D5	D4	D3	D2	D1	D0	0	0	0	0

那么数据采样出来的信号是怎样的呢？例如，模拟 6 位 ADC 和 4 位 ADC 采样出的信号，当二者的采样频率足够时，理想状态下的采样信号如图 6-11 所示。

从图 6-11 可知，采样分辨率越高，理论上得到的采样信号越接近原始信号。采样出的离散信号紧接着会被转化为整型数值，并存入数据寄存器，供单片机开发者使用。

例如，假如我们用 ADC 采样直流信号，参考电压为 3.3V。直流信号为输出的数据字节，取值范围为 0～4096，当信号电压为 0V$\left(\text{准确来说是} \dfrac{0\times3.3}{4096}\sim\dfrac{1\times3.3}{4096}V\right)$时，返回数字 0；当信号电压为 1.65V$\left(\dfrac{2048\times3.3}{4096}\sim\dfrac{2049\times3.3}{4096}V\right)$时，返回 2048；当信号电压为 3.3V$\left(\dfrac{4095\times3.3}{4096}\sim\dfrac{4096\times3.3}{4096}V\right)$时，返回 4095。由于参考电压会有噪声干扰，返回的值可能会有些许跳动，为了减少这种跳动，参考电源往往不直接接到供电电源上。

12 位 ADC 返回数值计算公式为

$$N = \left[\frac{V_\text{i}}{V_\text{ref}} \times 2^{12} \right] \quad （适用于 V_\text{i} < V_\text{ref} 时）$$

式中，N 为返回数值；V_i 为采样电压；V_ref 为参考电压，方括号表示取整。

当 $V_\text{i} \geqslant V_\text{ref}$ 时，返回数值均为 4095。需注意的是，V_i 明显大于 V_ref 时，可能返回错误的值。

2. ADC 使用

STM32 内置 3 个 ADC 模块，推荐查阅 STM32F4 数据手册 ADC 章节的结构框图 "Single ADC block diagram"，了解内部各模块的信号传递关系。初学控制 ADC 模块时，可能会注意到以下名词，实际上较低频率采样直流信号时，很多是用不到的，如采样电池电压，有兴趣的同学可以深入了解。

1）转化时间与两次采样间隔。

2）规则通道和注入通道。

3）单次转化、连续转化、扫描模式和不连续采样模式。

4）软件触发、定时器触发和外部触发。

5）独立、双重、三重模式。

6）DMA 模式。

ADC 采样数据需要时间，转化数据也需要时间，二者的和才是总转化时间 T_conv。而每个通道均可以使用不同的采样时间进行采样。总转换时间的计算公式如下：

$$T_\text{conv} = 采样时间 + 12 \text{ 个周期}$$

例如，ADCCLK=30MHz，且采样时间=3 个周期时：

$$T_\text{conv} = 3 + 12 = 15 \text{ 个周期} = 0.5\mu\text{s} \quad （APB2 为 60MHz 时）$$

降低分辨率可提高最大转化速度，分辨率的最小转换时间如下。

1）12 位：3+12=15ADCCLK 周期。

2）10 位：3+10=13ADCCLK 周期。

3）8 位：3+8=11ADCCLK 周期。

4）6 位：3+6=9ADCCLK 周期。

我们在程序中设置的两次采样延迟，是在双重或三重交错模式下生效的，否则，没有实际用处。

ADC 采样通道分为两种，规则组和注入组。规则组通道最多 16 组，注入组通道最多 4 组。规则组通道的优先级低于注入组。当两种通道同时开启时，规则组通道一般用于执行周期规律的采样任务，而注入组通道可以执行随机性较高的采样任务。例如，我们需要一直采样某个信号，而另一信号什么时候采样则不固定，前者可以使用规则组通道，后者可以使用注入组通道。当然，当整个程序只有一个采样通道时，规则组通道也能随机开始采样。

ADC 可以每触发一次就转化一次，也可以触发一次后便连续不停地转化（上一次转化完成后才开始下一次采样），既可以让单一通道连续转化，也可以让多组通道扫描式连续转化。但需要注意的是，连续转化的对象必须是规则组通道，注入组通道的每次转化需要单独触发。程序中使用的是规则组通道，只有一组，且不连续转化。不连续采样是一种非连续转化的模式，其中将多个规则组（或注入组）通道分成 n 组序列，每个序列 ADC 开始采样触发信号可以使用软件触发，也可以是定时器触发或外部脉冲触发，外部触发时，可以选择上升沿、下降沿或跳变沿触发。这里我们使用的是软件触发，在程序中设定触发时刻。

ADC 既可以一个模块单独工作，也可以使用双重模式或三重模式实现两个 ADC 或 3 个 ADC 配合工作。

此外，STM32F4xx 数据手册中的表格"STM32F40x pin and ball definitions"中，有 ADC123_IN1、ADC12_IN6 和 ADC3_IN4 等复用功能名称。这是由于某些通道是由两个或 3 个 ADC 模块共享的引脚，故这样命名。例如，ADC12_IN6，就是 ADC1 的通道 6 和 ADC2 的通道 6 的合称，位于一个引脚。

6.4.2 代码讲解

电池电量检测电路如图 6-12 所示。

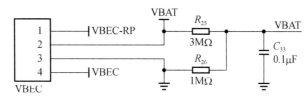

图 6-12 电池电量检测电路

首先完成初始化，按任意键即可对 ADC1 的通道 8 进行 SAMPLE_NUM 次采样、转换并得到转化数据。对多次转化所得的数据求和后存于 Value_Temp，带入公式进行计算。公式如下。

采样电压 Vol_Actual：

$$\text{Vol\_Actual} = \frac{\text{Value\_Temp} \times 3.3}{\text{SAMPLE\_NUM} \times 4096} \quad (\text{SAMPLE\_NUM 为宏定义})$$

电池电压 Vol_Battery：

$$\text{Vol\_Battery} = \frac{\text{Vol\_Actual}}{\text{SAMPLE\_RATIO}} \quad (\text{SAMPLE\_RATIO 为宏定义})$$

SAMPLE_NUM 和 SAMPLE_RATI 均为宏定义，可到 ADC.h 中查看。

```
#include "sys.h"
#include "delay.h"
#include "key.h"
#include "led.h"
#include "usart.h"
#include "adc.h"
#include <stdio.h>          //要使用 printf,则需包含 stdio.h
extern u8 USART1_RxData_Flag;
extern u8 USART1_RxData;
u16 ADC_Value;
//全局变量
u16 Value_Temp;
charValue_Str[50];
//主函数
int main(void)
```

```
{
    u8 count;
    float Vol_Actual,Vol_Battery;
    ADC1_Init();                //ADC 初始化
    LED_Init();                 //小灯初始化
    Key_Init();                 //按键初始化
    Delay_Init();               //延时初始化
    USART1_Init(115200);        //串口初始化,波特率为 115200
    //加上 u8*以强制转换类型,避免警告
    USART1_Send_Str((u8*)"ADC reads voltage of battery sample!");
    while(1)
    {
        //单击 3 个按键中的任意一个即可获得结果
        if(KeyPressed(KEY[0])||KeyPressed(KEY[1])|| KeyPressed(KEY[2]))
        {
            for(count=0; count<SAMPLE_NUM; count++)
            {
                Value_Temp +=Get_ADC(ADC_Channel_8);    //读取 ADC 值并求和
                Delay_ms(5);                             //两次读值需要一定的延时
            }
            Vol_Actual=Value_Temp*3.3/SAMPLE_NUM/4096; //得到实测电压
            Vol_Battery=Vol_Actual * SAMPLE_RATIO;       //得到电池电压
            sprintf(Value_Str,"ADC Average Value:%d\n", Value_Temp);
            //将目标整型数据转化为字符并格式化
            USART1_Send_Str((u8*)Value_Str);
            sprintf(Value_Str,"Actual Voltage:%5.2f V\n", Vol_Actual);
            //将目标整型数据转化为字符并格式化
            USART1_Send_Str((u8*)Value_Str);
            sprintf(Value_Str,"BatteryVoltage:%5.2fV\n\n",Vol_Battery);
            //将目标整型数据转化为字符并格式化
            USART1_Send_Str((u8*)Value_Str);
            Value_Temp=0;
            Delay_ms(200);
        }
        //返回发送的数据,检验串口
        if(USART1_RxData_Flag)
        {
            USART_SendData(USART1,USART1_RxData);
            USART1_RxData_Flag=0;
        }
    }
}
```

　　开启相关时钟，设置 GPIO 为模拟输入。为保证严谨复位 ADC1 时钟，开启独立模式，4 分频 ADC 时钟，设置分辨率为 12 位、右对齐，序列编号设为 1，使能 ADC。其他未用到的功能均禁用或保持默认。这里实现了独立模块规则组单通道软件触发采样。

　　然后自定义一个采样函数，指定 ADC1，采样时间为 480 个周期（加上前面提到的转化时间 12 个周期，整个过程耗时 492 个周期），触发采样，等待采样结束，返回转化所得值。如此，即可实现一个简单的模拟转化程序。

　　ADC1 的初始化及相关函数定义如下。

```
void ADC1_Init(void)
{
    GPIO_InitTypeDef GPIO_InitStructure;
    ADC_InitTypeDef ADC_InitStructure;
    ADC_CommonInitTypeDef ADC_CommonInitStructure;
    RCC_AHB1PeriphClockCmd(RCC_AHB1Periph_GPIOB, ENABLE); //使能 GPIOB 时钟
    RCC_APB2PeriphClockCmd(RCC_APB2Periph_ADC1, ENABLE); //使能 ADC1 时钟
    GPIO_InitStructure.GPIO_Pin=GPIO_Pin_0;                 //引脚号为 0
    GPIO_InitStructure.GPIO_Mode=GPIO_Mode_AN;              //模拟输入
    GPIO_InitStructure.GPIO_PuPd=GPIO_PuPd_NOPULL ;         //不用上下拉电阻
    GPIO_Init(GPIOB, &GPIO_InitStructure);                  //应用到 B 端口
    RCC_APB2PeriphResetCmd(RCC_APB2Periph_ADC1,ENABLE);    //ADC1 复位
    RCC_APB2PeriphResetCmd(RCC_APB2Periph_ADC1,DISABLE);   //复位结束
    ADC_CommonInitStructure.ADC_Mode=ADC_Mode_Independent; //独立模式
    ADC_CommonInitStructure.ADC_TwoSamplingDelay=ADC_TwoSamplingDelay_
    5Cycles;
                                        //没用到多重模式,故无意义
    ADC_CommonInitStructure.ADC_DMAAccessMode=ADC_DMAAccessMode_Disabled;
                                        //DMA 失能
    ADC_CommonInitStructure.ADC_Prescaler=ADC_Prescaler_Div4;
        //预分频 4 分频,ADCCLK=PCLK2/4=84/4=21MHz,ADC 时钟最好不要超过 36MHz
    ADC_CommonInit(&ADC_CommonInitStructure);              //初始化
    ADC_InitStructure.ADC_Resolution=ADC_Resolution_12b;   //12 位模式
    ADC_InitStructure.ADC_ScanConvMode=DISABLE;            //非扫描模式
    ADC_InitStructure.ADC_ContinuousConvMode=DISABLE;      //关闭连续转换
    ADC_InitStructure.ADC_ExternalTrigConvEdge=ADC_ExternalTrigConvEdge_
    None;
    //禁止触发检测,使用软件触发
    ADC_InitStructure.ADC_DataAlign=ADC_DataAlign_Right;   //右对齐
    ADC_InitStructure.ADC_NbrOfConversion=1;
    //1 个转换在规则序列中,也就是只转换规则序列 1
    ADC_Init(ADC1, &ADC_InitStructure);                    //ADC 初始化
    ADC_Cmd(ADC1, ENABLE);                                 //开启 AD 转换器
}
//获得 ADC 值
//ch: @ref ADC_channels
```

```
//通道值:0~16 的取值范围为 ADC_Channel_0~ADC_Channel_16
//返回值:转换结果
u16 Get_ADC(u8 ch)
{
    //设置指定 ADC 的规则组通道、一个序列和采样时间
    ADC_RegularChannelConfig(ADC1,ch,1,ADC_SampleTime_480Cycles);
                         //ADC1,ADC 通道,480 个周期,提高采样时间可以提高精确度
    ADC_SoftwareStartConv(ADC1);           //使能指定的 ADC1 的软件转换启动功能
    while(!ADC_GetFlagStatus(ADC1, ADC_FLAG_EOC ));        //等待转换结束
    return ADC_GetConversionValue(ADC1); //返回最近一次 ADC1 规则组的转换结果
}
```

此外,关于四旋翼无人机设计与开发中的 TIM 控制蜂鸣器与无刷电动机、基于 IIC 总线的气压计读取、基于 SPI 总线的惯性传感器数据读取和基于 DMA 的 GPS 通信等内容可通过扫描下方二维码进行了解学习。

TIM 控制蜂鸣器　　基于 IIC 总线的　　基于 SPI 总线的惯性　　基于 DMA 的 GPS 通信
与无刷电动机　　　气压计读取　　　传感器数据读取

第7章 四旋翼无人机设计与开发原理

7.1 四旋翼无人机硬件基础

在后面的章节中会详细讲述四旋翼的控制图及其原理,但是这些控制原理的实现依赖于无人机的各个硬件部分。那么,Bird-Drone四旋翼无人机由哪些部分组成呢?每个部分的功能又是什么?各个部分之间是怎么进行数据通信的呢?哪一个部分是最值得关注和研究的呢?本节将较为详细地介绍无人机的各个硬件组成部分。

Bird-Drone四旋翼无人机的硬件组成框图如图7-1所示。

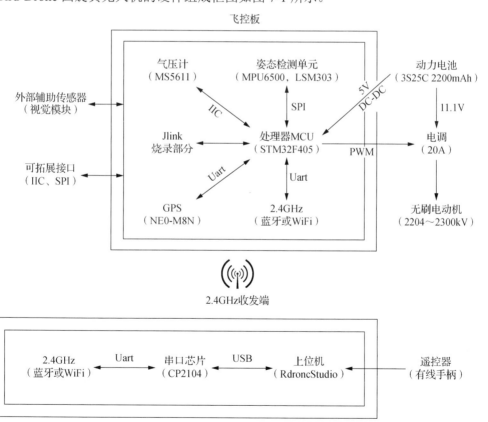

图 7-1 Bird-Drone 四旋翼无人机的组成框图

可将图7-1中的硬件与其余一些硬件分为以下几个部分:机架、动力系统、飞控系统、视觉系统、指挥控制系统。

1. 机架

Bird-Drone 四旋翼无人机机架主要包含 3 个部分：机身、起落架和减振板。

（1）机身

机身是承载四旋翼所有硬件的基础平台。四旋翼的安全性、可用性及续航性能都和机身的设计有着密切的关系。因此在设计四旋翼时，其机身的尺寸、布局、材质、强度和质量等因素都是应该考虑的。

机身的质量主要取决于其尺寸和材料。由于在相同拉力下，机身越轻意味着可分配的有效载荷越大，因此在保证机身性能的前提下，质量应尽量小。而材质则决定了机身的质量和硬度，常见的材质对比分析见表 7-1。

表 7-1 常见的材质对比分析

性能 \ 材质	碳纤维	玻璃钢	聚碳酸酯	丙烯酸塑料	铝合金	轻木
密度（lb/cuin）	0.05	0.07	0.05	0.04	0.1	0.0027～0.0081
刚度（Msi）	9.3	2.7	0.75	0.38	10.3	0.16～0.9
强度（ksi）	120	15～50	8～16	8～11	15～75	1～4.6
价钱（10 为最便宜）	1	6	9	9	7	10
加工（10 为最容易）	3	7	6	7	7	10

注：① 刚度。弹性模量表示材料在弹性变形阶段，其应力和应变成正比例关系；形变越难改变，刚度越大。

② 强度。抗拉强度就是试样拉断前承受的最大标称拉应力。

③ 1lb/cuin=27679.9047kg/m³，1Msi=6.894GPa，1ksi=6.894MPa。

从表 7-1 中不难看出碳纤维的材质密度较小，刚度和强度最大，但是价格最贵，并且最难加工。在四旋翼的应用中，我们更希望得到的是高稳定性和高转换率，所以选用碳纤维材质来制作下机架。

除了微型的四旋翼无人机，其他机身一般比较大，可以自己动手制作的成分也比较多，可以自由地开孔开槽添加新的硬件和模组。Bird-Drone 系列无人机在下机架上进行自定义制作，通过铝柱连接上机架，与下机架形成一个环抱式防护罩的结构，大大提高了飞行时的安全系数，并且不影响正常飞行。Bird-Drone 系列的无人机机架如图 7-2 所示。

Bird-Drone 的机架分为上机架和下机架两层，上机架的中心区一般用于放置飞控板，并起到与四臂连接的作用。下机架的四臂用于固定安装 4 个无刷电动机和电调。上机架与下机架之间使用铝柱和螺钉进行连接和固定。机架的四臂长度即轴距，轴距是指对轴两个电动机之间的距离，通常用来衡量四旋翼尺寸的重要参数。根据轴距我们才能进行电动机和桨叶的选型。Bird-Drone 无人机的轴距为 25cm，一般选用 1045 的桨叶。

（2）起落架

起落架一般位于机身的下方，合适的起落架会给四旋翼带来很多益处，Bird-Drone 系列无人机的起落架如图 7-3 所示，其主要作用有支撑四旋翼的重力，减小起飞时的地面效应，消耗和吸收四旋翼着陆时的撞击能量。

（3）减振板

在 Bird-Drone 无人机机身的中心安装有减振板和减振球，如图 7-4 所示。

如果将飞控板在没有减振装置下直接安装在无人机的机架上，一旦四旋翼处于起飞或飞行状态，整个机体会产生高频振动，这个微小的高频振动将直接影响飞控板的刚性连接。飞控板上的惯性模块因此会受到影响，使原始的加速度和陀螺仪数据漂移。一旦原始数据出现较大的问题，那么作为控制系统的输入和反馈也就失去了参照的意义。所以在这么一个具有干扰的系统下，减振装置能很好地解决这个问题，通过减振球吸收掉桨叶和电动机在旋转中产生的谐波和振动，以此来稳定运动状态中的实时姿态数据。

图 7-2　Bird-Drone 系列的
无人机机架

图 7-3　Bird-Drone 系列
无人机的起落架

图 7-4　Bird-Drone 无人机的
减振板和减振球

四旋翼在出现炸机等失控情况下难免发生碰撞，这时减振装置也有效地保护了飞控板，起到了缓冲吸收冲击能量的作用，减小了飞控板的受损程度。

2. 动力系统

动力系统通常包括螺旋桨、电动机、电调及电池。动力系统决定了四旋翼的主要性能，如悬停时间、载重能力、飞行速度和飞行距离等。动力系统的部件之间需要相互匹配与兼容，否则很可能无法正常工作，甚至在某些极端情况下会突然失效导致事故的发生。

（1）螺旋桨

考虑到电动机效率会随螺旋桨尺寸的变化而变化，所以合理匹配的螺旋桨可以使电动机工作在更高效的状态，从而保证在产生相同拉力的情况下消耗更少的能量，进而提高续航时间。

对于 Bird-Drone 使用的 2205kV、2300kV 值的电动机通常搭配 1045 桨叶（图 7-5）使用。1045 的含义是，螺旋桨的直径是 10in（1in=2.54cm），螺距是 4.5in。螺距是指螺旋桨在一种不能流动的介质中旋转，那么螺旋桨每转一圈前进的距离，则称为螺距或桨距。

图 7-5　1045 桨叶（左为 3 叶桨，右为 2 叶桨）

四旋翼飞行为了抵消螺旋桨的自旋，相隔的桨旋转方向是不一样的，所以需要正反桨。需要注意的是，正反桨的风都向下吹，适合顺时针旋转的螺旋桨称为正桨，适合逆时针旋转的螺旋桨称为反桨。安装的时候，一定要注意无论是正桨还是反桨，有字的一面是向上的（桨叶圆润的一面要和电动机旋转方向一致）。

如图 7-5 所示，螺旋桨有不同的桨叶数，有实验表明，2 叶桨的力会比 3 叶桨稍高，但是在最大拉力相同的前提下，2 叶桨直径要比 3 叶桨直径大。所以可以根据不同情况选择自己的桨叶。

选择 1045 桨叶的原因如下：螺旋桨越大，升力就越大，但对应需要更大的力量来驱动；螺旋桨转速越高，升力越大；电动机的 kV 越小，转动力量就越大。综上所述，大螺旋桨就需要用低 kV 电动机，小螺旋桨就需要用高 kV 电动机（因为需要转速来弥补升力）。而 2300kV 的电动机正好适合 1045 的桨叶。

（2）电动机

在四旋翼无人机的控制中，姿态解算和内外环 PID（proportional plus integral plus derivative，比例积分微分）控制是关键，而控制电动机转速是四旋翼飞行最关键的一步。电动机作为四旋翼控制的最终执行部件，对四旋翼飞行姿态的调节起到直接的作用，而大小不同的四旋翼系统，又有各自的特点。

较大的四旋翼都使用无刷直流电动机，如图 7-6 所示。与传统的电动机不同，无刷直流电动机属于外转子电动机，也就是说，工作的时候是电动机的外壳在转动，而不是内部的线圈。这样带来了电动机维护上的方便，同时，无刷直流电动机在扭力、转速方面都有比较优越的特性，因此广泛地使用在无人机和固定翼航模上。

无刷直流电动机主要有以下几个指标参数。

1）尺寸。电动机的尺寸取决于定子的大小，由一个 4 位数字来表示。例如，2205（或写成 22×05）电动机的前两个数字代表定子直径（单位为 mm），后两个数字代表定子高度（单位为 mm），因此 2205 电动机表示电动机的定子直径为 22mm、定子高度为 5mm。

2）标称空载 kV 值。无刷直流电动机的 kV 值用于衡量电动机转速对电压增加的敏感度，指的是在空载情况下，外加 1V 电压得到的电动机转速值（单位为 RPM）。kV 值越大，速度越快，但扭力却越

图 7-6　无刷直流电动机

小；kV 值越小，速度越慢，但扭力却越大。大型螺旋桨可以选用 kV 值较小的电动机，而小型螺旋桨则可以选用 kV 值较大的电动机。

3）标称空载电流和电压。在空载（不安装螺旋桨）试验中，对电动机施加空载电压（通常为 10V）测得的电动机电流被称为空载电流。通过这个空载电流也可以估算出需要配套使用多大电流的电调，包括整个系统的供电电流的最小值。

4）电动机效率。电动机效率是评估性能的一个重要参数。

$$电功率（W）=电动机输入电压（V）×电动机电流$$

$$电动机效率=\frac{机械功率（W）}{电功率（W）}$$

5）总力效。总力效的计算公式如下：

$$总力效（g/W）=\frac{螺旋桨拉力（g）}{电功率（W）}=螺旋桨力效×电动机效率$$

所以，通过 kV 值和总力效的计算公式就能判断出应该匹配哪种型号的螺旋桨。需要注意的是，电动机上的 3 根线即三相，这 3 根线是与电调连接的电动机驱动线。如果调换其中任意两根线（两相）的位置，则电动机的转动方向将会发生改变。需要根据电动机的正牙和反牙来对应地调整正转或反转。

（3）电调

电调的全称是电子调速器（图 7-7），其最基本的功能是电动机调速，通常由 MOS 管配合单片机组成，主要作用是将动力电池所提供的直流电转换成三相驱动电流，并通过过零检

测等电路检测无刷电动机的反馈，从而顺利地驱动无刷电动机，即充当一个换向器的角色。

电调的主要参数指标有以下几个。

1）最大持续/峰值电流。无刷电调最主要的参数是电调的功率，通常以安数 A 来表示，如 10A、20A、30A。不同电动机需要配备不同安数的电调，安数不足会导致电调，甚至电动机烧毁。

最大持续电流指的是在正常工作模式下的持续输出电流，峰值电流指的是电调能承受的最大瞬时电流。

2）电压范围。电调能够正常工作所允许输入的电压范围也是非常重要的参数。一般在电调说明书上可以看到标注如 "3-4S LiPo" 的字样，表示这个电调适用于 3～4 节电芯串联的锂聚合物电池，也就是说它的电压范围为 11.1～14.8V。

3）可编程性。通过内部参数的设置，可以使电调的性能最佳。

电调的作用是将飞控板的控制信号转变为电流的大小以控制电动机的转速。因为电动机的电流是很大的，启动瞬间电流会更大，通常每个电动机正常工作时，平均有 5A 左右的电流，如果没有电调的存在，飞控板根本无法承受这样大的电流（另外也没有驱动无刷电动机的能力）。

（4）电池

电池主要用于提供能量。目前航模最大的问题在于续航时间不够，其关键就在于电池容量的大小。现在可用来作为航模动力的电池种类很多，常见的有锂聚合物电池（LiPo）和镍氢电池。

在四旋翼无人机系统中，所有的供电都来自于电池，且一般选用动力锂聚合物电池（图 7-8）。锂聚合物电池的参数指标有以下几个。

图 7-7　电调

图 7-8　锂聚合物电池

1）电压。锂电池组包含两部分：电池和锂电池保护线路。

单节电压为 3.7V，3S1P 表示 3 片锂聚合物电池的串联，电压是 11.1V。其中，S 表示串联，P 表示并联。例如，2S2P 电池表示 2 片锂聚合物电池的先串联，然后两个这样的串联结构并联，总电压是 7.4V，容量是单个电池的两倍。

电池不仅在放电过程中电压会下降，而且由于电池本身具有内阻，其放电电流越大，自身由于内阻导致的压降就越大，所以输出的电压就越小。

2）容量。电池的容量是用毫安时（mAh）来表示的。5000mAh 的电池表示该电池以5000mA 的电流放电可以持续 1h。但是，随着放电过程的进行，电池的放电能力在下降，其输出电压会缓慢下降，所以导致其剩余电量与放电时间并非是线性关系。

在实际四旋翼飞行过程中，有两种方式可检测电池的剩余容量是否满足飞行安全的要求。一种方式是检测电池的单节电压，另一种方式是实时检测电池的输出电流并做积分计算。

注意：单电芯充满电的电压为 4.2V，放电完毕会降至 3.0V（再低可能过放导致电池损坏），所以在检测到单节电池电压低至 3.6V 时会发出电量报警。

3）放电倍率。一般充放电电流的大小常用充放电倍率来表示，即充放电倍率=充放电电流/额定容量。例如，额定容量为 100Ah 的电池用 20A 放电时，其放电倍率为 0.2C。

电池放电倍率是表示放电快慢的一种量度，越大表明放电越快。所用的容量 1h 放电完毕，称为 1C 放电；5h 放电完毕，则称为 0.2C 放电。容量为 2200mAh 的电池的最大放电倍率为 25C，其最大放电电流为 55A。

锂聚合物电池一般属于高倍率电池，可以给多旋翼提供动力。放电电流不能超过其最大电流限制，否则可能烧坏电池。

3. 飞控系统

飞控系统就像无人机的心脏，它总控着所有外围硬件的运作、无人机的飞行状态和与地面站通信等核心任务。Bird-Drone 的飞控板如图 7-9 所示，其强大的资源和板载烧录器可以将这块飞控板作为开发板来使用，并且此飞控系统预留数字接口（SPI 和 IIC）供使用者二次开发。

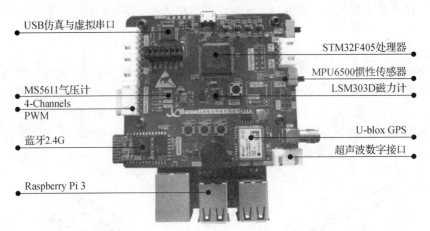

图 7-9　Bird-Drone 的飞控板

由图 7-10 可知，Bird-Drone 的飞控板主要包含了惯性传感器单元（MPU6500 和 LSM303D）、烧录仿真单元、高度位置信息传感器单元（MS5611 和 U-Blox）和通信单元（蓝牙 2.4G）等。惯性传感器单元用来解算无人机的姿态，高度位置信息传感器单元用来得到无人机的实际高度和世界坐标的精确位置，通信单元用来与控制端进行数据传输。

图 7-10　Bird-Vision 视觉系统

4. 视觉系统

在无人机的室外飞行中，一般使用 GPS 作为定位系统，而室内 GPS 的信号又极其微弱，所以我们采用摄像头模组组成的视觉系统作为四旋翼在室内飞行的眼睛。Bird-Vision 视觉系统（图 7-10）是搭载了 OpenCV 机器视觉库的 Linux 操作系统，硬件采用 BCM2837 处理器（4 核 64 位，主频为 1.2GHz），以及 500 万像素的摄像头。用户可进行局域网在线访问，并直接采用 Python 语言进行最直观的视觉导航程序编写，扩展性强且功能强大。

5. 指挥控制系统

常见的无人机系统中，遥控器发送遥控指令到接收器上，接收器解码后传给飞控板，进而四旋翼根据指令做出各种飞行动作。遥控器的主要作用是控制四旋翼的运动状态，而 Bird-Drone 的遥控器（图 7-11）与现成的遥控器的最大区别在于，它是有线手柄即没有接收器，仅作为调试使用。

虽然没有了遥控器的接收器，但是飞控板需要进行无线通信，仍需要飞控板的接收器。在 Bird-Drone 的无线通信系统中，我们使用的蓝牙串口通信模块（图 7-12）是基于 Bluetooth Specification V2.0 带蓝牙增强速率蓝牙协议的数传模块，其无线工作频段为 2.4GHz ISM （industrial scientific medical，工业科学医疗），调制方式是 GFSK（Gaussian frequency-shift keying，高斯频移键控）。模块最大发射功率为 4dBm，接收灵敏度为-85dBm，板载印制电路板天线可以实现 10m 距离的通信。

图 7-11 Bird-Drone 的遥控器　　　　　　图 7-12 蓝牙串口通信模块

7.2 无刷电动机及驱动

本节主要介绍无人机动力组成部分中的无刷电动机及其控制。要求学生了解无刷电动机的基本组成及其优势，掌握利用电调控制无刷电动机启动和停止的方法。

7.2.1 无刷电动机

一般而言，较大的四轴飞行器主要使用无刷电动机。与传统的有刷电动机不同，无刷电动机没有了电刷，并极大地提高了电动机的效率和安全性，同时没有电刷也降低了电动机的维护难度。在本书教学仪器中使用了外转子的无刷电动机，外转子指的是电动机的外壳转动，而不是内部的线圈转动。这样设计的无刷电动机在扭力、转速方面都有比较优越的特性，因此广泛地应用在较大的四轴飞行器、固定翼等各类航模上。在选择无刷电动机时，要注意以下一些数据。

1. 无刷电动机的尺寸

无刷电动机在型号命名上就反映了其具体大小。例如，我们常用的新西达 2212 电动机，含义就是直径为 22mm，转子的高度为 12mm。一般而言，越大的电动机，其转速和扭力也越大。在本书教学仪器中使用了好盈 2205 电动机。

2. 电动机的 kV 值

在选择无刷电动机时，其中一个重要的参数就是电动机的 kV 值。无刷电动机 kV 值的含义为"转速/V"，即当输入电压增加 1V 时，无刷电动机空转转速增加的转速值。例如，

1000kV 的无刷电动机，代表电压为 11V 的时候，电动机的空转转速为 11000r/min。kV 值越大，速度越快，但扭力越小；kV 值越小，速度越慢，但扭力越大。这个参数可以更精确地帮助用户来选择适合自己设备的无刷电动机。当需要较高转速而对扭矩要求不大时，就可以选择 kV 值较大的无刷电动机，反之选择 kV 值较小的无刷电动机。由于本套飞机属于中小型的四轴飞行器，所以需要比较高的转速才可以带动飞机，因此使用了 2300kV 的电动机。如果需要制作比较大型的飞机，那就需要选择较小 kV 值的无刷电动机作为动力输出。

3. 电动机的电压

提到电动机，当然要考虑其驱动电压的大小。在航模中，通常把一节锂电池的电压 3.7V 称为一个 S。微型四轴电动机常用 1S 锂电池驱动，而较大的四轴的无刷电动机一般采用 2～3S，也就是 7.4～11.1V 来驱动。一般的无刷电动机可以支持 2～3S 的电压，当然，最常用的配置还是 3S 的锂电池，即 11.1V。一般在航模中使用的电池是动力电池。动力电池相对于普通电池最为主要的区别是在电池的放电倍率上，如一节 4200mAh 的动力电池可以在短短几分钟内将电量放光，但是普通电池却做不到，因此普通电池的放电能力完全无法与动力电池相比。动力电池与普通电池最大的差别在于，其放电功率大，比能量高。对于四轴飞行器而言，由于需要同时驱动 4 个电动机同时达到比较大的功率，一旦放电功率不够就无法正常运行，所以需要动力电池作为四轴飞行器的能源输出。

7.2.2 电调

无刷电动机的出现，极大地提高了电动机的工作效率和安全性。但同时也面临了一些电动机驱动上的挑战。正因为没有了电刷，使电动机的驱动从电刷换相变成了外部的电子换相。这时电调就悄然而生了。

1. 桥路驱动电路

电调主要可以分成几个部分来讲。其中，一个重要的部分就是桥式驱动电路。

图 7-13 展示了一个三相桥式驱动电路，它利用一种高效的 6 步换相法来驱动电动机。利用单片机实时输出 PWM（pulse-width modulation，脉宽调制）来控制 6 个 MOS 管的通断。其中，图 7-13 中的箭头展示了在 6 步换向方法中电流的运动方向。图 7-14 展示了在整个换相过程中电动机中的电流情况，单片机以 T_1、T_4 到 T_5、T_4 的时序来驱动各个 MOS 管，从而达到驱动整个电动机运动的目的。

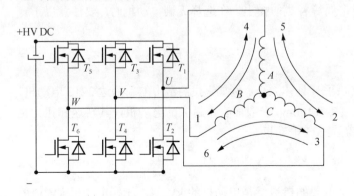

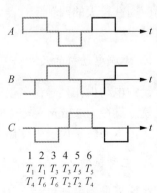

图 7-13   6 步换相电流流向   图 7-14   6 步换相电流波形

2. 反向电动势检测

单片机利用 PWM 来驱动 6 个 MOS 管从而达到驱动电动机的目的。这时，什么时候可以换相变得格外重要。下面以没有位置传感器的无刷电动机做一个简单的介绍。当下技术主要有几个检测换相时机的方法，其中包括反电动势法、电流法、人工智能法、磁链法等。前两种方法的研究相对比较成熟，且得到了一定的应用。下面主要介绍反电动势法的检测。如图 7-15 所示，当实际检测电动机中运行的是其中一相电位时，会发现电压有一个变化过程。只要利用单片机的 ADC 检测功能实时检测电动机的各个相位电压就可以得到准确的换相时机。

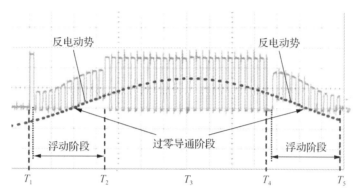

图 7-15　反电动势波形

3. 电调的选择

在选择电调时，需要注意以下问题。

1）电压范围：一般电调可以接收的电压范围为 5.6～12.6V，确认这个数值与电动机的电压范围搭配。

2）电流大小：四轴飞行器在飞行时，无刷电动机能达到的电流是很大的，实测通常为 4～5A，因此电调可以提供的驱动电流比较重要。市面上常见的有 20～40A 的电调，如果四轴飞行器不重的话，一般选择 20A 电调即可。

3）电源线和信号线：电调的电源线通常直接与航模电池连接，其信号线常用 3 排针式排列，如图 7-16 所示。

图 7-16　3 排针式信号线

4. 电调的使用

不同的电调有不同的设置指令（通常是指从信号引脚输入的不同占空比的 PWM 波）。这一系列电调的设置可以通过阅读电调的说明书获得对应的设置方法，其中最重要的设置是油门行程的设置。油门行程是指当信号接收引脚收到的 PWM 波的占空比变化为 1%时，电调控制机转速对应进行的变化。4 个电调必须有同样的油门行程，这样当飞控通过控制电调进而控制电动机转速时，对应的转速变化才比较好控制。油门行程的设置方法（当前大多兼容电调程序）如图 7-17 所示。

油门行程设定说明：

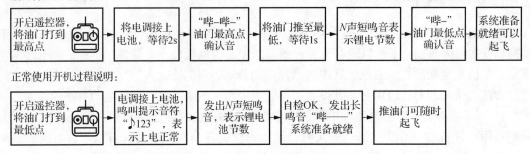

图 7-17　油门行程的设置方法

这里需要做的是，将电调的信号线、接地线保持和 Bird-Drone 飞控板连接，通过修改飞控板的 PWM 脉宽来进行调节。首先要使用 STM32F405 初始化 PWM 输出管脚，选择时钟源和计数模式，设置 PWM 频率，设置到最大 PWM 占空比，等待按键将 PWM 占空比设置为最低，即可完成电调油门的初始化设置。

7.3　惯性传感器与欧拉角

对无人机的控制来说测量无人机的飞行姿态是必不可少的，在控制四轴飞行器姿态的过程中，首先要设定姿态的目标值，而这里所说的无人机姿态就是欧拉角。

Bird-Drone 飞控板的姿态检测单元包括陀螺仪、加速度计和磁力计，本控制器采用的惯性传感器为 MPU6500 和磁力计 LSM303D。本节主要介绍各个惯性传感器数据的物理意义及航空航天中欧拉角的意义。

7.3.1　惯性传感器

1. 加速度计

（1）加速度计测量的内容

加速度计是测量运载体线加速度的仪表。在飞机控制系统中，加速度是重要的动态特征校准元件。在惯性导航系统中，高精度的加速度计是基本的敏感元件之一。在各类飞行器的飞行试验中，加速度计是研究飞行器运动状态的重要工具。

很多时候大家都会被加速度计的名称给误导了，准确地说它测的不是加速度，而是它受到的惯性力（包括重力）。加速度计实际上是用 MEMS（micro electro mechanical systems，微机电系统）技术检测惯性力造成的微小形变（注意检测的是微小形变），如果把加速度计水平静止放在桌子上，它的 Z 轴输出的是 $1g$ 的加速度，因为 Z 轴方向被重力向下拉出了一个形变。如果让它做自由落体运动，它的 Z 轴输出的则是 $0g$，具体理解时，可以把它看成是一块弹弹胶，它检测的就是自己在 3 个方向因外力作用发生的形变。从刚才的分析可以发现，重力可在不产生加速度的情况下使加速度计发生形变，在产生加速度时使加速度计不发生形变，而其他力都做不到这一点。

可惜的是，加速度计不会区分重力加速度与外力加速度，当系统在三维空间做变速运动时，它的输出就不正确了，或者说它的输出不能表明物体的姿态和运动状态。因此，只靠加速度计来估计自己的姿态是不可取的，这就是姿态解算需要陀螺仪的原因。

（2）加速度计的作用

加速度计可以测量的加速度包括重力加速度，在静止或匀速运动（匀速直线运动）时，加速度计仅仅测量的是重力加速度，而重力加速度与空间绝对坐标系是固连的，通过这种关系，可以得到加速度计所在平面与地面的角度关系。

静态时，加速度计计算的倾角比较准确；动态时，计算倾角的误差则会较大。

2. 陀螺仪

陀螺仪的基本知识在第 6 章的二维码中已经介绍，此处不再赘述。本飞控板采用的惯性导航模块为 MPU6500，此模块的陀螺仪由两个独立检测 X、Y、Z 轴的 MEMS 组成。利用科里奥利效应来检测每个轴的转动（一旦某个轴发生变化，相应的电容传感器会发生相应的变化，产生的信号被放大、调解和滤波，最后产生与角速率成正比的电压，然后将每个轴的电压转换成 16 位的数据），通过 SPI 或 IIC 总线得到的就是这个电压数据，最终通过融合算法得到对应的姿态（欧拉角）。

3. 磁力计

磁力计的基本知识在第 6 章的二维码中已经介绍，此处不再赘述。

根据 LSM303D 数据手册，16 位 ADC 3 轴磁力计信号输出可以得到以下信息：3 轴磁力计采用高精度的霍尔效应传感器，通过驱动电路、信号放大和计算电路处理信号来采集地磁场在 X、Y、Z 轴上的电磁强度。最终通过融合算法得到对应的姿态值。

7.3.2　姿态解算

AHRS（attitude heading reference system，姿态航向基准系统）包括多个轴向传感器，能够为飞行器提供航向、横滚和侧翻信息，这类系统用来为飞行器提供准确可靠的姿态与航行信息。AHRS 包括基于 MEMS 的 3 轴陀螺仪、加速度计和磁力计。AHRS 与惯性测量装置（inertial measurement unit，IMU）的区别在于，AHRS 包含了嵌入式的姿态数据解算单元与航向信息，IMU 仅仅提供惯性传感器数据，并不具有提供准确可靠的航向数据的功能。目前，常用的 AHRS 内部采用的多传感器数据融合进行的航姿解算单元为 mahony 滤波器、互补滤波器或卡尔曼滤波器。

Bird-Drone 四旋翼无人机的飞控板使用了 mahony 滤波器算法融合出姿态角。飞控板集成了加速度计、陀螺仪和磁力计 9 轴信息。通过将这 9 轴数据进行数据融合，实时输出表示空间姿态的 3 个角度，分别为航向角、横滚角和俯仰角。

欧拉角是用来唯一地确定定点转动刚体位置的 3 个一组独立角参量，由章动角 θ、进动角 Ψ 和自转角 φ 组成，因欧拉首先提出而得名。欧拉角有多种取法，根据坐标轴的变换共有 12 种不同的表示方式。定义 β、γ、α 分别为绕 Z 轴、Y 轴、X 轴的旋转角度，如果用 Tait-Bryananglle（泰特布莱恩角）表示，分别为 Yaw、Pitch、Roll，如图 7-18 所示。

由于欧拉角有 12 种表示方式，按照不同的轴旋转就可以获得不同的表示方法，这时就给我们带来了一定的困扰，即我们到底需要使用哪个坐标轴来进行表示。这时 AHRS 航姿表示方

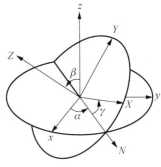

图 7-18　欧拉角示意图

式就给我们带来了极好的解决方法，即以航空航天的标准来进行表示。图 7-19 所示的便是航空航天使用的坐标系，以东北天作为坐标系，来表示物体在空中的姿态。

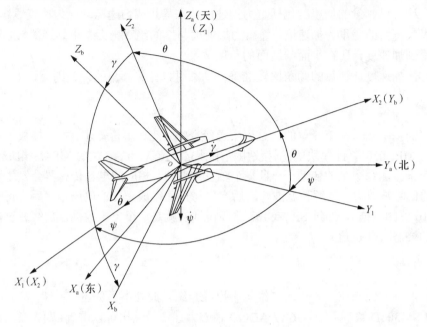

图 7-19　航姿坐标

根据上文，陀螺仪知道"我们转了个身"，加速度计知道"我们又向前走了几米"，而磁力计则知道"我们是向西方向"的。所以在实际应用中，由于应用、误差修正、误差补偿的需要，往往会结合使用上述传感器，充分利用每种传感器的特长，让最终的运算结果更准确，例如，在四旋翼制作中，会结合陀螺仪和加速度计运算出欧拉角，结合磁场方向和方向运动情况运算出方位信息。

在四旋翼的平衡和姿态体系中，需要这最基本的 3 个传感器，通过各自不同的融合算法和滤波算法，整合原始数据得出欧拉角或四元数，并进行最后的 PID 控制，完成对四旋翼的控制任务。

7.4　姿态融合

融合是指把陀螺仪测量出来的数据、加速度计测量出来的数据及磁力计测量出来的数据以一定的比例混合在一起。四旋翼无人机数据融合的常用方法有 mahony 滤波法、互补滤波法、卡尔曼滤波法等。通过调整合适的参数比例，把陀螺仪测量出来的物体角度和加速度计测量出来的角度进行互相修正，得到世界坐标的姿态角。在使用绝对航向时，还需要将磁力计测得的方位数据对角度进行补偿。

7.4.1　姿态融合中传感器数据的滤波

在 7.3 节中，我们讲述了陀螺仪、加速度计和磁力计的作用。在这一节，我们讲述对陀螺仪、加速度计和磁力计数据进行滤波和融合的方法，并了解 6 轴（加速度计、陀螺仪）融合与 9 轴（加速度计、陀螺仪和磁力计）融合的算法差异与姿态数据特点。

滤波的方法有很多种，在普通的四旋翼上，我们一般对陀螺仪和加速度计采用不同的滤波方法。对于陀螺仪，最常见的是滑动平均法，即把最新的 10 个或 20 个数据进行平均。在此基础上，对不同的数采用不同的加权，又能变化出很多种不同的滤波方法。对四旋翼的初学者来说，用最简单的滑动平均法即可。对于加速度计，通常采用掐尾法，即去掉低位的数据以避免由于小四轴振动而引起的误差。对于磁力计，由于其数据很容易受到外部磁场的干扰，通常要设置数据上下限，只取一定范围内的正常值，再采用滑动平均法得到当前数据。

7.4.2　数据融合

通常，在大部分飞控传感器中使用的是成本便宜的 MEMS 传感器，这种传感器的陀螺仪和加速度计的噪声相对来说很大，以常见的陀螺仪为例，对其积分 1min 会漂移 2° 左右。在这种前提下，如果没有磁场和重力场来修正 3 轴陀螺仪的话，那么积分 3min 以后物体的实际姿态和测量输出姿态就完全变样了。Bird-Drone 系列四旋翼无人机中采用两种数据融合手段，9 轴与 6 轴融合，硬件上的区别在于 9 轴比 6 轴多了一个磁力计数据的融合，应用与软件上的区别是本节的重点。由于本节涉及的数学知识比较多，而我们需要了解的重点并不是数学，这里只是大略提及了各个概念，不一一进行深入分析。对于各种滤波和融合的算法（C 语言实现方法），大家可以直接阅读源代码。

1. AHRS 与 IMU

AHRS 由加速度计、磁力计和陀螺仪构成，AHRS 的真正参考来自于地球的重力场和磁场，它的静态精度取决于对磁场的测量精度和对重力的测量精度，而陀螺仪决定了它的动态性能。在这种前提下，AHRS 离开地球这种有重力场和磁场的环境是无法正常工作的。需要注意的是，磁场和重力场越正交，航姿测量效果越好，当磁场和重力场平行时（如在地磁南北极，这里的磁场是向下的，即和重力场方向相同），航向角是不能测出的，这是 AHRS 的缺陷，随着纬度的升高航向角的误差会越来越大。

理论力学告诉我们，所有的运动都可以分解为一个直线运动和一个旋转运动，IMU 就是测量这两种运动的设备，直线运动通过加速度计可以测量，旋转运动通过陀螺仪可以测量。假设 IMU 的陀螺仪和加速度计的测量是没有任何误差的，那么通过陀螺仪可以精确地测量物体的旋转角，通过加速度计可以分解出物体的倾角，也可以二次积分得出位移。也就是说，带着这种理论型的 IMU 在任何位置运动，都可以知道当前的姿态和相对位移。

AHRS 和 IMU 最大的区别是，IMU 是相对于理想姿态或相对姿态的测量，AHRS 则是相对于大地水平的姿态测量。

2. 地理坐标系和载体坐标系

常用的基本坐标系有两个：地理坐标系和载体坐标系。地理坐标系指的是地球上的东北天坐标系，而载体坐标系指的是 4 个轴自己的坐标系。

在地理坐标系中，重力的值始终是（0，0，1g），地磁的值始终是（0，1，x），这些值是由放置在 4 轴上的传感器测量后转换出来的。

地理坐标系和载体坐标系是两个不同的坐标系，可通过四元数、欧拉角、方向余弦矩阵 3 种方式进行转化。

需要把载体坐标系转化为地理坐标系的原因是：陀螺仪的数据主要是依托于四旋翼载体坐标系的数据，而我们需要将角速度积分得到的载体旋转角度转化为能为我们所用的大地坐标下的角度。

3. 姿态导航概述

姿态指的是公式+系数，如欧拉角的公式和欧拉角的系数（翻滚、俯仰、偏航）。

姿态的数据来源有 5 个：重力、地磁、陀螺仪、加速度计、电子罗盘。其中，前两个来自地理坐标系，后 3 个来自载体坐标系。

导航的基本原则就是保证两个基本坐标系的正确转化，没有误差。只有遵循了这个原则，载体才能在自己的坐标系中完成一系列动作，而被转换到地理坐标系后看起来也是正确的。为了达到这个目的，需要对两个坐标系进行实时的标定和修正。

因为坐标系有 3 个轴，电子罗盘（基于载体）、地磁（基于地理）对比补偿修正偏航角 Yaw 上的误差；加速度计（基于载体）、重力（基于地理）对比修正俯仰 Pitch 和翻滚 Roll 上的误差。

在完成了基本的转换和补偿后，即保证两个坐标系的正确转化后，利用基于载体上的陀螺仪进行积分运算，得到基于载体坐标系的姿态数据。经过一系列 PID 运算，给出控制量用于稳定和修正载体坐标系上的姿态数据，最终转换到地理坐标系上，从而得到我们常说的欧拉角（俯仰、翻滚和航向）。

从上述论述可以看出，姿态导航从理论上讲只用陀螺仪是可以完成任务的。但是由于陀螺仪在积分过程中会产生误差累计，再加上白噪声、温度偏差等会造成导航姿态的解算随着时间的流逝而逐渐增加。所以就需要使用加速度计在水平面对重力进行比对和补偿，用来修正陀螺仪的垂直误差。但是对于竖直轴上的旋转，加速度计是无能为力的，此时就要利用电子罗盘的数据进行修正。当然也可以测量出水平面内的地磁方向用来修正陀螺仪的水平误差。通过这两个传感器的修正补偿，陀螺仪能更加稳定、可靠地工作，使最终得到的欧拉角更加准确。

4. 浅析姿态融合

在进行姿态融合之前，需要先把原始数据读取出来并做好滤波和转换，还要特别注意各传感器的方向。Bird-Drone 系列无人机中使用的姿态传感器为 MPU6500 与 LSM303D。图 7-20 是 MPU6500 和 LSM303D 传感器的方向定义，其中 MPU6500 只包含陀螺仪和加速计共 6 个轴，而在进行 9 轴解算的时候还包含磁力计 LSM303D 的 3 个轴，共 9 个轴。从 MPU6500 和 LSM303D 获得的数据在进行融合之前，需要根据 X、Y、Z 3 个轴的方向做符号上的变换，以保证 MPU6500 和 LSM303D 数据的 3 个坐标轴重合。

现在我们来分析一下姿态融合解算的代码。

下述代码的核心思想是，通过陀螺仪的积分获得 4 轴的旋转角度，然后通过加速度计的比例和积分运算修正陀螺仪的积分结果，之后将陀螺仪的积分结果融合到载体坐标系的四元数中，最终通过旋转矩阵对四元数进行坐标系的转化得到世界坐标上的新四元数，新四元数就能转换成我们使用的欧拉角了。

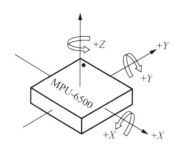
（a）MPU6500

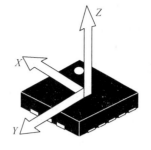
（b）LSM303D

图 7-20　传感器方向示意图

下面函数中的 gx、gy、gz 分别代表角速度在 X 轴、Y 轴和 Z 轴 3 个轴上的分量；ax、ay、az 分别代表加速度在 X 轴、Y 轴和 Z 轴 3 个轴上的分量；mx、my、mz 分别代表地磁在 X 轴、Y 轴和 Z 轴 3 个轴上的分量。

```
void MahonyAHRSupdate IMU(float gx, float gy, float gz, float ax, float
ay, float az, float mx, float my, float mz)
```

如果地磁各轴的数均是 0，那么直接进行 6 轴融合，不修正航向。

```
if((mx==0.0f)&&(my==0.0f)&&(mz==0.0f))
{
    MahonyAHRSupdateIMU(gx, gy, gz, ax, ay, az);
    return;
}
```

5. 6 轴姿态融合

函数 void MahonyAHRSupdateIMU(float gx, float gy, float gz, float ax, float ay, float az) 为 6 轴数据融合函数。

如果加速度计各轴的数均为 0，那么忽略该加速度数据。否则在加速度计数据归一化处理时，会导致除以 0 的错误。

```
if(!((ax==0.0f)&&(ay==0.0f)&&(az==0.0f)))
```

把加速度计的数据进行归一化处理。

```
//标准化加速度计测量
recipNorm=invSqrt(ax*ax+ay*ay+az*az);
ax*=recipNorm;
ay*=recipNorm;
az*=recipNorm;
```

其中，invSqrt 是平方根的倒数，使用平方根的倒数可以使 ax、ay、az 的运算速度更快，通过归一化处理后，ax、ay、az 的数值范围变为-1～+1。

根据当前四元数的姿态值估算出各重力分量，然后和加速度计实际测量出来的各重力分量进行对比，从而实现对四轴姿态的修正。

```
//预估的重力方向和垂直于地磁的向量
halfvx=q1*q3-q0*q2;
halfvy=q0*q1+q2*q3;
halfvz=q0*q0-0.5f+q3*q3;
```

使用叉积计算估算的重力和实际测量的重力两个向量之间的误差。

```
//误差是预估和实测的重力方向之间的交叉乘积之和
halfex=(ay*halfvz-az*halfvy);
halfey=(az*halfvx-ax*halfvz);
halfez=(ax*halfvy-ay*halfvx);
```

把上述计算得到的重力差进行积分运算，积分的结果累加到陀螺仪的数据中，用于修正陀螺仪数据。

```
//如果启用,则计算并应用积分反馈
if(twoKi>0.0f)
{
    integralFBx +=twoKi*halfex*(1.0f/sampleFreq);     //由 Ki 缩放的积分误差
    integralFBy +=twoKi*halfey*(1.0f/sampleFreq);
    integralFBz +=twoKi*halfez*(1.0f/sampleFreq);
    gx+=integralFBx;                                    //应用积分反馈
    gy+=integralFBy;
    gz+=integralFBz;
}
else
{   integralFBx=0.0f;                                   //防止积分反馈
    integralFBy=0.0f;
    integralFBz=0.0f;
}
```

其中，K_i 为积分系数；halftime 为积分时间；如果将 twoKi 参数设置为 0，则忽略积分运算；sampleFreq 为解算的采样率，设为 500Hz。

把上述计算得到的重力差进行比例运算，并将结果累加到陀螺仪的数据中，用于修正陀螺仪数据。

```
//应用比例反馈
gx+=twoKp*halfex;
gy+=twoKp*halfey;
gz+=twoKp*halfez;
gx*=(0.5f*(1.0f/sampleFreq));
gy*=(0.5f*(1.0f/sampleFreq));
gz*=(0.5f*(1.0f/sampleFreq));
```

其中，K_p 为比例系数，即影响转动的惯性和响应速度；sampleFreq 为解算的采样率，设为 500Hz。

通过上述的运算，可得到由加速度计修正后的陀螺仪数据，接下来把修正后的陀螺仪数据整合到四元数中。

```
//整合四元数的变化率
q0+=(-qb*gx-qc*gy-q3*gz);
q1+=(qa*gx+qc*gz-q3*gy);
q2+=(qa*gy-qb*gz+q3*gx);
q3+=(qa*gz+qb*gy-qc*gx);
```

把上述运算后的四元数进行归一化处理，即可得到坐标系转化后的新四元数。

```
//规范化四元数
recipNorm=invSqrt(q0*q0+q1*q1+q2*q2+q3*q3);
qa0=q0*=recipNorm;
qa1=q1*=recipNorm;
qa2=q2*=recipNorm;
qa3=q3*=recipNorm;
```

至此，我们得到了 Mahony 算法融合出的四元数（$qa0$、$qa1$、$qa2$ 和 $qa3$）。这组四元数将在转化为欧拉角时使用。

6. 9 轴姿态融合

三维空间内，由于重力加速度的存在，加速度计为我们提供了水平位置的绝对参考，但是它无法提供方向参考。这时候，就要用到磁力计，磁力计能够为我们提供正北方向的绝对参考。在 Bird-Drone 系列无人机中采用的地磁传感器为 ST 的 LSM303D。

9 轴姿态解算是在 6 轴 IMU 的基础上加入了地磁数据的解算。

下面函数中的 gx、gy、gz 分别代表陀螺仪在 X 轴、Y 轴和 Z 轴 3 个轴上的分量；ax、ay、az 分别代表加速度在 X 轴、Y 轴和 Z 轴 3 个轴上的分量；mx、my、mz 分别代表地磁在 X 轴、Y 轴和 Z 轴 3 个轴上的分量。

```
void MahonyAHRSupdate IMU(float gx, float gy, float gz,float ax, float ay,
float az,float mx, float my, float mz)
```

如果地磁传感器各轴的数均是 0，那么忽略该地磁数据。否则在地磁数据归一化处理时，会导致除以 0 的错误。

```
/*磁力计测量无效时使用 IMU 算法(避免磁力计归一化中的 NAN) */
if((mx==0.0f)&&(my==0.0f)&&(mz==0.0f))
```

如果加速度计各轴的数均是 0，那么忽略该加速度计数据。否则在加速度计数据归一化处理时，会导致除以 0 的错误。

```
/*仅在加速度计测量有效时才计算反馈(避免加速度计标准化中的 NAN) */
if(!((ax==0.0f)&&(ay==0.0f)&&(az==0.0f)))
```

把加速度计的数据进行归一化处理。

```
//标准化加速度计测量
recipNorm=invSqrt(ax*ax+ay*ay+az*az);
ax*=recipNorm;
```

```
ay*=recipNorm;
az*=recipNorm;
```

把地磁的数据进行归一化处理。

```
//归一化磁力计测量
recipNorm=invSqrt(mx*mx+my*my+mz*mz);
mx*=recipNorm;
my*=recipNorm;
mz*=recipNorm;
```

预先进行四元数数据运算，避免重复运算带来的效率问题。

```
//辅助的变量,避免重复算术
q0q0=q0*q0;
q0q1=q0*q1;
q0q2=q0*q2;
q0q3=q0*q3;
q1q1=q1*q1;
q1q2=q1*q2;
q1q3=q1*q3;
q2q2=q2*q2;
q2q3=q2*q3;
q3q3=q3*q3;
```

根据当前四元数的姿态值估算出地球磁场的参考方向。

```
//地球磁场的参考方向
hx=2.0f*(mx*(0.5f-q2q2-q3q3)+my*(q1q2-q0q3)+mz*(q1q3+q0q2));
hy=2.0f*(mx*(q1q2+q0q3)+my*(0.5f-q1q1-q3q3)+mz*(q2q3-q0q1));
bx=sqrt(hx*hx+hy*hy);
bz=2.0f*(mx*(q1q3-q0q2)+my*(q2q3+q0q1)+mz*(0.5f-q1q1-q2q2))
```

根据当前四元数的姿态值估算出各重力分量 halfvx、halfvy、halfvz（与 6 轴解算中的估算方法一样），并用估算出的地球磁场参考方向计算出各地磁分量 halfwx、halfwy、halfwz。

```
//预估的重力和磁场的方向
halfvx=q1q3-q0q2;
halfvy=q0q1+q2q3;
halfvz=q0q0-0.5f+q3q3;
halfwx=bx*(0.5f-q2q2-q3q3)+bz*(q1q3-q0q2);
halfwy=bx*(q1q2-q0q3)+bz*(q0q1+q2q3);
halfwz=bx*(q0q2+q1q3)+bz*(0.5f-q1q1-q2q2);
```

使用叉积计算估算出的重力分量和地磁分量与实际测量的重力分量和地磁分量之间的误差。

```
/*误差是估计方向与测量地磁分量之间的叉积之和*/
halfex=(ay*halfvz-az*halfvy)+(my*halfwz-mz*halfwy);
```

```
halfey=(az*halfvx-ax*halfvz)+(mz*halfwx-mx*halfwz);
halfez=(ax*halfvy-ay*halfvx)+(mx*halfwy-my*halfwx);
```

把上述计算得到的重力差和磁力差进行积分运算,并将积分的结果累加到陀螺仪的数据中,用于修正陀螺仪数据。

```
//如果启用,则计算并应用积分反馈
if(twoKi>0.0f)
{
    ntegralFBx+=twoKi*halfex*(1.0f/sampleFreq);
    //由 Ki 缩放的积分误差
    integralFBy+=twoKi*halfey*(1.0f/sampleFreq);
    integralFBz+=twoKi*halfez*(1.0f/sampleFreq);
    gx+=integralFBx;            //应用积分反馈
    gy+=integralFBy;
    gz+=integralFBz;
}
else
{
    integralFBx=0.0f;            //防止积分结束
    integralFBy=0.0f;
    integralFBz=0.0f;
}
```

其中,K_i 为积分系数;sampleFreq 为解算的采样频率,设为 500Hz;如果将 twoKi 参数设置为 0,则忽略积分运算。

把上述计算得到的重力差和磁力差进行比例运算,并将结果累加到陀螺仪的数据中,用于修正陀螺仪数据。

```
//应用比例反馈
gx+=twoKp*halfex;
gy+=twoKp*halfey;
gz+=twoKp*halfez;
//整合四元数的变化率
gx*=(0.5f*(1.0f/sampleFreq));    //预倍增共同因素
gy*=(0.5f*(1.0f/sampleFreq));
gz*=(0.5f*(1.0f/sampleFreq));
```

其中,K_p 为比例系数,决定了在运动过程中姿态的实时响应速度;sampleFreq 为解算的采样频率,设为 500Hz。

通过上述的运算,可得到加速度计和磁力计修正后的陀螺仪数据,接下来把修正后的陀螺仪数据整合到四元数中。

```
//整合四元数的变化率
qa=q0;
qb=q1;
```

```
qc=q2;
q0+=(-qb*gx-qc*gy-q3*gz);
q1+=(qa*gx+qc*gz-q3*gy);
q2+=(qa*gy-qb*gz+q3*gx);
q3+=(qa*gz+qb*gy-qc*gx);
```

把上述运算后的四元数进行归一化处理，即可得到坐标系转化后的新四元数。

```
//规范化四元数
recipNorm=invSqrt(q0*q0+q1*q1+q2*q2+q3*q3);
q0*=recipNorm;
q1*=recipNorm;
q2*=recipNorm;
q3*=recipNorm;
```

至此，我们得到了 9 轴数据融合出的四元数（$q0$、$q1$、$q2$ 和 $q3$）。这组四元数将在转化为欧拉角时使用。

7.4.3　四元数到欧拉角的转换

四元数转换为欧拉角的公式如下：

$$\text{Pitch} = \left\{ a\tan 2\left[2.0f*(q[0]*q[1]+q[2]*q[3]), 1-2.0f*(q[1]*q[1] \right.\right.$$
$$\left.\left. +q[2]*q[2]) \right] \right\} *180/M\_PI$$

$$\text{Roll} = -safe\_a\sin\left[2.0f*(q[0]*q[2]-q[3]*q[1]) \right]*180/M\_PI$$

$$\text{Yaw} = -atan2(2*q1*q2+2*q0*q3, -2*q2*q2-2*q3*q3+1)*180/M\_PI$$

其实上述 3 个公式的核心就是将一次的姿态变换分别用四元数矩阵和欧拉角矩阵表示出来，由于这两个矩阵是等价的，即对应元素都相等，通过简单的对比运算就可以得到上述的 3 个公式。

IMU 与 AHRS 结合的欧拉角公式如下：

$$\text{Pitch} = \left\{ atan2\left[2.0f*(qa0*qa1+qa2*qa3), 1-2.0f*(qa1*qa1+qa2*qa2) \right] \right\} *180/M\_PI$$

$$\text{Roll} = -safe\_a\sin[2.0f*(qa0*qa2-qa3*qa1)]*180/M\_PI$$

$$\text{Yaw} = -a\tan 2(2*q1*q2+2*q0*q3, -2*q2*q2-2*q3*q3+1)*180/M\_PI$$

仔细观察上述的欧拉角公式，不难发现，在 Pitch 和 Roll 的四元数转换上，公式使用的是 6 轴融合解算出的四元数（$qa0$、$qa1$、$qa2$ 和 $qa3$），航向角 Yaw 在公式上使用的是 9 轴融合解算出的四元数（$q0$、$q1$、$q2$ 和 $q3$）。这两者在程序本质上的区别在于 9 轴融合了磁力计数据对陀螺仪数据进行补偿和修正。（**注意**：磁力计容易受外界磁场干扰，如果在 Pitch 和 Roll 的欧拉角转换中使用带有磁力计补偿的四元数，在某些情况下会对 Pitch 和 Roll 产生影响，导致欧拉角计算出错，四旋翼无人机的控制也会相应出错，随时面临炸机的可能。）

从以上控制算法中可知，无人机的平衡飞行控制主要依赖于 Pitch 和 Roll 的实时反馈信息，为了避免控制环中反馈出错，在欧拉角的转化中，Pitch 和 Roll 采用 6 轴融合解算出的四元数，而 Yaw 采用 9 轴融合解算出的四元数。这样既保证了俯仰角和横滚角的数据稳定，又为无人机赋予了航向。当磁力计经强磁干扰，航向发生变化时，需对磁力计画 "8" 校准，将传感器的磁场球心重新拉回原点。

7.5　四旋翼飞行原理

　　四旋翼无人机有 4 个螺旋桨（前、后、左、右各有一个），也称四轴无人机，是结构最简单的无人机。位于上机架中心的飞控板接收来自遥控端或视觉模块的控制信号，并在收到控制信号后通过数字的控制方法控制 4 个电调，再通过电调把控制命令转化为电动机的转速，以达到操作者的控制要求。

7.5.1　四旋翼的结构

　　四旋翼无人机通过改变自身 4 个旋翼的转速，可以比较灵活地进行各种飞行动作。其主要依据的运动原理是力的合成与分解，以及空气转动扭矩的反向性。

　　四旋翼无人机通过输出 PWM 来调节 4 个电动机的转速以改变各个旋翼的转速，实现各个桨叶的升力变化，从而控制四旋翼的姿态和位置。在了解飞行原理之前，要确定无人机的硬件结构，不同的硬件结构决定了无人机的控制模型也会发生改变。四旋翼无人机通常在结构上有两种模式，即"+"字模式和"×"字模式，如图 7-21 所示，两种模式的控制原理不同。

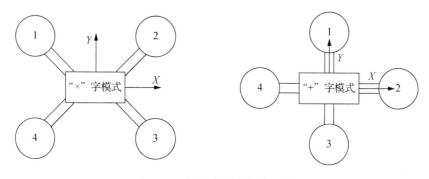

图 7-21　四旋翼无人机的结构

　　图 7-21 中的 4 个旋翼（1、2、3、4）对称分布在机体的前、后、左、右 4 个方向，4 个旋翼处于同一高度平面，且 4 个旋翼的结构和半径都相同。需要注意的是，4 个旋翼中一对桨叶为正桨，另一对桨叶为反桨，4 个电动机对称地安装在无人机的支架端，支架中间安放飞控板，这是最基本的四旋翼无人机的硬件结构。为了理解四旋翼无人机飞控板安装的两种方式，我们将图 7-21 中的 4 个电动机分为对角的 1、3 和 2、4 两组，图中的 X、Y 代表欧拉角中的俯仰角和横滚角，即 Pitch 和 Roll。欧拉角的计算之前的章节中已经详细地讲述过了，而解算得出的欧拉角与四旋翼对轴两个电动机的夹角就决定了四旋翼是"×"字模式还是"+"字模式。

　　"×"字模式：Pitch 和 Roll 与 1、3 和 2、4 两组电动机呈 45° 夹角。

　　"+"字模式：Pitch 对应电动机 2、4 的对轴，Roll 对应电动机 1、3 的对轴，夹角为 0°。

　　两者最大的区别在控制上，"×"字模式的对轴平衡控制（Pitch 轴或 Roll 轴平衡在一个设定的角度）需要同时控制 4 个电动机；而"+"字模式的对轴平衡控制只需要控制对边两个电动机的平衡，控制原理较为直观。

两者之间各有优势，"+"字模式的四旋翼较为灵活，"×"字模式的四旋翼稳定性较高，"×"字模式的飞行控制比"+"字模式更难一些。为了保证稳定性，Bird-Drone 系列无人机采用了"×"字模式结构，如图 7-22 所示。

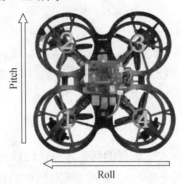

图 7-22　Bird-Drone 无人机结构

7.5.2　四旋翼的飞行原理

四旋翼无人机通过调节 4 个电动机的转速改变旋翼的转速，通过 4 个旋翼升力的变化控制无人机的姿态和位置。四旋翼无人机有 4 个输入（4 个电动机的转速）、6 个状态输出（6 个方向的运动），是一种欠驱动系统。当四旋翼无人机的电动机 1 和电动机 3 逆时针旋转时，电动机 2 和电动机 4 顺时针旋转，陀螺效应和空气动力扭矩效应相互抵消，因此当无人机平衡飞行时，4 个旋翼的状态如图 7-23 所示。

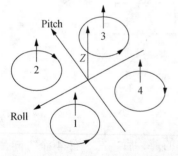

图 7-23　四旋翼平衡飞行的力学示意图

注意：Pitch 正方向为向前飞行的方向，Roll 正方向为向左飞行的方向。电动机 1 和电动机 3 做顺时针旋转，电动机 2 和电动机 4 做逆时针旋转。箭头在旋翼的运动平面上方表示此电动机转速提高，在下方表示此电动机转速下降。

四旋翼无人机的控制原理是，当没有外力并且四旋翼的重心在中心点时，4 个螺旋桨以相同的转速转动，当螺旋桨产生的拉力大于重力时，四旋翼就会向上飞行，当螺旋桨产生的拉力等于重力时，四旋翼就会在空中悬停。为了让四旋翼保持水平悬停状态，当四旋翼的某个旋翼受到向下的外力时，相应的电动机会加速旋转，以抵消外力的影响从而保持水平。当需要控制四旋翼向某个方向飞行时，前进方向的两个电动机需要减速，后方的两个电动机需要加速，这样，4 轴就会向前进方向倾斜，也相应地向前飞行。当需要控制四旋翼的机头顺时针转动时，四旋翼要在加快电动机 1、3 转速的同时降低电动机 2、4 的转速。

1. "×"字模式与"+"字模式的飞行原理

简单地了解了四旋翼飞行的力学模型后，我们再次对"×"字模式和"+"字模式两个四旋翼结构进行原理上的分析。

通过对比图 7-23 和图 7-24 不难发现，如果想让四旋翼往 Pitch 轴的正方向飞行，"+"字模式只需要降低电动机 2 的转速、加快电动机 4 的转速，并不需要改变电动机 1、3 的转速；而"×"字模式则需要同时将电动机 2、3 进行减速，电动机 1、4 进行加速，才能完成向 Pitch 轴正方向飞行的任务。

"×"字模式虽然在控制上比较复杂，但它的抗干扰能力更强一些。试想四旋翼在飞行过程中，遇到了气流干扰，"+"字模式只能调节两个电动机来抗干扰，而"×"字模式可以调节 4 个电动机来抗干扰。

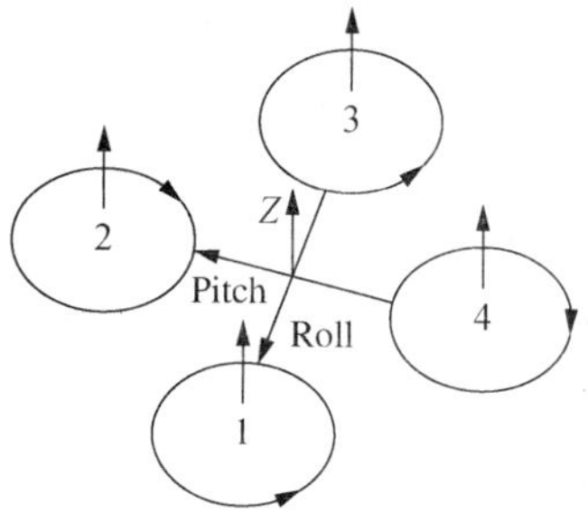

图 7-24　"+"字模式的四旋翼飞行力学示意图

2. 四旋翼的 6 种飞行状态

与直升机相比，四旋翼飞行器有下列优势：各个旋翼对机身所施加的反扭矩与旋翼的旋转方向相反，因此当电动机 1 和电动机 3 逆时针旋转的同时，电动机 2 和电动机 4 顺时针旋转，可以平衡旋翼对机身的反扭矩。四旋翼飞行器在空间共有 6 个自由度（分别沿 3 个坐标轴做平移和旋转动作），这 6 个自由度的控制都可以通过调节不同电动机的转速来实现。

其基本运动状态有以下 6 种：垂直运动、俯仰运动、翻滚运动、航向运动、前后运动、侧向运动。

（1）垂直运动

四旋翼的垂直运动如图 7-25 所示，在四旋翼完成 4 轴平衡的条件下，同时增加 4 个电动机的输出功率，旋翼转速增加使总的拉力增大，当总拉力足以克服四旋翼无人机受到的重力时，四旋翼飞行器便离地垂直上升；反之，同时减小 4 个电动机的输出功率，四旋翼飞行器则垂直下降，直至平衡落地，实现了沿 Z 轴的垂直运动。当外界扰动量为零时，在旋翼产生的升力等于飞行器的自身的重力时，飞行器便保持悬停状态。

（2）俯仰运动

四旋翼的俯仰运动如图 7-26 所示，在四旋翼完成 4 轴平衡的条件下，在图 7-26 中，电动机 1、4 的转速上升，电动机 2、3 的转速下降（改变量大小应相等，在 PID 程序的实现中也有体现），产生的不平衡力矩使机身绕 Roll 轴旋转，同理，当电动机 1、4 的转速下降，电动机 2、3 的转速上升时，机身便绕 Roll 轴向另一个方向运动，实现飞行器的俯仰运动。

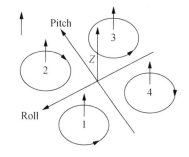

图 7-25　四旋翼的垂直运动示意图

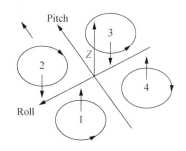

图 7-26　四旋翼的俯仰运动示意图

（3）翻滚运动

与图 7-26 的原理相同，在图 7-27 中，在四旋翼完成 4 轴平衡的条件下，提高电动机 3、4 的转速，降低电动机 1、2 的转速，则可使机身绕 Pitch 轴的正向或反向进行运动，实现飞行器的翻滚运动。

（4）航向运动

需要注意的是，四旋翼需要进行航向运动必须在姿态解算的过程中带有磁力计，带有磁力计补偿的欧拉角才有绝对的航向，否则无人机的航向是随机的，并且会不停地漂，并没有较大的控制意义。旋翼转动过程中由于空气阻力作用会形成与转动方向相反的反扭矩，为了克服反扭矩的影响，可使 4 个旋翼中的两个旋翼正转，两个旋翼反转，且对角线上的旋翼转动方向相同。反扭矩的大小与旋翼的转速有关，当 4 个电动机的转速相同时，4 个旋翼产生的反扭矩相互平衡，四旋翼不发生转动；当 4 个电动机的转速不完全相同时，不平衡的反扭矩会引起四旋翼转动。在图 7-28 中，当电动机 1、3 的转速上升，电动机 2、4 的转速下降时，旋翼 1 和旋翼 3 对机身的反扭矩大于旋翼 2 和旋翼 4 对机身的反扭矩，机身便在富余反扭矩的作用下绕 Z 轴转动，实现飞行器的航向运动，转向与电动机 1、3 的转向相反。

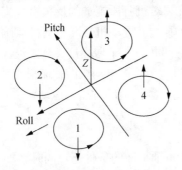

图 7-27　四旋翼的翻滚运动示意图

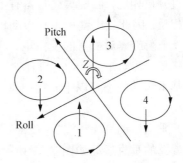

图 7-28　四旋翼的航向运动示意图

（5）前后运动

如果想要实现四旋翼无人机在水平面内前后、左右运动，必须在水平面内对飞行器施加一定的力。在图 7-29 中，增加电动机 1、4 的转速，使拉力增大，相应减小电动机 2、3 的转速，使拉力减小，同时反扭矩仍然要保持平衡。按图 7-26 的理论，飞行器首先发生一定程度的倾斜，使旋翼拉力产生水平分量，因此可以实现无人机的前飞运动。向后飞行与向前飞行正好相反（在图 7-26 和图 7-27 中，无人机在产生俯仰、翻滚运动的同时也会产生沿 Pitch、Roll 轴的水平运动）。

（6）侧向运动

在图 7-30 中，由于 Bird-Drone 系列的无人机结构是完全对称的，所以侧向飞行的工作原理与前后运动完全一样。

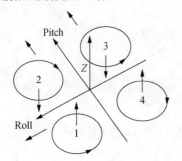

图 7-29　四旋翼的前后运动示意图

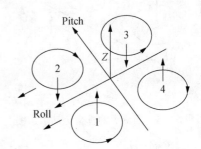

图 7-30　四旋翼的侧向运动示意图

总结上述 6 个运动状态，有了俯仰运动后才有前进和后退运动，有了翻滚运动后才有侧向运动，而垂直运动和航向运动是两个分离的运动状态。

在控制四旋翼无人机飞行时，有如下技术难点。

1）在飞行过程中它不仅容易受到各种物理上的干扰，还很容易受到气流、磁场等外部环境的干扰，使无人机的动态性能受到影响。

2）微型四旋翼无人飞行器是一个具有 6 个自由度，但只有 4 个控制输入的欠驱动系统。它具有多变量、非线性、强耦合和干扰敏感的特性，使飞行控制系统的设计变得非常困难。

3）利用陀螺仪进行物体姿态检测需要进行累计误差的消除，怎样建立误差模型和通过组合导航修正累积误差是一个工程难题，而 Bird-Drone 无人机采用先进的滤波算法解决了姿态解析的问题。

这 3 个问题解决成功与否，是实现微型四旋翼无人飞行器自主飞行控制的关键，具有非常重要的研究价值。

7.6　四旋翼中的 PID

7.6.1　认识 PID

1. PID 控制的原理和特点

在工程实际中，应用最为广泛的调节器控制规律为 PID 控制，又称 PID 调节。PID 控制器以其结构简单、稳定性好、工作可靠、调整方便而成为工业控制的主要技术之一。当被控对象的结构和参数不能完全掌握或得不到精确的数学模型，且控制理论的其他技术难以采用时，系统控制器的结构和参数必须依靠经验和现场调试来确定，这时应用 PID 控制技术最为方便。也就是说，当我们不完全了解一个系统和被控对象，或不能通过有效的测量手段来获得系统参数时，最适合用 PID 控制技术。PID 控制，实际中也有 PI 和 PD 控制。PID 控制器就是根据系统的误差，利用比例（proportion）、积分（integral）、微分（derivative）计算出控制量进行控制的。

自动控制系统的特点如下。

1）稳定性（P 和 I 降低系统稳定性，D 提高系统稳定性）：指在平衡状态下，系统受到某个干扰后，经过一段时间其被控量可以达到某一稳定状态。

2）准确性（P 和 I 提高稳态精度，D 无作用）：指系统处于稳态时，其稳态误差小。

3）快速性（P 和 D 提高响应速度，I 降低响应速度）：指系统对动态响应的要求，一般由过渡时间的长短来衡量。

4）动态特性（暂态特性，由系统惯性引起）：指系统突加给定量（或负载突然变化）时，其系统输出的动态响应曲线，包括延迟时间、上升时间、峰值时间、调节时间、超调量和振荡次数。在通常情况下，上升时间和峰值时间用来评价系统的响应速度；超调量用来评价系统的阻尼程度；调节时间同时反应响应速度和阻尼程度。

5）稳态特性：指在参考信号输出下，经过无穷时间，其系统输出与参考信号的误差。影响因素有系统结构、参数和输入量的形式等。

2. PID 控制方法

在了解 PID 及其公式含义之前，我们先来了解几个常用的术语符号的含义：$u(t)$——控制器的输出值，$e(t)$——控制器输入与设定值之间的误差，K_p——比例系数，K_i——积分系数，K_d——微分系数，dt——调节周期，SP——需要调节的目标值。

（1）增量式 PID 与位置式 PID

PID 一般有两种：位置式 PID 和增量式 PID。在小车里一般用增量式 PID 控制，无人机上一般使用位置式 PID 控制。位置式 PID 的输出与过去的所有状态有关，计算时要对 $e(t)$（每一次的控制误差）进行累加，这个计算量非常大，对于小车来说没有必要，但是对于无人机来说我们需要关注过去的姿态来纠正现在的姿态。而且小车的 PID 控制器的输出并不是绝对数值，而是一个 Δ，代表增多少、减多少。换句话说，通过增量式 PID 算法，每次输出的是 PWM 要增加多少或要减小多少，而不是 PWM 的实际值；通过位置式 PID 算法，每次输出的是 PWM 的实际输出量。

（2）比例控制

比例（P）控制是常用的控制手段之一，如控制一个加热器（恒温为 100°），当开始加热时，离目标温度相差比较远，这时通常会加大加热力度，使温度快速上升，当温度超过 100° 时，则关闭输出（加热），通常会用到如下函数。

$$e(t) = SP - y(t) \tag{7-1}$$

$$u(t) = e(t) * K_p \tag{7-2}$$

式中，SP 为设定值；$e(t)$ 为误差值；$y(t)$ 为反馈值；$u(t)$ 为输出值；K_p 为比例系数。

滞后性不是很大的控制对象使用比例控制方式就可以满足控制要求，但很多被控对象中因为有较大的滞后性，也即我们所说的"惯量"较大的系统，则不宜只采用比例控制方式。

例如，在控制加热器时，如果设定温度为 200℃，当采用比例方式控制时，如果 K_p 选得比较大，则会出现当温度达到 200℃ 时输出为 0 后，温度仍然会继续向上爬升，如升至 230℃。当温度超过 200℃ 太多后又开始回落，尽管这时输出开始出力加热，但温度仍然会向下跌落一定的温度后才会止跌回升，如降至 170℃，最后整个系统会稳定在一定的范围内进行振荡。

所以总结来说，具有 P 控制的系统，其稳态误差可通过 P 控制器的增益 K_p 来调整：K_p 越大，稳态误差越小；反之，稳态误差越大。但是随着 K_p 的增大，其系统的稳定性会降低。

由式（7-2）可知，控制器的输出值 $u(t)$ 与输入误差信号 $e(t)$ 成比例关系，偏差减小的速度取决于比例系数 K_p：K_p 越大，偏差减小得越快，但是很容易引起振荡（尤其是在前向通道中存在较大的时滞环节时）；K_p 越小，发生振荡的可能性越小，但是调节速度变慢。单纯的 P 控制无法消除稳态误差，所以必须要引入积分（I）控制。

如果这个振荡的幅度是允许的，如家用电器的控制，则可以选用 P 控制，但是如果针对无人机这种无法允许一次超调节的系统（因为一次超过量的调节意味着飞机会产生侧翻，就会引起毁灭性的坠机，无法再做恢复），就无法只使用 P 调节，还需要加上积分调节和微分调节，使系统更加稳定。

（3）比例微分控制

微分（D）控制可以反映输入信号的变化趋势，具有某种预见性，可为系统引入一个有效的早期修正信号，以增加系统的阻尼程度，从而提高系统的稳定性。常见的公式如下：

$$u(t) = K_p e(t) + K_d \frac{[e(t) - e(t-1)]}{dt} + u_0 \tag{7-3}$$

式中，$u(t)$ 为输出；K_p 为比例放大系数；K_d 为微分时间常数；$e(t)$ 为误差；t 为微分时间；u_0 为控制量基准值（基础偏差）。

在微分控制中，控制器的输出与输入误差信号的微分（即误差的变化率）成正比。自动控制系统在克服误差的调节过程中可能会出现振荡，甚至失稳。其原因是，由于存在较大惯性组件（环节）或滞后组件，具有抑制误差的作用，其变化总是落后于误差的变化。解决的办法是使抑制误差的作用变化"超前"，即在误差接近零时，抑制误差的作用就应该是零。这就是说，在控制器中仅引入比例项往往是不够的，比例项的作用仅是放大误差的幅值，而目前需要增加的是微分项，它能预测误差变化的趋势，这样，具有比例+微分（PD）的控制器，就能够提前使抑制误差的控制作用等于零，甚至为负值，从而避免被控量的严重超调。所以对有较大惯性或滞后的被控对象，比例+微分控制器能改善系统在调节过程中的动态特性。

PD 参数的一般整定方法如下。

1）首先将 K_d 设置为 0，调节 P 参数至系统产生等幅小振荡。

2）判断 K_d 的正负，微分的作用是抑制比例作用，所以 K_d 的方向应该与 K_p 的方向相反。

3）不断地加大 K_d，使系统的振荡逐步减小，并稳定在设定值附近的一个值即可。

PD 调节起不了消除静差的作用，只能将系统迅速稳定下来，并且具有较强的抗干扰性，所以如果需要一个无静差系统，则需要加入积分环节。

（4）比例积分控制

积分的存在是针对比例控制存在稳态误差和等幅振荡的这种特点提出的改进，它常与比例一起进行控制，也就是 PI 控制。在保证系统稳定的前提下，引入 PI 控制器可以提高它的稳态控制质量，消除其稳态误差。

其公式有很多种，但大多差别不大，标准公式如下：

$$u(t) = K_p e(t) + K_i \int_0^t e(t)\mathrm{d}t + u_0 \tag{7-4}$$

式中，$u(t)$ 为输出；K_p 为比例放大系数；K_i 为积分时间常数；$e(t)$ 为误差；u_0 为控制量基准值（基础偏差）；t 为积分时间。

通过式（7-4）可知，积分项是一个历史误差的累积值，如果只用比例控制时，要么是达不到设定值要么是振荡，在使用了积分项后就可以解决达不到设定值的静态误差问题。如一个控制中使用了 PI 控制后，原本系统存在静态误差，输出始终达不到设定值，这时积分项将误差随时间做累加，随着时间值的增大误差会越来越大，累积值乘上 K_i 后会在输出的比例中越占越多，使输出越来越大，最终达到消除静态误差的目的。当达到设定值后，误差变负，积分项开始递减，使输出值最终稳定在设定值附近。另外，需要注意的是要设置积分上限以防止积分无限增大。

PI 参数的一般整定方法如下。

1）先将 I 值设为 0，将 P 值设得比较大，当出现稳定振荡时，再减小 P 值，直到不振荡或振荡很小为止（术语叫临界振荡状态）。在有些情况下，我们还可以在这个基础上将 P 值再加大一点。

2）加大 I 值，直到输出达到设定值为止。

3）再复位系统，查看系统的超调是否过大，达到目标值的速度是否太慢。

通过上面的调试，我们可以看到 P 值主要用来调整系统的响应速度，但太大会增大超调量和稳定时间；而 I 值主要用来减小静态误差。积分调节可以消除静态误差，但有滞后现象，比例调节没有滞后现象，但存在静态误差。

PI 调节就是综合 P、I 两种调节的优点，利用 P 调节快速抵消干扰的影响，同时利用 I 调节消除残差。

（5）比例积分微分控制

因为 PI 系统中 I 的存在会使整个控制系统的响应速度受到影响，为了解决这个问题，我们在控制中增加了微分项，微分项主要用来解决系统的响应速度问题，其完整的公式如下：

$$u(t) = K_p e(t) + K_i \int_0^t e(t)\mathrm{d}t + K_d \frac{[e(t) - e(t-1)]}{\mathrm{d}t} + u_0 \tag{7-5}$$

观察 PID 的公式可以发现：K_p 乘以误差 $e(t)$ 用于消除当前误差；积分项系数 K_i 乘以误差 $e(t)$ 的积分，用于消除历史误差积累，以达到无差调节；微分项系数 K_d 乘以误差 $e(t)$ 的微分，用于消除误差变化，也就是保证误差恒定不变。由此可见，P 控制是调节系统中的核心，用于消除系统的当前误差，I 控制为了消除 P 控制余留的静态误差而辅助存在，D 控制所占的比例最少，只是为了增强系统的稳定性和阻尼程度，以及修改 PI 曲线使超调更少而辅助存在。

PID 参数的一般整定方法如下。

1）关闭 I 和 D，也就是将它们设为 0，加大 P，使其产生振荡。

2）减小 P，找到临界振荡点。

3）加大 I，使其达到目标值。

4）重新上电，查看超调、振荡和稳定时间是否符合要求。

5）针对超调和振荡的情况适当地增加一些微分项。

注意：所有调试均应在最大承载的情况下进行，这样才能保证调试完的结果在全工作范围内均有效。

（6）工程实际中的 PID 概念

了解了以上 PID 的基本概念以后，我们还需要再了解几个工程实际中使用 PID 的概念。

1）单回路：是指只有一个 PID 的调节系统。

2）串级：把两个 PID 串接起来，形成一个串级调节系统，又叫双回路调节系统。

3）主调：在串级调节系统中，调节被调量的 PID 称为主调，直接指挥执行器动作的 PID 称为副调。主调的控制输出进入副调作为副调的设定值。一般来说，主调的作用是调节被调量，副调的作用是消除干扰。

4）正作用：对于 PID 调节器来说，输出随着被调量的增高而增高，或随着被调量的减少而减少的作用叫作正作用。

5）负作用：对于 PID 调节器来说，输出随着被调量的增高而减少，或随着被调量的减少而增高的作用叫作负作用。

6）动态偏差：在调节过程中，被调量和设定值之间的偏差随时改变，任意时刻两者之间的偏差叫作动态偏差，简称动差。

7）静态偏差：调节趋于稳定之后，被调量和设定值之间的偏差叫作静态偏差，简称静差。

8）回调：调节器使被调量由上升变为下降，或由下降变为上升的趋势称为回调。

9）阶跃：曲线出现垂直上升或下降时称为阶跃，这种情况在异常情况下是存在的，如人为修改数值或短路开路。

7.6.2　了解四旋翼中的 PID

在工程实际中，使用 PID 时需要先对受控对象加以分析，观察受控对象是大惯量系统还是小惯量系统，干扰源是什么类型，可输出的最大调解率、PID 级数等，以便选择最合适的 PID 参数控制无人机的平稳飞行。

这里我们通过各个指标一一对无人机系统进行分析。

1. 响应频率

我们先通过一个通俗易懂的例子来了解一下响应频率。如果一个 LED 灯以 1Hz 的频率闪烁，我们可以观察到它在闪烁，如果一个 LED 灯以 5Hz 的频率闪烁，我们依然可以观察到它在闪烁，但是如果一个 LED 灯以 100Hz 的频率闪烁，我们就无法看到它在闪烁。这是因为人眼的视觉残留无法观察到那么快频率的闪烁，因为人眼对光线的变化频率响应是有一定界限的，大概为 10Hz，高于这个频率的闪烁，我们将视作没有闪烁，这个数值也称为人眼的响应频率。

同样，针对一个被控对象，如果我们知道它的响应频率，也就是知道它是属于大惯量系统还是小惯量系统，感性地认识这一点，对于操控系统的设计来说非常重要。下面举两个例子，以说明大惯量系统和小惯量系统。

1）在工程中使用电热丝对水进行加热，初始水温为 23℃。将 100%的输出功率加在电热丝上，观察水温的变化情况，会发现水温上升非常慢，当温度达到 60℃时，关闭电热丝输出，会发现水温还在继续上升，需要很长一段时间，才可以回降到初始水温。这种被控量（温度）无法随着输出（电热丝加热）的开关，马上发生变化，那么它的响应频率就非常低，为 0.01～0.1Hz，甚至更低。

2）在自动控制中有一种模型叫作倒立摆，现在应用最多的是两轮平衡小车，如图 7-31 所示。这个模型其实是由一个可平行移动的载体（可使用小车）与一个细长的刚体组成的，两者之间使用单向活动的铰链连接。在自然状态下，刚体会自由倒下，但经过载体的平行运动，加上自动控制算法，可使刚体保持在垂直地面，不会倒下，并且可以抗击一定的外力干扰，形成一种类似不倒翁的效果。观察这种模型会发现，载体的轻微运动就可以引起受控对象（刚体）的剧烈振荡，因此这样的系统就与上一个例子的温度不太一样，在外界施加输出产生变化（我们多以阶跃信号作为测试）时，系统跟随变化的响应频率明显变得很高。

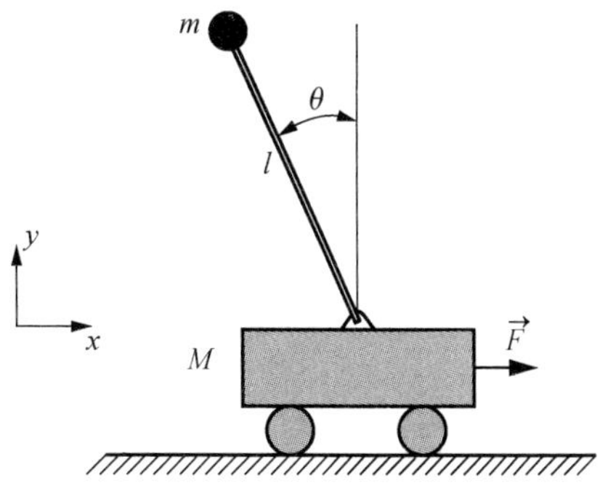

图 7-31　倒立摆模型

其实生活中有很多种控制与受控的例子，如保持身体的平衡、控制自行车的平衡、控制开车的速度等。那么，无人机的响应频率又是如何的呢？

其实，无人机的平衡控制与两轮平衡小车的平衡控制有异曲同工之妙，本书将无人机的平衡控制拆解为两个对轴平衡控制，因为它们都是由双或四电动机控制载体平衡的模型，只是一个受地面负载影响，一个受空气动力负载影响。

因此无人机的控制有以下特点。

1）超调过大直接导致坠机，无法恢复。

2）由于在空中的运动综合阻尼小，输出波动对载体的姿态影响很大。

3）多组电动机共同决定姿态，多电动机差值是单电动机输出的倍数或更多。

4）干扰源由风阻、自身风涡流等复杂情况决定。

综上所述，我们可以断定的是，无人机的惯量较小、容错率也很小、干扰源复杂，所以在设计无人机控制系统时，一定要从这几方面综合考虑。

2. PID 算法结构

常用的 PID 算法结构有单环 PID 和串级 PID。单环 PID 只对一组反馈和输入进行 PID 计算并输出给执行机构。一般单环 PID 只控制被控对象的一个物理特征，如无人机的姿态角。单环 PID 的控制品质较低，如果需要进一步增加系统的抗干扰能力和阻尼，则需要引入串级 PID 控制。在无人机应用中，姿态角的控制便是应用串级 PID 控制，角度/角速度的 PID 控制算法，增加了无人机的稳定性和控制品质。

在无人机的控制中还有一种 PID 结构——多级 PID。多级 PID 指的是多组单环 PID 和串级 PID 的输出进行叠加最终在一个执行机构上进行输出。例如，高度环的 PID、位置环的 PID 和姿态环的 PID，它们的执行机构都是 4 个电动机，那么 3 组 PID 的输出就要进行叠加，这就是所谓的多级 PID 结构。

PID 是无人机的一种控制方法，无人机的基础运动控制主要分为 3 类，即平衡控制、航向控制和定高控制。

（1）平衡控制

无人机的平衡控制可分解为两个轴的平衡控制，即 Roll 轴控制与 Pitch 轴控制，也就是欧拉角中横滚角的控制与俯仰角的控制，其主要的控制方法为角度/角速度的内外环串级 PID 控制方法。

无论是 Pitch 还是 Roll，两个对轴的控制都需要 4 个电动机来控制，这就是"×"字模式四旋翼的特点。在无人机的平衡控制中，初学者一般会认为，只要 PID 整定对轴角度平衡即可，但是其单环 PID 的物理模型鲁棒性较差，抗干扰能力很弱，所以在对轴平衡上我们引入了串级 PID 角度/角速度的内外环控制（图 7-32）。这里简单分析一下角度/角速度内外环控制的物理意义。

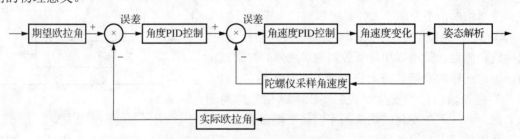

图 7-32　内外环姿态控制框图

内环角速度环的作用是使四旋翼在任意位置保持角速度为 0，其状态就是在任意位置保持静止状态。外环角度环的作用是在保证角速度稳定的情况下，使四旋翼在设定的角度保持稳定。其内环起到抗干扰和稳定的作用。

在学习的过程中，可以对比单环与内外环控制的效果，以此来总结串级 PID 的控制优点，更加深刻地了解内外环控制。

如果是串级调节系统，在整定参数时，一般把主、副调节隔离开，先整定一个回路，再全面考虑。一般而言，先整定内回路，后整定外回路。在 PID 整定中，需要把 PID 参数隔离开，先去掉积分、微分作用，使系统变为纯比例调节方式，再考虑微分，最后考虑积分。

Bird-Drone 无人机教学平台的对轴平衡云台可以对 Roll 轴和 Pitch 轴进行反复 PID 调试，其主要步骤如下。

1）将无人机旋转为 Pitch 轴所在方向，并将无人机固定在对轴平衡云台上。

2）调节无人机 Pitch 轴上内环角速度环的 PID 参数，使无人机在调试平台上能达到随意打舵的效果，即在任意位置能保持角速度为 0，且响应速度较快。

3）调节无人机 Pitch 轴上外环角度环的 PID 参数，使无人机在调试平台上能进行 ±10° 内的任意角度控制，且响应速度较快，抗干扰能力较强，恢复时间较短。

4）再将无人机旋转为 Roll 轴所在方向，并将无人机固定在对轴平衡云台上。

5）调节无人机 Roll 轴上内环角速度环的 PID 参数，使无人机在调试平台上能达到随意打舵的效果，即在任意位置能保持角速度为 0，且响应速度较快。

6）调节无人机 Roll 轴上外环角度环的 PID 参数，使无人机在调试平台上能进行 ±10° 内的任意角度控制，且响应速度较快，抗干扰能力较强，恢复时间较短。

经过以上 6 个步骤的操作后，无人机就达到 4 轴平衡的效果了。

综上，我们可以看出，无人机平衡运动控制分为 Pitch 轴和 Roll 轴上两组不同的 PID 控制，但是它们的输出执行机构都是 4 个电动机，所以两组 PID 将进行多级串联，叠加后在同一个执行机构上进行输出。

（2）航向控制

在了解了如何使无人机达到平衡之后，我们需要考虑的是无人机的航向问题，也就是欧拉角中的 Yaw 角，即航向角。控制航向角的目的是使飞机平稳起飞后，能按照特定的方向飞行。

航向角的控制是另一组独立的 PID 控制。从四旋翼的飞行原理可以看出，对边两个电动机加速，余下的两个电动机减速，就能使四旋翼的航向发生转动，所以控制航向的执行机构还是 4 个电动机，而其控制原理是 Yaw 轴角度/角速度的自稳系统。

这里需要用到多级的级联 PID 去控制四旋翼，也就是在两个对轴平衡的串级 PID 基础上，串联一个 PID 回路，形成一个完整的可以控制欧拉角 3 组数据的控制系统。

控制欧拉角的 PID 结构图如图 7-33 所示。

图 7-33　控制欧拉角的 PID 结构图

（3）定高控制

除了以上的控制需求之外，如果需要使四旋翼做到稳定飞行，尤其是无人遥控的无人机，就需要使四旋翼具备自动定高飞行的功能。而有了此项功能，无人机就可以保持稳定高度的飞行，人们控制油门，实际只是控制一种目标高度，无人机会通过自动控制算法自动稳定在设定的高度。

定高飞行的 PID 同航向控制一样，以一种串级 PID 结构加入整个 PID 控制系统中，也就是在航向控制之后，还需要串级一路定高飞行的 PID。

134

定高飞行的 PID 结构图如图 7-34 所示。

对轴姿态控制 ＋ 航向控制 ＋ 高度控制 ➡ 输出PWM给电动机

图 7-34　定高飞行的 PID 结构图

需要注意的是，在整个系统叠加新的串级 PID 后，需要对个别 PID 参数进行微调整。

通常情况下，高度控制的 PID 实质就是同时加大或减小 4 个电动机的转速，并且依然保持对轴上的平衡，以此达到上升或下降的目的。

（4）利用 PID 控制无人机运动

在平衡控制中所描述的是如何使无人机处于一个平衡稳定的状态，也就是使 PID 中的 *SP* 值保持一个定值，如将 Pitch 角度的目标值设为 0°，就是让 4 个电动机采用 PID 调整算法进行转速调节，使 Pitch 角度保持在 0° 附近。

但是这样的平衡是无法使无人机在空间中产生位移的（这里不考虑由于外界因素导致无人机发生位置偏移），所以，无人机设计者就需要了解无人机的前进、后退等运动是如何产生的。

在空气动力学中，对 4 轴无人机的飞行运动有很多种定义及描述，这里我们从运动控制的角度去理解。一般使用目标值偏移来驱动无人机向一个方向运动，也就是说，目标值不再只是保持 0° 的平衡，而是向一个方向发生偏移，如假设偏移为 5°。由于地心引力的作用，无人机是不会在自然状态下保持一个非零度的航姿停留在空中的，所以，无人机将会利用自身 PID 系统不断努力调整电动机输出的比例来维持这个偏移角，也就是在这个过程中，无人机会收到一个由差速带来的力 F_s，这个力就是驱动无人机向某一方向运动的源头。如图 7-35 所示，无人机的目标值产生了一个角度偏差，那么无人机就会向该角度正向旋转的方向前进。

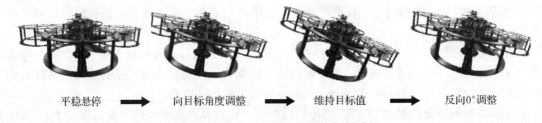

平稳悬停 ➡ 向目标角度调整 ➡ 维持目标值 ➡ 反向0°调整

图 7-35　Bird-Drone 无人机 PID 控制过程

另外，航向角的运动也采用同样的理论。当然，Pitch、Roll、Yaw 3 个角度也可以同时产生偏移目标值，这样就可以复合出多种运动状态，图 7-35 就是 Pitch 和 Roll 复合运动产生的结果。

7.7　四旋翼的姿态控制

这节讲解的 PID 算法属于一种线性控制器，这种控制器被广泛应用于四旋翼上。

7.7.1　对轴 PID 控制理论

Bird-Drone 系列无人机使用的是增量型 PID，公式如下：

$$u(k) = K_p e(k) + K_i \sum_{j=0}^{k} e(j)\mathrm{d}t + K_d \frac{[e(k) - e(k-1)]}{\mathrm{d}t} + u(0) \tag{7-6}$$

式中，$u(k)$ 为第 k 次采样时控制器的输出值；$e(k)[e(j)$，j 的取值为 0~k] 为设定值和当前值的误差；$\mathrm{d}t$ 为控制周期；K_p 为比例系数；K_i 为积分系数；K_d 为微分系数；$u(0)$ 为电机调速的基础量。

在 Bird-Drone 系列无人机的平衡控制中正是运用了这个最基础的 PID 控制器。

1. 平衡系统中的单环 PID 控制

控制四旋翼实质上就是控制它的角度，最简单的控制策略就是角度单环 PID 控制器，如图 7-36 所示。

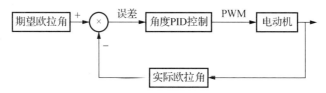

图 7-36　角度单环 PID 控制器

以 "×" 字模型四旋翼为例，首先确定期望姿态角，然后将飞行过程中得到的实时姿态角与期望的姿态角进行对比得到误差，将误差输入 PID 控制器后，控制器的输出改变四旋翼 4 个电动机的转速，以达到预期的姿态角。

注意：电动机的转速是由 PWM 输出间接控制的，说是间接，是因为中间还需要电调做 PWM 到三相电流的转换，当然还需要输出符合驱动电调的 PPM（pulse position modulation，脉位调制）信号。换一种方式来理解就是，500Hz 的 PWM，PWM 占空比越大，电动机的转速越大。如果把 PWM 占空比的大小用一个变量来表示的话，转速就能从 0~1000 有变化地映射出来，这样 0 就代表转速为 0，1000 就代表电动机的最大转速。

在确定了期望姿态角后，平衡系统的输入为姿态角的误差，即期望角度-实际角度，输出量为 4 个通道的 PWM 输出（图 7-37），反馈量是姿态解算出来的实际角度，执行机构为四旋翼的 4 个电动机，4 个电动机对应 4 个输出量。

姿态角的误差 ⟹ PID控制器 ⟹ PWM输出

图 7-37　PID 控制器的输入和输出

了解了单环 PID 的控制器及其输入和输出后，我们再来了解一下 PID 控制器的编程思路。如图 7-38 所示，控制器的输入为飞行器姿态角的误差，输出为 4 个电动机的转速，而反馈则是四旋翼无人机的实际姿态。

对应式（7-6）和图 7-36，我们来推导一下单环 PID 的编程思路：

1）当前角度误差=期望角度-实际角度。

2）PID_P 项=K_p×当前角度误差。

3）PID_I 项=K_i×当前角度误差。

4）对 PID_I 项进行积分限幅。

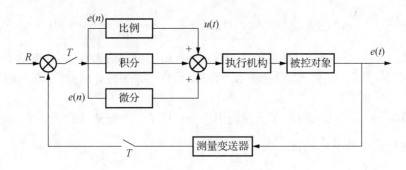

图 7-38 PID 控制环

当前角度的微分原理上为当前角度误差–上一次角度误差。角度的微分就是角速度，所以一般用陀螺仪的角速度数据来替代角度的微分。

5）PID_D 项=K_d×当前角速度的微分（陀螺仪数据）。

6）单环 PID 总输出=PID_P 项+PID_I 项+PID_D 项。

7）得出单环 PID 总输出限幅。

以上就是整个编程的思路，其中需要注意的就是积分限幅。如果没有积分限幅就会出现积分项无限增大的情况，使整个系统的调节能力丧失，积分限幅一定要选择一个较合适的范围，过大会导致系统的滞后性很大，过小则达不到消除静态误差的目的。

现在我们得到了单环 PID 的总输出，那么怎么将这个总输出和电动机的 4 个 PWM 联系起来呢？我们再次回到四旋翼的结构图上（图 7-22），首先根据飞控板上的传感器方向标定 Pitch 和 Roll 的正方向，最后标定 4 个电动机的序号。

从图 7-22 可以看出，四旋翼 Pitch 角度的控制由电动机 2、3 和电动机 1、4 两组电动机配合完成；四旋翼 Roll 角度的控制由电动机 1、2 和电动机 3、4 两组电动机配合完成。根据这个特点顺势可以推出角度单环 PID 的输出与 4 路 PWM 输出之间有如下关系。

1）电动机 1_PWM=−Pitch 单环 PID 总输出−Roll 单环 PID 总输出+电动机转速的基础量。

2）电动机 2_PWM=+Pitch 单环 PID 总输出−Roll 单环 PID 总输出+电动机转速的基础量。

3）电动机 3_PWM=+Pitch 单环 PID 总输出+Roll 单环 PID 总输出+电动机转速的基础量。

4）电动机 4_PWM=−Pitch 单环 PID 总输出+Roll 单环 PID 总输出+电动机转速的基础量。

从上述关系中可以看出，如果想要往 Pitch 正方向飞行，则电动机 2、3 的 PWM 输出应该加上一个负的 Pitch 轴单环 PID 总输出，实则减小了电动机的转速；电动机 1、4 的 PWM 输出加上了一个正的 Pitch 轴单环 PID 总输出，实则增加了电动机的转速，以此来达到向 Pitch 正方向飞行的目的。

2. 单环 PID 控制的参数整定

整个单环 PID 控制器和 4 路 PWM 输出关系建立完成后，剩下的就是整定 K_p、K_i、K_d 3 个参数，以 Pitch 轴为例，其整定方法如下。

首先确定能使四旋翼起飞的基础量 $u(0)$，一般在占空比的 50%左右。

比例的作用是按比例增大控制量，假设检测到 Pitch=15°，此时电动机 1、4 的转速应该增加 15，但是 15 对应的电动机的 PWM 控制量为 0～1000，15 相对于 1000 来说根本没有效果，所以应该把调节量放大。如果 K_p 是 20，那么调节量就变成了 300，电动机 2、3 的输出就等于加了 300，而电动机 1、4 的输出就等于减去了 300。调节后会发现 Pitch 突然从 15° 变成了一个负的角度。这时候 K_p 继续起作用，电动机 2、3 的输出加上了一个负的调节量，而电动机 1、4 的输出加上了一个正的调节量，使 Pitch 的角度再次回正，如此反复就形成了图 7-39 所示的效果，比例调节使系统开始振荡起来。

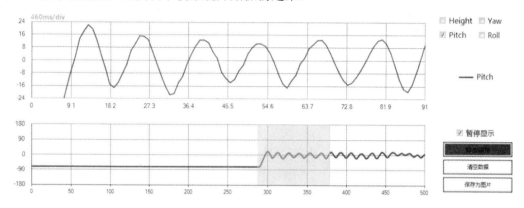

图 7-39　比例控制效果图

那么，如何给定合适的 K_p 呢？K_p 的给定需要遵循从小到大的原则，将系统产生临界振荡的 K_p 设为最终的参数。如果 K_p 过小，则系统不会产生 0° 左右的周期振荡；如果 K_p 过大，系统的振荡过大，不易调节。

微分则是利用上一次与这一次的误差变化来改变这一次的调节量，其值与实际姿态无关，也就是说，即使机身往左偏，微分项也有可能调控电动机使机身更往左偏。引入微分项的主要作用是检测前后两个算法周期的误差变化量。

假设四旋翼要在 0° 保持平衡，算法周期是 10ms，10ms 时 Pitch=20°，经过 PID 调节后，20ms 时 Pitch=18°，30ms 时 Pitch=14°。根据 PID 的公式，微分项为这次的误差减去上次的误差，那么对于微分来说第 1 次误差的变化量为 2，第 2 次误差的变化量为 4，说明系统的调节速度变快了。微分调节的作用最直观的表现是抑制比例调节的作用，减少比例调节产生的振荡，使系统在一个点上保持平稳。微分调节在这里的作用是使调节速度减慢下来，不至于产生过大的超调，所以微分调节的方向与比例调节的方向正好相反。在实际飞行控制中，微分作用会抑制超调，并且更快地使四旋翼平稳下来，比例微分控制效果图如图 7-40 所示。

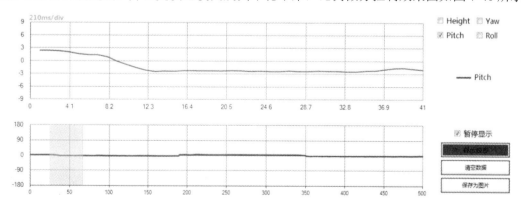

图 7-40　比例微分控制效果图

从图 7-40 中可以看出，曲线稳定在了 -3° 而不是 0°，这就是微分调节的特点，它能使系统快速稳定并增加抗干扰能力，但是比例微分调节只能稳定在一个具有静态误差的值上，所以我们需要积分调节来消除静态误差。

下面我们先来看一下，K_d 过小和 K_d 过大产生的曲线变化。

1）当 K_d 过小时，从图 7-41 中我们可以发现，虽然加上微分调节后明显减少了比例调节的振荡，但是依旧存在一个等幅振荡的波形。这说明微分调节起到的抑制作用还不够，直接地说明了微分参数过小。

2）当 K_d 过大时，从图 7-42 中我们可以发现，曲线稳定在了-10°，比-3°的偏差大得多，这个现象的出现说明微分调节已经盖过了比例调节，往比例调节的反方向去调节了。在四旋翼实际飞行中可以观察到，一旦微分调节过大，整个四旋翼会产生高速的振荡。

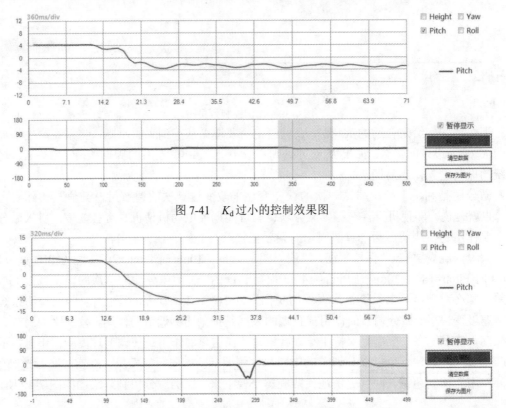

图 7-41　K_d 过小的控制效果图

图 7-42　K_d 过大的控制效果图

在整定完 K_p 和 K_d 两个参数后，我们还需要关注系统的抗干扰能力。当四旋翼在调试架上飞行时，在机架上轻轻一压，便会产生一个干扰，如图 7-43 所示。

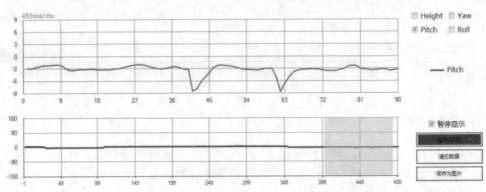

图 7-43　比例微分调节抗干扰能力效果图

　　我们需要观察当四旋翼受到干扰时，恢复到稳定状态所需要的时间。图 7-43 中，系统在一个振荡周期内就完成了调节，表明该系统及参数的抗干扰能力较强。如果系统需要两个振荡周期才能稳定，那么就需要稍微加大 K_d 来增强系统的抗干扰能力。

　　当 K_d 整定完毕后，虽然系统已达到了稳定状态，但我们仍要将 Pitch 控制到 0° 才能在原理上达到平衡。这时候就需要加入积分调节，积分调节的作用是消除系统的静态误差。由于 PID 的计算周期很快，误差积累也会非常快，所以要从小到大增加 K_i。从理论上可以知道，K_i 过小会导致积分时间很长，系统需要较长一段时间才能消除静态误差；K_i 过大会导致系统产生振荡，并且无法稳定下来。

　　如图 7-44 所示，当 K_i 过小时，系统在经过一段缓慢的积分后，使 Pitch 控制到了 0°，虽然已经达到了平衡的效果，但是一旦期望角度发生改变，又将是一个缓慢的调节过程，所以我们需要加大 K_i 参数。

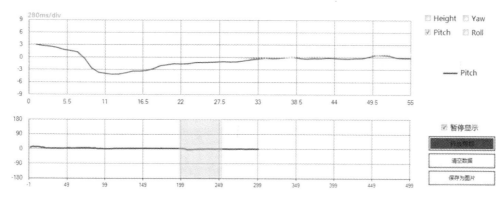

图 7-44　K_i 参数过小的控制效果图

　　如图 7-45 所示，在加大了 K_i 参数后，系统在 200ms 左右就达到了稳态，此时的 K_i 值已经符合了我们的要求。在此基础上再继续加大 K_i，效果如图 7-46 所示。

　　由图 7-46 可以看出，和理论结果一样，一旦 K_i 过大会导致系统产生剧烈振荡，所以选择 K_i 参数时，需要从小到大地增大 K_i，直到其积分速度较快，并且不对整个系统产生振荡为止。至此，整个单环 PID 控制器就整定完成了，大家可以去尝试实际操作，在经验中积累 PID 整定的方法。Roll 的调节方法也与之相似。

　　注意：在调试架上进行参数整定时，需要多人协助，以防止发生危险。

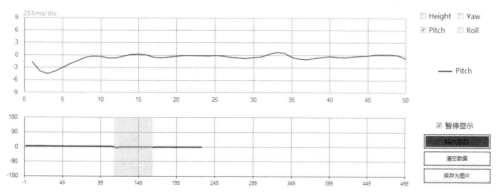

图 7-45　加大 K_i 参数后的控制效果图

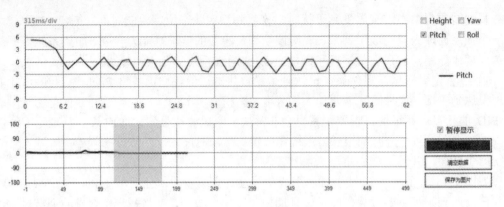

图 7-46　K_i 过大后的控制效果图

3. PID 控制器的抗干扰能力

四旋翼在实际飞行中，会遇到风、磁场、电量减少引起的动力不足等干扰因素，那么我们该怎么测试 PID 控制器和 PID 参数的可靠性呢？

利用我们前面整定的一套参数，当四旋翼在调试平台保持平衡时，在四旋翼 Pitch 轴的一侧轻轻按压后马上松开，四旋翼通过 PID 调节将状态重新恢复到平衡位置。而我们主要关注的是以下两点。

1）四旋翼是否能恢复到原来的平衡状态。

2）恢复到原来平衡状态所需要的时间。

下面我们来实际测试一下，效果如图 7-47 所示。

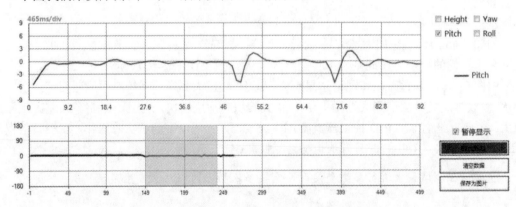

图 7-47　单环 PID 控制器抗干扰能力测试效果图

从图中可以看出，在 PID 参数极致的情况下，角度单环 PID 控制在抗干扰能力上依旧不足，所以我们引入了另外一种 PID 控制器——串级 PID 控制。

4. 平衡系统中的串级 PID 控制

上述角度单环 PID 控制算法仅考虑了飞行器的角度信息，如果想增加飞行器的稳定性（增加阻尼）并提高它的控制品质，还需要进一步控制它的角速度，于是角度/角速度-串级 PID 控制算法应运而生。串级 PID 将两个 PID 控制算法串起来（更精确地说是内外套起来），以增强系统的抗干扰性（也就是增强稳定性），它利用两个控制器控制飞行器，能控制更多的变量，能使飞行器的适应能力更强。

串级 PID 控制器的原理图如图 7-48 所示。串级 PID 控制算法是指将角度 PID 控制器的输出作为角速度 PID 控制器的输入，角速度 PID 控制器的输出给 4 路 PWM。也即用角速度控制内环使四旋翼在任意位置上保持稳定，并且没有转动惯量；用角度控制外环使四旋翼在任意角度上保持平衡。串级 PID 控制器在控制角度的同时又消除了四旋翼的转动惯量，所以该控制算法的抗干扰能力更强。

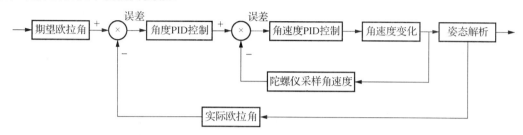

图 7-48　串级 PID 控制器的原理图

对应串级 PID 控制器的原理图，我们来推导一下串级 PID 的编程思路。

1）当前角度误差=期望角度−实际角度。

2）外环 PID_P 项=K_p×当前角度误差。

3）外环 PID_I 项=K_i×当前角度误差。

4）对外环 PID_I 项进行积分限幅。

5）外环 PID_D 项=K_d×(本次角度误差−上次角度误差)/控制周期。

6）外环 PID 总输出=外环 PID_P 项+外环 PID_I 项+外环 PID_D 项。

7）对外环 PID 总输出限幅。

8）当前角速度误差=外环 PID 总输出−当前角速度（期望角速度为 0）。

9）内环 PID_P 项=K_p×当前角速度误差。

10）内环 PID_I 项=K_i×当前角速度误差。

11）对内环 PID_I 项进行积分限幅。

12）内环 PID_D 项=K_d×(本次角速度误差−上次角速度误差)/控制周期。

13）内环 PID 总输出=内环 PID_P 项+内环 PID_I 项+内环 PID_D 项。

14）对内环 PID 总输出限幅。

同时串级 PID 控制器的输出也发生了改变，串级 PID 的输出与 4 路 PWM 的关系如下。

1）电动机 1_PWM=−Pitch 内环 PID 总输出−Roll 内环 PID 总输出+电动机转速的基础量。

2）电动机 2_PWM=+Pitch 内环 PID 总输出−Roll 内环 PID 总输出+电动机转速的基础量。

3）电动机 3_PWM=+Pitch 内环 PID 总输出+Roll 内环 PID 总输出+电动机转速的基础量。

4）电动机 4_PWM=−Pitch 内环 PID 总输出+Roll 内环 PID 总输出+电动机转速的基础量。

从 4 路 PWM 的输出可以看出，该系统同时控制了角度和角速度，其优点是使四旋翼更加稳定、鲁棒性更强，缺点是需要多调节 3 个参数。

5. 串级 PID 控制的参数整定

根据经验，在整定串级 PID 控制时，先整定内环角速度 PID，再整定外环角度 PID。整定外环参数时只需要进行 PD 调节，且调节较为容易，整定内环参数的方法可以参考单环 PID整定方法，这里不再重复。下面介绍串级 PID 参数整定中的小技巧及参数合适后的现象。

（1）内环比例

K_p 从小到大调节，拉动四旋翼会越来越困难，越来越感觉到四旋翼在抵抗你的拉动；K_p 调节到比较大的数值时，四旋翼会产生肉眼可见的高频振动，此时拉动它，它会快速地振荡几下，过几秒钟后稳定；继续增大 K_p 的值，在没有外围干扰的情况下曲线会开环，四旋翼会翻机。所以要选择一个临界产生振动并有较强拉力的 K_p 作为内环的比例参数。

注意： 只有内环比例调节时，四旋翼会缓慢地往一个方向下掉，属于正常现象，是系统角速度的静差导致的。

（2）内环积分

从前述 PID 原理可以看出，积分只是用来消除静态误差的，因此积分项系数可不必太大。K_i 从小到大，四旋翼会定在一个位置不再往下掉；继续增大 K_i 的值，四旋翼会不稳定，外界干扰后会发生振荡。

注意： 增大 K_i 的值，四旋翼的稳定能力较强，拉动它比较困难，这是由于积分项太大，拉动一下积分速度快，给的积分补偿非常大，因此很难拉动，但是一旦有强干扰，它就会发散。

（3）内环微分

这里的微分项为标准的 PID 原理下的微分项，即本次误差-上次误差。在角速度环中的微分就是角加速度，原本四旋翼的振动就比较强烈，引起陀螺仪的值变化较大，此时做微分更容易引入噪声。因此一般在这里可以适当做一些滑动滤波或 IIR（infinite impulse response，无限冲激响应）滤波。K_d 从小到大变化，飞机的性能没有较大的改变，只是回中的时候更加平稳、更加迅速；继续增大 K_d 的值，可以看到四旋翼在平衡位置高频振动（或听到电动机发出滋滋的声音）。所以我们只需要将 K_d 调节到响应速度较快并且回中稳定即可。

（4）外环比例

当内环 PID 全部整定完成后，飞机已经可以稳定在某一位置，即角速度为 0。此时开始慢慢增加外环比例（增大 K_p），可以明显看到飞机从倾斜位置慢慢回中，用手拉动它然后放手，它会慢速回中，达到平衡位置；继续增大 K_p 的值，配合上位机和遥控器给定期望角度，可以看到四旋翼跟踪的速度和响应越来越快；再继续增大 K_p 的值，飞机变得十分敏感，机动性能越来越强，有发散的趋势。

（5）外环微分

此时加入外环微分，会抑制外环比例并使四旋翼稳定下来。增大 K_d 的值，当四旋翼在调试架上打舵（用遥控器来回改变期望角度）时，响应速度较快，当四旋翼的稳定性较好时，即可停止增大 K_d 的值。

至此，整个串级 PID 的参数整定完成，需要注意的是，在测试内环参数和外环参数时，都需要使用上位机和遥控器进行打舵，这是最容易测试响应能力和抗干扰能力的方法。

7.7.2　航向 PID 控制理论

根据绝对航向的有无，四旋翼可分为有头模式和无头模式。有头模式有明确的东、南、西、北，其航向角的来源是磁力计。无头模式虽然能改变四旋翼的航向，却没有明确的东、南、西、北，只能通过操作者来辨识方向。

1. 四旋翼有头模式和无头模式的优缺点

有头模式的航向角来源是在姿态融合的过程中融合了磁力计数据。带有航向功能的四旋翼都需要校准，因为磁力计极易受到磁场的干扰，甚至椅子的铁把手都能对其产生影响，所以在使用前必须进行磁力计的校准。如果四旋翼在磁心被外界磁场干扰产生了偏移的情况下仍旧继续飞行，那么航向角会漂移的非常迅速，最终操作者无法辨别正确的航向，从而影响正常的飞行。

无头模式的航向角主要靠 Z 轴上的自稳。操作者没有明确的航向，但是可以根据遥控器操作四旋翼进行旋转，具体旋转了多少度，现在是什么方位并不知道。既然没有了航向，那么此系统便不受外界磁场的干扰，可以根据操作者的操作正常飞行。

如果四旋翼需要完成具体的转向任务，如需要走一个直角，并且机头需要转 90°，就必须加上航向控制。如果只是定点和追踪之类的任务则不需要航向。所以选择有头模式还是无头模式取决于不同的使用场合。

2. 四旋翼有头模式和无头模式的控制方法

四旋翼的无头模式使用的控制方法是 Z 轴角速度的自稳，即角速度单环 PID 控制，如图 7-49 所示。

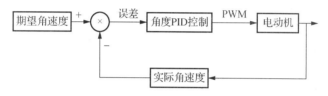

图 7-49　角速度单环 PID 控制

由图 7-49 可知，初始期望角速度为 0 时，四旋翼在原地不发生旋转。如果想改变航向就需要给系统一个期望角速度，使其旋转，直到操作者感觉旋转够了（实际上就是手动控制旋转了多少度），则重新回到自稳状态。

四旋翼有头模式的控制和 Pitch、Roll 的控制一样，采用角度/角速度-串级 PID 控制（图 7-50），但是其前提是要有校准过的航向角作为实时的姿态角反馈。

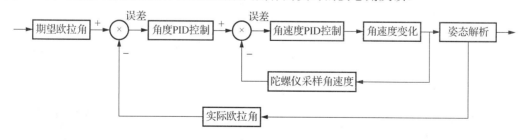

图 7-50　有头模式的航向角控制

根据四旋翼的飞行原理和 Bird-Drone 无人机的结构，有头模式和无头模式的 PID 控制器输出与 4 路 PWM 的关系如下。

1）电动机 1_PWM=-Pitch 内环 PID 总输出-Roll 内环 PID 总输出-Yaw_PID 总输出+电动机转速的基础量。

2）电动机 2_PWM=+Pitch 内环 PID 总输出-Roll 内环 PID 总输出+Yaw_PID 总输出+电

144

动机转速的基础量。

3）电动机 3_PWM=+Pitch 内环 PID 总输出+Roll 内环 PID 总输出−Yaw_PID 总输出+电动机转速的基础量。

4）电动机 4_PWM=−Pitch 内环 PID 总输出+Roll 内环 PID 总输出+Yaw_PID 总输出+电动机转速的基础量。

看了关系式之后可能又会有疑惑,明明是航向控制为什么会有 Pitch 和 Roll 的 PID 输出呢?这是因为所有的航向控制都是建立在 4 轴平稳飞行的前提下的,如果 4 轴还没有稳定,控制航向将没有任何意义,所以我们把平衡控制和航向控制归纳为四旋翼的姿态控制,如图 7-51 所示。

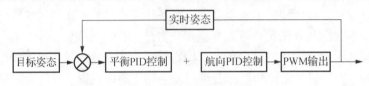

图 7-51　四旋翼的姿态控制

至此整个四旋翼的姿态控制部分就解析完成了。

7.8　使用 Rdrone Studio 调试无人机

Rdrone Studio 软件采用 Unity3D、chart、GUI（graphic user interface,图形用户界面）等组成了一个简洁、直观、动态的操作界面,主要实现与无人机的实时数据交互反馈与多功能控制。其系统操作方便,界面简洁、通俗易懂。

7.8.1　Rdrone Studio 主界面

Rdrone Studio 的主界面如图 7-52 所示。

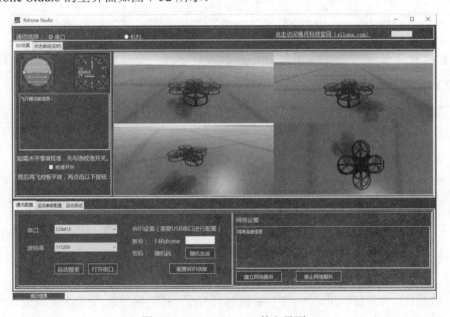

图 7-52　Rdrone Studio 的主界面

1．功能

1）Rdrone Studio 软件能实时分析无人机的实际姿态和各项位置信息（经纬度、高度、室内位置等）。

2）Rdrone Studio 软件能通过串口、蓝牙、USB 和 WiFi 建立与无人机的连接和通信。

3）Rdrone Studio 软件能够得到无人机实时信息的曲线，数据曲线可以部分截取或暂停显示。

4）Rdrone Studio 软件能够通过有线或无线的方式配置无人机的各项运动参数，包括 PID 参数、电动机参数、校准参数等。

5）Rdrone Studio 软件能够配置无人机的 WiFi 信息。

6）Rdrone Studio 软件自带截图和保存功能。

7）Rdrone Studio 软件能够进行无人机的对轴调试、4 轴调试和定高调试。

8）Rdrone Studio 软件能够控制无人机进行各个方向和高度上的复合运动。

9）Rdrone Studio 软件可以对飞行中的无人机进行调速控制。

10）Rdrone Studio 软件可以对飞行中的无人机进行降落控制。

2．兼容性

Rdrone Studio 系统具有较好的兼容性，提供 API（application program interface，应用程序接口）供所有的无人机进行通信连接，无人机通过 Rdrone Studio 软件官方 API 能完成所有 Rdrone Studio 的功能。

3．硬件设备

1）PC：CPU 的处理速度为 2GHz 或以上；内存的容量为 256MB 或以上；硬盘的容量为 80GB 或以上。

2）配套无人机：带有 USB 串口、蓝牙或 WiFi 接口的无人机。

4．软件环境

操作系统：带有.net 4.0 版本及以上的 Windows 操作系统。

7.8.2　Rdrone Studio 软件的使用说明

1．操作界面中的主要对象使用说明

本系统的操作采用一体化的用户界面（图 7-52），操作界面中的主要对象如下。

操作界面中的主要对象包括 6 类：选项卡、下拉列表、按钮、文本框、单选按钮、复选框，见表 7-2。

表 7-2　操作界面的主要对象

对象	图示	功能	操作
选项卡	通讯配置　运动参数配置　运动测试	设置选项的模块。每个选项卡代表一个活动的区域	单击相应的选项卡选择相应的区域
下拉列表		下拉列表中会出现多个对应的选项，根据需要选择一个选项即可	单击右侧的向下三角，弹出相应的下拉列表

续表

对象	图示	功能	操作
按钮	打开串口	单击按钮完成对应的功能	单击按钮完成操作
文本框		根据选项提示，输入相对应的字符或数字	单击文本框即可进行输入
单选按钮	◉ 串口　　　◉ WiFi	当用户选中某个单选按钮时，同一组中的其他单选按钮不能同时选中。系统执行选中的操作	单击左侧的圆即可选中对应的单选按钮，再次单击即可取消选中
复选框	□ Height　□ Yaw　□ Pitch　□ Roll	该控件表明一个特定的状态（即选项）是选中（on，值为 true）还是清除（off，值为 false），可同时选中多项	单击左侧的方框即可选中对应的复选框，在选中时单击即可取消选中

2. 无人机实时数据显示界面

无人机实时数据仿真界面如图 7-53 所示。

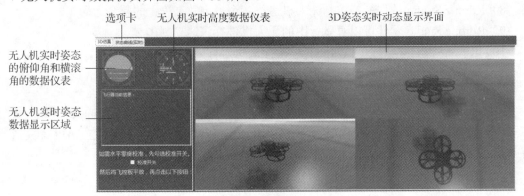

图 7-53　无人机实时数据仿真界面

功能：实时显示无人机的 3D 姿态、欧拉角和高度等信息。

操作：通信连接正常后动态显示，无指定操作。

3. 无人机实时数据曲线界面

无人机状态实时曲线界面如图 7-54 所示。

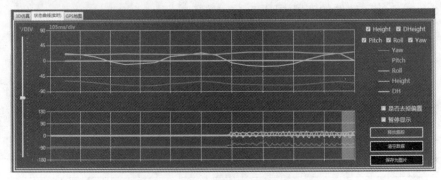

图 7-54　无人机状态实时曲线界面

无人机状态实时曲线界面曲线图表区分为两部分，下半部分为曲线全局显示界面，如图 7-55 所示，上半部分为曲线局部放大显示界面，如图 7-56 所示。该界面用于实时显示无人机状态的曲线信息，共有 11 项操作，见表 7-3。

图 7-55　曲线全局显示界面

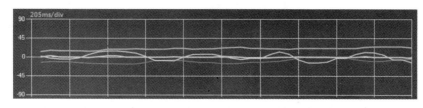

图 7-56　曲线局部放大显示界面

表 7-3　无人机状态实时曲线界面操作

操作名称	图示	功能	操作
高度曲线显示	☑ Height	选中复选框，曲线图表中显示实时高度与时间的关系曲线	单击左侧的方框选中复选框，再次单击时取消选中
Pitch 曲线显示	☑ Pitch	选中复选框，曲线图表中显示实时 Pitch 与时间的关系曲线	单击左侧的方框选中复选框，再次单击时取消选中
Roll 曲线显示	☑ Roll	选中复选框，曲线图表中显示实时 Roll 与时间的关系曲线	单击左侧的方框选中复选框，再次单击时取消选中
Yaw 曲线显示	☑ Yaw	选中复选框，曲线图表中显示实时 Yaw 与时间的关系曲线	单击左侧的方框选中复选框，再次单击时取消选中
曲线暂停显示	☑ 暂停显示	选中复选框，曲线图表中显示的曲线暂停变化，并保留原有曲线图	单击左侧的方框选中复选框，再次单击时取消选中
跟踪实时曲线	跟踪数据	单击"跟踪数据"按钮，曲线图表中局部曲线显示区域跟踪最近 1s 内放大后的曲线数据	单击"跟踪数据"按钮，进行数据跟踪
释放曲线跟踪	释放跟踪	单击"释放跟踪"按钮，曲线图表中局部曲线显示区域停止跟踪实时曲线数据	单击"释放跟踪"按钮，退出数据跟踪
清空数据	清空数据	单击"清空数据"按钮，曲线图表中的曲线全部清除，从时间轴 0 开始重新显示	单击"清空数据"按钮
保存图片	保存为图片	单击"保存为图片"按钮，将 Rdrone Studio 界面保存为图片	单击"保存为图片"按钮
曲线纵坐标比例伸缩		拉动跟踪条，曲线会随跟踪条在纵轴上进行缩放	向上或向下拉动跟踪条

续表

操作名称	图示	功能	操作
曲线局部显示		选择曲线中的某一段进行局部放大显示	在曲线全局显示界面上选择一段曲线显示区域

4. 无人机参数配置与运动控制

无人机参数配置与控制操作区如图 7-57 所示，其中包括"通信配置"、"运动参数配置"和"运动测试" 3 个选项卡。该界面用于选择通信方式并与无人机进行连接通信，共有 10 个操作事项，见表 7-4。

图 7-57 无人机参数配置与控制操作区

表 7-4 无人机参数配置与运动控制操作事项

操作名称	图示	功能	操作
选择串口	串口 COM1	在下拉列表中选择 PC 现有的串口端口号	单击"串口"下拉按钮，在弹出的下拉列表中选择串口端口号
选择串口波特率	波特率 115200	选择串口所对应的波特率	单击"波特率"下拉按钮，在弹出的下拉列表中选择串口波特率
自动搜索串口	自动搜索	自动搜索无人机串口，配置相应的波特率并建立串口连接	单击"自动搜索"按钮，完成串口自动搜索，并完成连接
打开串口	打开串口	根据选择的串口号和波特率建立连接	单击"打开串口"按钮
关闭串口	关闭串口	关闭已连接的串口通信	单击"关闭串口"按钮
填写 WiFi 账号	账号：F4Rdrone	如果需要重新设置无人机的 WiFi 账号，在文本框中输入 5 位有效字符，即可建立新的 WiFi 账号	在文本框中输入 5 位有效字符
随机生成 WiFi 密码	随机生成	随机生成 WiFi 配对密码	单击"随机生成"按钮
配置 WiFi 信息	配置WiFi信息	读取设置的 WiFi 账号和随机密码，并通过 USB 串口对无人机的 WiFi 信息进行重新配置	单击"配置 WiFi 信息"按钮
建立网络服务	建立网络服务	自动建立无人机与 PC 之间的网络服务	单击"建立网络服务"按钮
停止网络服务	停止网络服务	停止无人机与 PC 之间的网络服务与通信	单击"停止网络服务"按钮

无人机运动参数配置及显示界面如图 7-58 所示，该界面主要通过无线或有线的方式给无人机配置相应的运动参数，对无人机运动过程中的 PID 参数进行反复调试，以达到最好的飞行效果。该界面共有 9 个操作事项，见表 7-5。

图 7-58　运动参数配置及显示界面

表 7-5　运动参数配置及显示界面操作事项

操作名称	图示	功能	操作
选择控制对象	Roll	选择需要配置参数的控制对象	单击右侧的下拉或上拉按钮即可
P 参数设置	P: 4.50000	设置 PID 参数中的 P 参数	① 单击右侧的下拉或上拉按钮； ② 手动在文本框中进行数字的输入
I 参数设置	I: 0.00030	设置 PID 参数中的 I 参数	① 单击右侧的下拉或上拉按钮； ② 手动在文本框中进行数字的输入
D 参数设置	D: 800.00000	设置 PID 参数中的 D 参数	① 单击右侧的下拉或上拉按钮； ② 手动在文本框中进行数字的输入
单个写入到 Flash	单个写入到Flash	将设置好的控制对象和 PID 参数单个写入到无人机 Flash 中	单击"单个写入到 Flash"按钮
导入参数表	导入参数表	从计算机本地目录导入 PID 参数表至 Rdrone Studio	单击"导入参数表"按钮，在弹出的对话框中选择本地目录中的 PID 文件导入
保存参数表	保存参数表	保存 Rdrone Studio 当前 PID 列表的 PID 参数至本地	单击"保存参数表"按钮，在弹出的对话框中选择 PID 参数表的保存路径
批量写入到 Flash	批量写入到Flash	将 Rdrone Studio 当前 PID 参数表的内容批量写入无人机 Flash 中	单击"批量写入到 Flash"按钮，等待下方绿色进度条加载完毕，则批量写入成功（若有部分参数反复写入失败，可单个写入）
从 Flash 读出参数	从Flash读出参数	从无人机 Flash 中读出 PID 参数表并导入 Rdrone Studio，将会在参数表界面上显示	单击"从 Flash 读出参数"按钮，PID 参数表发生跳变，即读出

无人机运动测试界面如图 7-59 所示，该界面主要用于控制无人机的起飞、横滚角的内外环调试、俯仰角的内外环调试（需要配合调试机架使用）、飞行状态中的控制与降落。该界面共有 11 个操作事项，见表 7-6。

图 7-59　无人机运动测试界面

表 7-6 无人机运动测试界面操作事项

操作名称	图示	功能	操作
搜索手柄	 搜索手柄	搜索插入计算机的手柄硬件，并自动连接	单击"搜索手柄"按钮，若连接成功，手柄连接状态会更新
摇杆校准	 摇杆校准	校准摇杆	将摇杆放至初始位置后，单击"摇杆校准"按钮即可
油门开关	 ON OFF	开、关无人机油门	单击打开油门，再次单击关闭油门（请在调试架上使用）
俯仰角内外环调试选择	 ○Pitch（外）●RatePitch（内）手柄右摇杆上下推动打舵	选择当前调试的对象	选中"Pitch（外）"或"RatePitch（内）"单选按钮
横滚角内外环调试选择	 ●Roll（外）●RateRoll（内）手柄右摇杆左右推动打舵	选择当前调试的对象	选中"Roll（外）"或"RateRoll（内）"单选按钮
起飞实验选择	 ●起飞实验	开启起飞实验模式	选中"起飞实验"单选按钮
开启姿态调试油门	 X 打舵：长按手柄X键	开启姿态调试油门	选中"Pitch（外）"、"RatePitch（内）"、"Roll（外）"或"RateRoll（内）"中的一个单选按钮后，长按手柄上的 X 键，打开油门
停止当前操作	 B 停止：点击手柄B键	将无人机的电动机断电	为使电动机停止转动，按下 B 键
起飞	 起飞：长按手柄Y键 Y	使无人机起飞	选中"起飞实验"单选按钮后，长按手柄上的 Y 键，飞机起飞
降落	 A 降落：点击手柄A键	使无人机降落	选中"起飞实验"单选按钮后，在飞机飞行状态中，按下 A 键，飞机降落
手柄摇杆上下左右打舵	无	无人机的遥控，以及调试时的打舵	在无人机的电动机转动之后，上下或左右推动摇杆

5. 无人机的电量状态提示

无人机电量状态界面如图 7-60 所示，当与无人机建立连接后，该界面将会显示无人机电量状态，同时可以选择数据传输方式。

图 7-60 无人机状态界面

（1）数据传输方式选择

1）图示：通信选择：○串口 ●WiFi。

2）功能：选择无人机的通信方式（串口或 WiFi 通信）。

3）操作：选中相应的单选按钮即可。

（2）无人机电量状态

1）图示：。

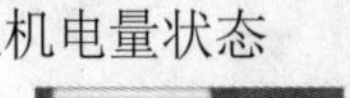

2）功能：无人机电源电压实时返回，满电为 12.6V，低于 11.2V 亮起红色警报。

3）操作：无。

第 8 章　无人机视觉功能开发

8.1　机器视觉与 Raspberry Pi 3b 简介

本节主要讲解关于机器视觉的概念，以及 Raspberry Pi 3b 的一些基础理论。

8.1.1　机器视觉简介

机器视觉系统是指用计算机实现人的视觉功能，也就是用计算机实现对客观三维世界的识别。由于早期处理器性能没有达到很高的处理能力，所以机器视觉的处理都需要用计算机来完成。随着处理器能力的不断提高及一些 Soc 芯片的产生，人们逐渐抛弃体积庞大的计算机，转向嵌入式系统来完成机器视觉的处理。

1. BirdVision 硬件载体

BirdVision 以 Raspberry Pi 3 为硬件载体。Raspberry Pi 3 选用四核 A53 芯片，主频达到 1.2GHz。这样的选择使 BirdVision 视觉处理平台可以完成大多数的无人机视觉功能。同时，BirdVision 配备了 500 万像素的 OV5647 摄像头，为 Bird Drone 提供强有力的视觉系统支持。BirdVision 硬件实物如图 8-1 所示。

图 8-1　BirdVision 硬件实物

2. BirdVision 软件载体

由于 BirdVision 硬件选择了 Raspberry Pi 3，所以软件选择了 Raspbian 操作系统。

Raspbian 操作系统基于 Debian 操作系统，在 Debian 操作系统的基础之上进行发展，形成了专用于 Raspberry Pi 硬件的操作系统。

OpenCV 是基于 BSD 许可（开源）发行的跨平台计算机视觉库，它可以运行在 Linux、Windows、Android 和 Mac 操作系统上，由一系列 C 函数和少量 C++ 类构成，同时提供 Python、Ruby、MATLAB 等语言接口，实现了图像处理和计算机视觉方面的很多通用算法。

由于 OpenCV 支持 Python 语言，因此 BirdVision 视觉开发也使用了 Python 语言，这样可以使开发变得更高效。

8.1.2 Raspberry Pi 的基本使用

1. Raspbian 操作系统安装

1）准备一张容量 16GB 以上的 SD 卡及读卡器。

2）登录 Raspberry 官网，选择下载"RASPBIAN STRETCH WITH DESKTOP"带有 UI（user interface，用户界面）的系统。

3）下载完成后，将 SD 卡插入读卡器后插入计算机。以 Windows 操作系统为例，可在 https://sourceforge.net/projects/win32diskimager/ 网站下载 Win32 Disk Imager 软件（可以将镜像文件写入 SD 卡）。下载完成后打开该软件，如图 8-2 所示。

4）单击"Image File"文本框右侧的文件按钮，在弹出的对话框中选择刚刚下载的系统文件，在"Device"下拉列表中选择读卡器中的 SD 卡盘，如图 8-3 所示。

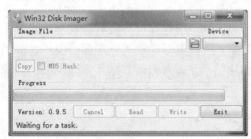

图 8-2　Win32 Disk Imager 软件界面

图 8-3　选择 SD 卡盘

5）单击"Write"按钮将文件写入 SD 卡。完成后，Raspberry 操作系统即安装成功。

2. 开机测试

系统安装完成后，在 Raspberry Pi 上连接好接口线及鼠标、键盘之后即可简单使用。但这时的 Raspberry Pi 只是一个普通的开发板，不具备视觉开发的功能。

为了使 Raspberry Pi 具备视觉开发功能，可以利用 Python 语言开发视觉系统。这里为方便嵌入式视觉系统的开发，摒弃了传统 Raspberry Pi 需要的显示器和鼠标等外设，使视觉系统变得更为便捷和快速。

当拿到视觉开发模块后，先取出已经带有系统的 SD 卡，插入读卡器后再插入 PC 中。这时 Windows 用户需要新建文本文件，命名为 wpa_supplicant. conf，然后删除.txt 文件，这样就创建了一个 WiFi 底层文件。用编辑器打开这个文件并输入如图 8-4 所示的代码。

```
wpa_supplicant.conf ✕
1    country=GB
2    ctrl_interface=DIR=/var/run/wpa_supplicant GROUP=netdev
3    update_config=1
4    network={
5        ssid="将我替换成Wi-Fi名"
6        psk="将我替换成Wi-Fi密码"
7    }
```

图 8-4　WiFi 底层配置代码

将 ssid 引号中的文字替换成路由器的 WiFi 名称，将 psk 引号中的文字替换成 WiFi 密码。修改完成后，将这个文件复制到 SD 卡根目录下面，这样，视觉模块通电后便会自动连接路由器。将 SD 卡放回 Raspberry Pi 中并通电，稍等片刻后，Raspberry Pi 会自动开机。此时还需确定路由器给当前的 Raspberry Pi 分配的 IP（internet portocol，网际协议）地址。方法是下载手机端软件 Fing（可自行下载），通过这个软件可以查找出当前连入路由器中的所有设备的 IP。第一次确定了 Raspberry Pi 的 IP 地址后，就可以通过 PC 端的 VNC Viewer 来实现桌面共享。VNC Viewer 软件界面如图 8-5 所示（VNC Viewer 软件可自行下载）。

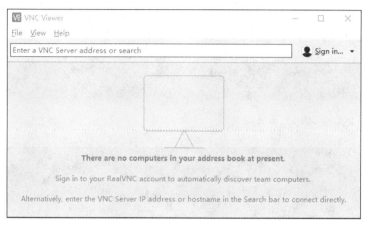

图 8-5　VNC Viewer 软件界面

在"Enter a VNC Server address or search"文本框中输入刚刚找到的 Raspberry Pi 的 IP 地址（注意：这里想要连接到 Raspberry Pi 就必须保证 PC 和 Raspberry Pi 在同一个局域网内），连接界面如图 8-6 所示。

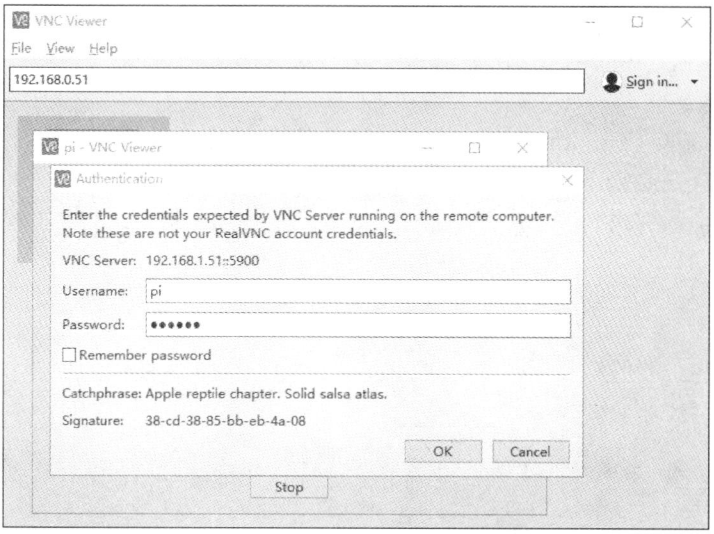

图 8-6　连接界面

单击"OK"按钮，连入 Raspberry Pi 系统，如图 8-7 所示。

Raspberry Pi 默认自带了 BirdVision 中的 Python 代码。至此，大部分的预备工作就已经完成了。最后还有一点就是需要固定 Raspberry Pi 的 IP 地址，这样就不需要每次通电之后再来找一遍 Raspberry Pi 的 IP 了。

单击如图 8-8 所示的按钮，在命令行中输入"sudo nano /etc/network/interfaces"命令，按 Enter 键，找到如图 8-9 所示的静态 IP 固定代码。

图 8-7　Raspberry Pi 系统界面

图 8-8　命令输入界面

```
allow-hotplug wlan0
iface wlan0 inet static
    wpa-conf /etc/wpa_supplicant/wpa_supplicant.conf

address 192.168.0.25
netmask 255.255.255.0
gateway 192.168.0.1
```

图 8-9　静态 IP 固定代码

在"allow-hotplug wlan0"下方修改图示状态，其中 netmask 和 gateway 由自己的网关确定，address 由自己来定义，这里设置了与本地网络相符的配置。修改完成后按 Ctrl+O 组合键进行保存，保存完以后按 Ctrl+X 组合键退出。这样，就可以将 Raspberry Pi 的 IP 在当前网络中固定下来。下次打开 VNC Viewer 时，就可以直接连接 IP 了。

3．OpenCV 在 Raspberry 上的编译

如果用户希望自己在 Raspberry 平台（硬件基于 Raspberry Pi 3，软件基于 Raspberry Jessie）上搭建 OpenCV，请参考如下教程。

1）打开 Raspberry Pi 配置界面，进行更新。

```
sudo apt-get update
sudo apt-get upgrade
```

2）安装一些必要的工具，如可读取 JPEG、PNG、TIFF 等图像的软件和可读取 RMVB、AVI 等视频的软件。

```
sudo apt-get install build-essential cmake pkg-config
sudo apt-get install libjpeg-dev libtiff5-dev libjasper-dev libpng12-dev
sudo apt-get install libavcodec-dev libavformat-dev libswscale-dev libv4l-dev
sudo apt-get install libxvidcore-dev libx264-dev
```

3）安装 GTK 开发库，并优化 OpenCV 的一些操作（矩阵操作）。

```
sudo apt-get install libgtk2.0-dev
```

```
sudo apt-get install libatlas-base-dev gfortran
```

4）安装 Python2.7 和 Python3 头文件为后续做准备。

```
sudo apt-get install python2.7-dev python3-dev
```

5）安装好工具后，下载 OpenCV 的代码（下载 OpenCV 3.1.0 版本）。

```
cd ~
wget -O opencv.zip https://github.com/Itseez/opencv/archive/3.1.0.zip
unzip opencv.zip
```

6）OpenCV 3.0 相比于 OpenCV 2.0 来说，新增加了一些算法库，所以同时需要下载 opencv_contrib。

```
wget -O opencv_contrib.zip
https://github.com/Itseez/opencv_contrib/archive/3.1.0.zip
unzip opencv_contrib.zip
```

7）安装 pip 工具包。

```
wget https://bootstrap.pypa.io/get-pip.py
sudo python get-pip.py
```

8）安装虚拟环境。

```
sudo pip install virtualenv virtualenvwrapper
sudo rm -rf ~/.cache/pip
```

9）更新配置文件，通过 nano 编辑打开~/.profile 文件。

```
sudo nano ~/.profile
```

打开~/.profile 文件后，界面如图 8-10 所示。

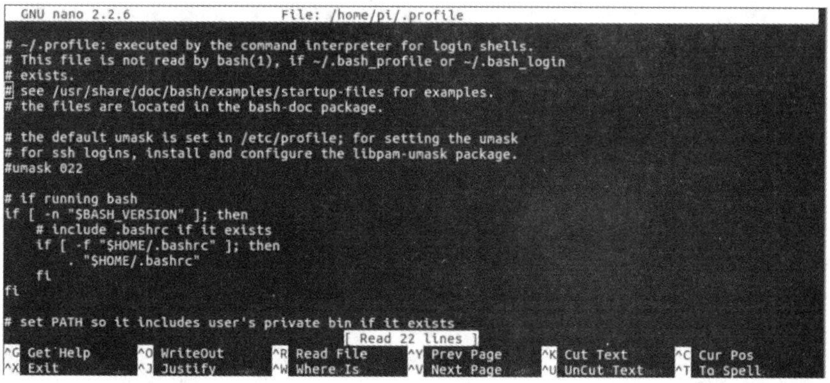

图 8-10　~/.profile 文件

10）在文件中添加下面的代码，并按 Ctrl+O 组合键保存文件，按 Ctrl+X 组合键退出文件。

```
#virtualenv and virtualenvwrapper
export WORKON_HOME=$HOME/.virtualenvs
```

156

```
source /usr/local/bin/virtualenvwrapper.sh
```

添加代码后的~/.profile 文件如图 8-11 所示。

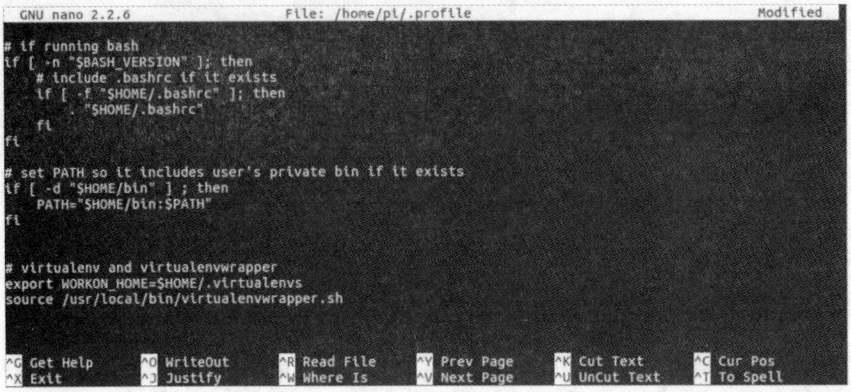

图 8-11　添加代码后的~/.profile 文件

11）完成这些以后，重新更新一下配置，保证配置生效。

```
source ~/.profile
```

12）创建 Python 的虚拟环境，这里只介绍安装 Python3。

```
mkvirtualenv cv -p python3
```

13）完成以后，查看是否已经安装成功。

```
source ~/.profile
workon cv
```

14）查看是否出现了如图 8-12 所示的 OpenCV 虚拟环境，若出现则说明已经安装成功，否则就需要自行检查上述的各个步骤。

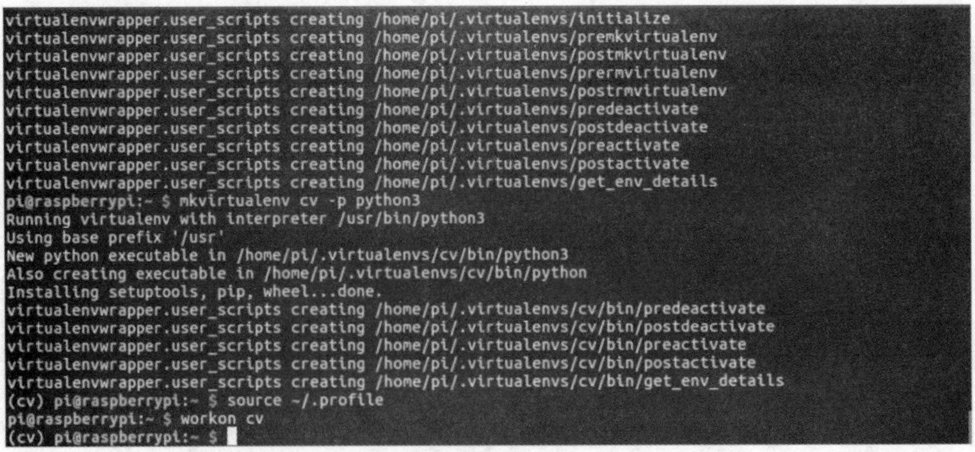

图 8-12　OpenCV 虚拟环境

15）在虚拟环境下，安装 Numpy 库。

```
pip install numpy
```

16）进入 OpenCV 文件夹，设置跨平台的自动化建构系统 Cmake 来编译。

```
cd ~/opencv-3.1.0/
mkdir build
cd build
cmake -D CMAKE_BUILD_TYPE=RELEASE \
    D CMAKE_INSTALL_PREFIX=/usr/local \
    D INSTALL_PYTHON_EXAMPLES=ON \
    D OPENCV_EXTRA_MODULES_PATH=~/opencv_contrib-3.1.0/modules \
    D BUILD_EXAMPLES=ON ..
```

17）编译 OpenCV。

```
make -j4
```

18）编译完成后，安装 OpenCV 到 Raspberry Pi 3 上。

```
sudo make install
sudo ldconfig
```

19）查看 OpenCV+Python3，出现如图 8-13 所示的信息。

```
ls -l /usr/local/lib/python3.4/site-packages/
```

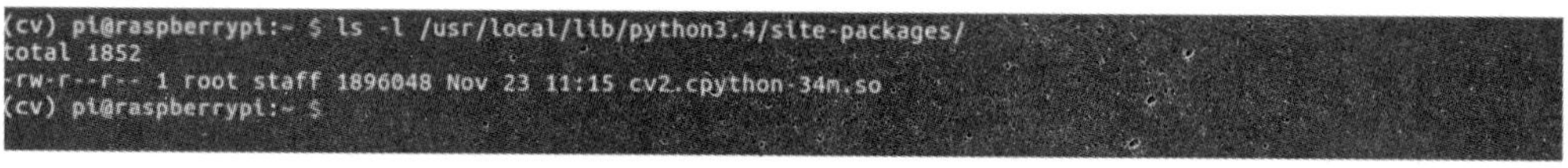

图 8-13　Python+OpenCV 信息

20）移除/usr/local/lib/python3.4/site-packages/文件夹下的文件。

```
cd /usr/local/lib/python3.4/site-packages/
sudo mv cv2.cpython-34m.so cv2.so
```

21）添加文件。

```
cd ~/.virtualenvs/cv/lib/python3.4/site-packages/
ln -s /usr/local/lib/python3.4/site-packages/cv2.so cv2.so
```

22）测试 OpenCV。

```
source ~/.profile
workon cv
Python
>>> import cv2
>>> cv2.__version__
'3.1.0'
>>>
```

若出现 3.1.0，则表示安装成功。

158

8.1.3 视觉系统讲解

1. OpenCV 捕获摄像头数据

在视觉系统的开发过程中，最先解决的是如何从摄像头中获取图像数据，有了图像数据后才可以进行数据处理。在 Raspberry Pi 中通过 OpenCV 库获取摄像头数据的方法如下。

1）单击如图 8-14 所示的按钮。

2）在命令行中输入"sudo raspi-config"命令后按 Enter 键，输入密码后按 Enter 键进入图 8-15 所示的界面。

图 8-14　打开命令行

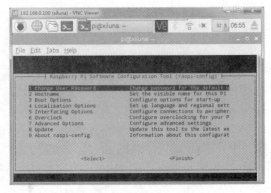

图 8-15　Camera 配置文件（1）

3）利用方向键选择"5 Interfacing Options"选项，按 Enter 键，进入如图 8-16 所示的界面。

4）选择"P1 Camera"选项，开启 Camera 接口，在打开的界面中选择"Yes"选项，如图 8-17 所示，配置完成。

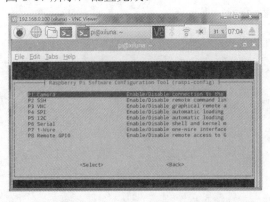

图 8-16　Camera 配置文件（2）

图 8-17　Camera 配置完成

配置完成并重启后，即完成了摄像头硬件部分的数据采集。这时，就可以利用 OpenCV 来获取摄像头数据，同时显示在屏幕中。下面讲解此代码的编写方法。

首先导入必须用到的库函数，如图 8-18 所示。

这些库函数中的前 4 条是用于获取 Raspberry Pi 摄像头数据的头文件，后 4 条分别代表了数值的快速计算的库、基本图像处理头文件、时间头文件、OpenCV 机器视觉头文件。有了这几个头文件，就可以进行代码编写了。摄像头数据初始化如图 8-19 所示。

```
# import the necessary packages
from imutils.video.pivideostream import PiVideoStream
from imutils.video import FPS
from picamera.array import PiRGBArray
from picamera import PiCamera
import numpy as np
import imutils
import time
import cv2
```

图 8-18　库函数头文件

```
# initialize the camera and grab a reference to the raw camera capture
camera = PiCamera()
camera.resolution = (320, 240)
camera.framerate = 30
rawCapture = PiRGBArray(camera, size=(320, 240))
stream = camera.capture_continuous(rawCapture, format="bgr",
    use_video_port=True, burst=True)
camera.close()
# FPS start
vs = PiVideoStream().start()
time.sleep(2.0)
fps = FPS().start()
```

图 8-19　摄像头数据初始化

代码前 6 句初始化了摄像头，并将摄像头的分辨率配置为 320 像素×240 像素，将键帧率配置为 30 帧，同时将摄像头数据通过数据流的形式送入 Raspberry Pi 处理系统。后半段的 3 句代码开启了流传输并打开了 FPS（frames per second，帧每秒）的计算。初始化完成后，即可进入主函数循环，具体的主函数如图 8-20 所示。

```
while(True):
    frame = vs.read()
    frame = imutils.resize(frame, width=320)
    cv2.imshow("CameraStream", frame)
    key = cv2.waitKey(1) & 0xFF
    if key == ord("q"):
        break
    fps.update()

fps.stop()
print("[INFO] elaspsed time: {:.2f}".format(fps.elapsed()))
print("[INFO] approx. FPS: {:.2f}".format(fps.fps()))

cv2.destroyAllWindows()
vs.stop()
```

图 8-20　Camera 主函数

主函数主要分为两个部分，这两个部分分别为实时数据的读取和图像的显示。代码前两句是对数据的实时采集，同时可以通过 imutils 库函数做图像的变换，但这里不改变图像的大小，在其他实际应用中可根据用户需要的帧率做适当的图像大小变换。完成数据采集以后，就可以通过 OpenCV 中的函数 cv2.imshow 将图像显示出来。这时，其实已经完成了数据的采集和图像的显示这两个部分，但还无法关闭显示出来的图像，代码的后 3 句就是通过按 q 键（q 的意思是 quit）来关闭应用程序。最后几句代码是将计算出的 FPS 帧数显示在命令行中。

在命令行中输入"source ~/.profile"命令，按 Enter 键，然后输入"workon cv"命令，按 Enter 键，即可进入 OpenCV 虚拟环境并调用 OpenCV 中的 API 函数了。找到文件安放的位置（如桌面），输入"cd Desktop"命令，按 Enter 键；然后输入"cd BirdVision"命令，按 Enter 键；再输入"cd CameraStream"命令，按 Enter 键；最后输入"python CameraStream.py"命令，按 Enter 键，开始运行代码。运行结果如图 8-21 所示。

图 8-21　Camera 运行结果

按 q 键，退出应用程序，同时获得这段运行时间内的平均 FPS 帧数，如图 8-22 所示。

图 8-22　获取 FPS

至此，摄像头数据的获取及显示全部完成。接下来就是对采集到的摄像头数据进行有限的图像处理，不同的应用场景会产生不同的数据处理算法。

2．Blob 算法简介

Blob 分析是指对图像中像素相同的连通域进行分析，该连通域称为 Blob。Blob 分析可为机器视觉应用提供图像中斑点的数量、位置、形状和方向，还可以提供相关斑点之间的拓扑结构。下面主要讲解利用 Blob 将黑点坐标提取出来供飞控系统使用的方法。

OpenCV 中实现 Blob 检测的函数主要是 detector.detect 参数，其中的参数配置由用户自行配置。图 8-23 所示的就是在 OpenCV 中实现 Blob 检测的各个参数。

```
class SimpleBlobDetector : public FeatureDetector
{
public:
struct Params
{
    Params();
    float thresholdStep;
    float minThreshold;
    float maxThreshold;
    size_t minRepeatability;
    float minDistBetweenBlobs;

    bool filterByColor;
    uchar blobColor;

    bool filterByArea;
    float minArea, maxArea;

    bool filterByCircularity;
    float minCircularity, maxCircularity;

    bool filterByInertia;
    float minInertiaRatio, maxInertiaRatio;

    bool filterByConvexity;
    float minConvexity, maxConvexity;
};

SimpleBlobDetector(const SimpleBlobDetector::Params &parameters = SimpleBlobDetector::Params());

protected:
    ...
};
```

图 8-23　OpenCV Blob 参数

该算法实现了一个简单地从图像中提取斑点的算法。

1）将源图像转化为二值图像，为 minThreshold、maxThreshold 及 thresholdStep 变量赋值阈值。

2）从每个二进制图像中提取包含连接斑点的区域组并计算其中心。

3）从这些组中，估计斑点的最终中心及半径，并返回关键点的位置和大小。

这里有多个参数可以对斑点进行筛选。

1）按 Color 筛选：此参数比较一个 Blob 中心的二进制图像强度，用于检测提取深色斑点或浅色斑点。

2）按 Area 筛选：此参数比较斑点的面积。

3）按 Circularity 筛选：此参数提取圆形。

4）按 Inertia 筛选：此参数用于提取位于 minInertiaRatio 和 maxInertiaRatio 中的斑点。

5）按 Conxxity 筛选：此参数用于提取有凸面的斑点。

下面主要讲解在黑点寻找中需要用到的参数，在需要更深层次的图像处理时，可以自行前往 OpenCV 官网查找相关参数的配置。在白底的环境下找出黑色的圆点，只需要利用 Color 对图像进行分类即可，参数设置如图 8-24 所示。

这里主要配置了两个参数，一个是值域配置参数 params.filterByColor，设置为 0～255；另一个是采集暗斑和亮斑的参数 params.blobColor，设置为 0，即在白色背景下采集黑点。Blob 主函数体如图 8-25 所示。

主函数中前两句读取了摄像头数据，同时将摄像头数据的分辨率设置为 160 像素×120 像素。得到数据以后对数据图像进行斑点检测，得到关键斑点变量 keypoints，将里面的黑点提取出坐标（Postion_x,Postion_y），就完成了 Blob 算法的设计。同时，需要通过命令行进入 OpenCV 环境，找到文件所在的位置，并运行 Python 文件。

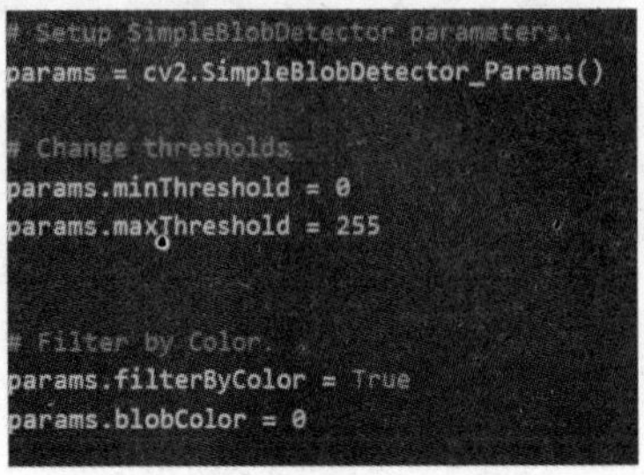

```
# Setup SimpleBlobDetector parameters.
params = cv2.SimpleBlobDetector_Params()

# Change thresholds
params.minThreshold = 0
params.maxThreshold = 255

# Filter by Color.
params.filterByColor = True
params.blobColor = 0
```

图 8-24　参数设置

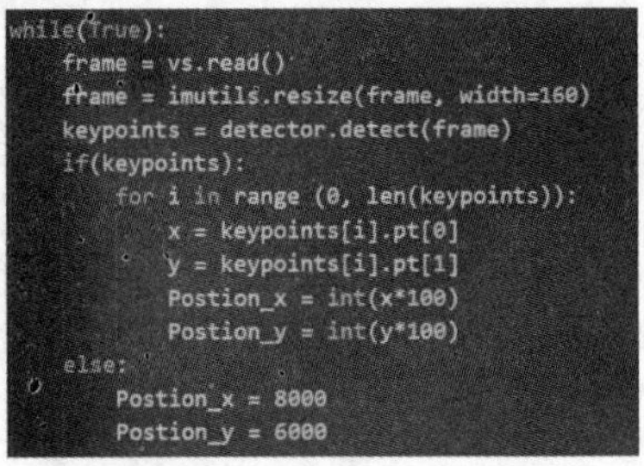

```
while(True):
    frame = vs.read()
    frame = imutils.resize(frame, width=160)
    keypoints = detector.detect(frame)
    if(keypoints):
        for i in range (0, len(keypoints)):
            x = keypoints[i].pt[0]
            y = keypoints[i].pt[1]
            Postion_x = int(x*100)
            Postion_y = int(y*100)
    else:
        Postion_x = 8000
        Postion_y = 6000
```

图 8-25　Blob 主函数体

3. HoughCircles 算法简介

在图像处理和计算机视觉领域中，如何从当前的图像中提取所需的特征信息是图像识别的关键。在许多应用场合中需要快速准确地检测出直线或圆。其中，一种非常有效的解决问题的方法就是霍夫（Hough）变换。

霍夫变换是图像处理中的一种特征提取技术，该方法在参数空间中通过计算累计结果的局部最大值得到符合该特定形状的集合作为霍夫变换的结果。霍夫变换于 1962 年由 Paul Hough 首次提出，最初的霍夫变换是用来检测直线和曲线的，起初的方法要求了解物体边界线的解析方程，但不需要有关区域位置的先验知识。这种方法的一个突出优点是分割结果的稳健性（Robustness），即对数据的不完全或噪声不是非常敏感。然而，要获得描述边界的解析表达常常是不可能的。霍夫变换于 1972 年由 Richard Duda 和 Peter Hart 推广使用，经典霍夫变换用来检测图像中的直线，后来霍夫变换扩展到任意形状物体的识别，多为圆和椭圆。霍夫变换运用两个坐标空间之间的变换将在一个空间中具有相同形状的曲线或直线映射到另一个坐标空间的一个点上形成峰值，从而把检测任意形状的问题转化为统计峰值的问题。

在 OpenCV 中，一般通过"霍夫梯度法"来解决圆变换的问题。具体原理如下。

1）对图像应用边缘检测，如用 canny 边缘检测。

2）考虑边缘图像中每一个非零点的局部梯度，可用 Sobel( )函数计算 x 方向和 y 方向的 Sobel 一阶导数得到梯度。

3）利用得到的梯度计算斜率，将斜率指定的直线上的每一个点都在累加器中累加，这里的斜率是指从一个指定的最小值到指定的最大值之间的距离。

4）标记边缘图像中每一个非 0 像素的位置。

5）从二维累加器的点中选择候选的中心，这些中心都大于给定阈值并且大于其所有近邻。将这些候选的中心按照累加值降序排列，便于最匹配像素的中心首先出现。

6）考虑每一个中心所有的非 0 像素。

7）这些像素按照其与中心的距离排序。从到最大半径的最小距离算起，选择非 0 像素最支持的一条半径。

8）如果一个中心收到边缘图像非 0 像素最充分的支持，并且到前期被选择的中心有足够的距离，那么它就会被保留下来。

这个实现可以使算法执行起来更高效。

这里主要讲解使用 OpenCV 中的 HoughCircles 函数实现图像中圆形物体的检测方法。下面主要分成几个部分来讲解如何利用 Python 语言完成整个算法的设计。

OpenCV 中的 HoughCircles 函数如图 8-26 所示。

HoughCircles

Finds circles in a grayscale image using the Hough transform.

C++: void HoughCircles(InputArray **image**, OutputArray **circles**, int **method**, double **dp**, double **minDist**, double **param1**=100, double **param2**=100, int **minRadius**=0, int **maxRadius**=0)

C: CvSeq* cvHoughCircles(CvArr* **image**, void* **circle_storage**, int **method**, double **dp**, double **min_dist**, double **param1**=100, double **param2**=100, int **min_radius**=0, int **max_radius**=0)

Python: cv2.HoughCircles(image, method, dp, minDist[, circles[, param1[, param2[, minRadius[, maxRadius]]]]]) → circles

Parameters:
- **image** – 8-bit, single-channel, grayscale input image.
- **circles** – Output vector of found circles. Each vector is encoded as a 3-element floating-point vector (x, y, radius) .
- **circle_storage** – In C function this is a memory storage that will contain the output sequence of found circles.
- **method** – Detection method to use. Currently, the only implemented method is CV_HOUGH_GRADIENT , which is basically *21HT*, described in [Yuen90].
- **dp** – Inverse ratio of the accumulator resolution to the image resolution. For example, if dp=1 , the accumulator has the same resolution as the input image. If dp=2 , the accumulator has half as big width and height.
- **minDist** – Minimum distance between the centers of the detected circles. If the parameter is too small, multiple neighbor circles may be falsely detected in addition to a true one. If it is too large, some circles may be missed.
- **param1** – First method-specific parameter. In case of CV_HOUGH_GRADIENT , it is the higher threshold of the two passed to the Canny() edge detector (the lower one is twice smaller).
- **param2** – Second method-specific parameter. In case of CV_HOUGH_GRADIENT , it is the accumulator threshold for the circle centers at the detection stage. The smaller it is, the more false circles may be detected. Circles, corresponding to the larger accumulator values, will be returned first.
- **minRadius** – Minimum circle radius.
- **maxRadius** – Maximum circle radius.

图 8-26　HoughCircles 函数

在 Python 中，HoughCircles 函数的几个参数的含义如下。

1）image 参数表示需要的图像是 8 位的灰度单通道图像。

2）method 参数表示使用的检测方法，目前 OpenCV 中只有霍夫梯度法可以使用，它的标识符为 CV_HOUGH_GRADIENT，在此参数处输入这个标识符即可。

3）dp 参数表示用来检测圆心的累加器图像的分辨率与输入图像之比的倒数。此参数允许创建一个比输入图像分辨率低的累加器，例如，如果 dp=1，则累加器和输入图像具有相同的分辨率；如果 dp=2，则累加器只有输入图像一半的宽度和高度。

4）minDist 参数为霍夫变换检测到的圆的圆心之间的最小距离，即算法能明显区分的两个不同圆之间的最小距离。这个参数如果太小，多个相邻的圆可能会被错误地检测成了一个重合的圆；反之，如果太大，某些圆就不能被检测出来了。

5）param1 参数有默认值，为 100。它是 method 参数设置的检测方法的对应参数。它表示传递给 canny 边缘检测算法的高阈值，而低阈值为高阈值的一半。

6）param2 参数有默认值，为 100。它是 method 参数设置的检测方法的对应参数。它表示在检测阶段圆心的累加器阈值。它越小，就越可以检测到更多根本不存在的圆；而它越大，则能通过检测的圆就越接近完美的圆形。

7）minRadius 参数有默认认值，为 0，表示圆半径的最小值。

8）maxRadius 参数有默认认值，为 0，表示圆半径的最大值。

9）circles 参数是一个返回值，返回获得的圆的向量。这个向量是包含了 3 个元素的浮点向量（*x*,*y*,radius）。

HoughCircles 中的 Python 文件主函数如图 8-27 所示。

```
while(True):
    frame = vs.read()
    frame = imutils.resize(frame, width=160)
    gray = cv2.cvtColor(frame, cv2.COLOR_BGR2GRAY)
    circles = cv2.HoughCircles(gray,cv2.HOUGH_GRADIENT,1,25,
                            param1=80,param2=35,minRadius=0,maxRadius=0)
    if circles is not None:
        for i in circles[0,:]:
                # draw the outer circle
                cv2.circle(gray,(i[0],i[1]),i[2],(255,0,0),2)
            # draw the center of the circle
                cv2.circle(gray,(i[0],i[1]),2,(255,0,0),3)
            Circles_x = int(i[0] * 100)
            Circles_y = int(i[1] * 100)
    else:
        Circles_x = 8000
        Circles_y = 6000
```

图 8-27　HoughCircles 中的 Python 文件主函数

164

在主函数中，前 3 句代码是读取摄像头数据，同时将图像变换为 160 像素×120 像素分辨率的灰度图像。代码"circles=cv2.HoughCircles(gray, cv2.HOUGH_GRADIENT, 1, 25, param1=80, param2=35, minRadius=0, maxRadius=0)"可获得图像中的所有圆形。代码"if circles is not None"对条件进行判断，如果在图像中找到至少一个圆，那么就将找到的圆在图像中标示出来，同时将中心点坐标转化为飞控可以利用的数据。代码"else"的含义是如果在图像中没有捕捉到任何一个圆形，那么就为飞控发送一个默认的原型数据。同时需要应用 OpenCV，通过命令行进入环境，找到文件所在的位置，并运行 python 文件。

4. OpticalFlow 算法简介

OpticalFlow 算法简称光流算法，从本质上来说，光流就是在运动世界中感觉到的明显的视觉运动。例如，坐在行驶的火车上往窗外看，感觉到云、山、树、地面、建筑等都在往后退，这个运动就是光流。而且，由于距离的不同，它们的运动速度是不一样的。那些离我们比较远的目标，如云、山，移动得很慢；但那些离我们比较近的目标，如建筑、树的移动速度就很快，而且离我们的距离越近，它们移动的速度就越快，这就是光流的本质。

光流的概念是 Gibson 于 1950 年首先提出的。它是指空间运动的物体在成像平面上的像素运动的瞬时速度，是利用图像序列中像素在时间域上的变化及相邻帧之间的相关性来找到上一帧跟当前帧之间的对应关系，从而计算出相邻帧之间物体的运动信息的一种方法。一般而言，光流是由于场景中前景目标本身的移动、相机的运动，或两者的共同运动所产生的。

由于视觉模块预装了 OpenCV 机器视觉库，OpenCV 提供给用户两个计算光流的方案，一个是稀疏光流，另一个是稠密光流。这里主要讲解稀疏光流函数。

OpenCV 中的 calcOpticalFlowPyrLK( )函数如图 8-28 所示。

在 Python 中，calcOpticalFlowPyrLK( )函数的几个参数的含义如下。

1）prevImg 参数表示深度为 8 位的前一帧图像或金字塔图像（8 位的灰度单通道图像）。

2）nextImg 参数和 prevImg 有相同的大小和类型，表示后一帧图像或金字塔图像（8 位的灰度单通道图像）。

3）prevPts 参数表示寻找到的向量点，点坐标必须是单精度浮点。

4）nextPts 参数表示第二个图像中的向量点的新位置。

5）status 参数表示输出状态向量（无符号字符）。如果已找到对应向量点，则这个值为 1，否则为 0。

6）err 参数表示输出错误状态。

7）winSize 参数表示需要搜索的窗口大小。

8）maxLevel 参数表示金字塔的最大数目，如果设为 0，金字塔不使用（单层）；如果设为 1，金字塔为 2 层；等等，以此类推。

9）criteria 参数表示搜索算法终止标准。

10）flag 参数表示不同的搜索算法。

操作标志：

① OPTFLOW_USE_INITIAL_FLOW 使用光流初始值估计。

② OPTFLOW_LK_GET_MIN_EIGENVALS 使用最小特征值作为错误度量。

11）minEigThreshold 参数表示该算法计算光流方程的 2×2 正规矩阵的最小特征值（该矩阵在[Bouguet00]中称为空间梯度矩阵）除以窗口中的像素数量；如果这个值小于 minEigThreshold，则相应的特征被过滤掉，并且它的流量不被处理，所以它允许去除坏点并能提升性能。

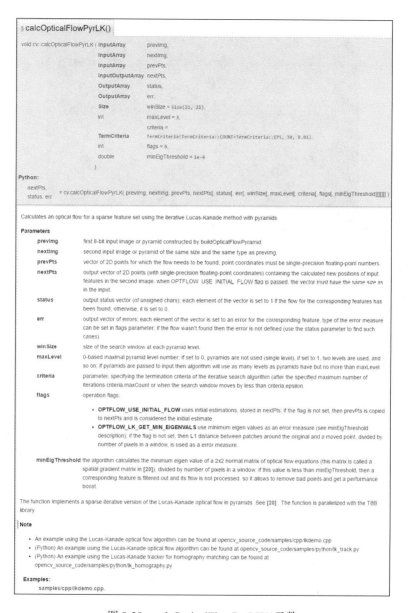

图 8-28　calcOpticalFlowPyrLK( )函数

calcOpticalFlowPyrLK( )函数中的 Python 文件主函数如图 8-29 所示。

在主函数中，前 3 句代码是读取摄像头数据，同时将图像变换为 80 像素×60 像素分辨率的灰度图像，这样可以提高图像的帧率。第 4 句代码是光流的核心算法，P0 点是通过 Shi-Tomasi Corner Detector 算法检测出来的特征点。Shi-Tomasi 算法是基于 Harris 算法的改进算法。Harris 算法最原始的定义是将矩阵 M 的行列式值与 M 的迹相减，再将差值同预先给定的阈值进行比较。后来 Shi 和 Tomasi 提出改进的方法，若两个特征值中较小的一个大于最小阈值，则会得到强角点。有兴趣的读者可以自行了解算法的具体实现方法，这里主要讲解如何在 OpenCV 中进行 Shi-Tomasi Corner Detector 检测角点以供光流算法使用。

OpenCV 中的 Shi-Tomasi Corner Detector 算法的实现函数 goodFeaturesToTrack( )函数如图 8-30 所示。

```
while(1):
    frame = vs.read()
    frame = imutils.resize(frame, width=80)
    frame_gray = cv2.cvtColor(frame, cv2.COLOR_BGR2GRAY)
    # calculate optical flow
    p1, st, err = cv2.calcOpticalFlowPyrLK(old_gray, frame_gray, p0, None, **lk_params)
    if(p1 is None):
        old_gray = frame_gray.copy()
        p0 = cv2.goodFeaturesToTrack(old_gray, mask = None, **feature_params)
        mask = np.zeros_like(old_frame)
        OpticalFlow_flag = 0
    else:
        # Select good points
        good_new = p1[st==1]
        good_old = p0[st==1]
        # draw the tracks
        for i,(new,old) in enumerate(zip(good_new,good_old)):
            a,b = new.ravel()
            c,d = old.ravel()
            mask = cv2.line(mask, (a,b),(c,d), color[i+1].tolist(), 1)
            frame = cv2.circle(frame,(a,b),5,color[i].tolist(),-1)
            OpticalFlow_x = int(a * 100)
            OpticalFlow_y = int(b * 100)
            LastOpticalFlow_x = int(c * 100)
            LastOpticalFlow_y = int(d * 100)
        # Now update the previous frame and previous points
        old_gray = frame_gray.copy()
        p0 = good_new.reshape(-1,1,2)
```

图 8-29　calcOpticalFlowPyrLK( )函数中的 Python 文件主函数

图 8-30　goodFeaturesToTrack( )函数

在 Python 中，goodFeaturesToTrack( )函数的几个参数的含义如下。

1）image 参数表示输入图像（8 位的灰度单通道图像）。

2）eig_image 参数可忽略。

3）temp_image 参数可忽略。

4）corners 参数表示输出检测角点的向量。

5）maxCorners 参数表示返回的最大角点数。

6）qualityLevel 参数表征图像角落最小角点的品质因子。品质因子低的角落被拒绝。例如，如果最佳角落的品质因子为 1500 qualityLevel=0.01，则品质因子测量值小于 15 的所有角落都被拒绝。

7）minDistance 参数表示返回的角落之间的最小可能的距离。

8）mask 参数表示感兴趣的可选区域。如果图像不是空的，则指定检测角落的区域。

9）blockSize 参数用于计算在每个像素邻域的衍生物协方差矩阵的平均大小。

10）useHarrisDetector 参数指示是否使用 Harris 检测器的参数。

11）k 参数表示 Harris 检测器检测的自由参数。

goodFeaturesToTrack( )函数的参数配置及检测配置如图 8-31 和图 8-32 所示。

图 8-31　goodFeaturesToTrack( )函数参数配置　　　图 8-32　goodFeaturesToTrack( )函数检测配置

在参数配置中配置了 maxCorners 使检测返回一个检测点，配置 qualityLevel 为 0.3、minDistance 为 7、blockSize 为 7。这样基本参数就配置完成了，在 OpticalFlow 的 Python 文件中，在主函数之前，需要先检测一个角点作为初始点，代码"p0=cv2.goodFeaturesToTrack(old_gray, mask = None, **feature_params)"的作用是获得 lk 光流算法需要的点，即 p0 点。

回到光流算法中，这时我们已经获得了角点 p0 点，通过光流算法可以获得下一帧图像中的 p1 点，这样就完成了光流算法的设计。

8.2　位置控制

位置控制是飞行器设计中的一个重要环节。只有将位置控制做好了，飞行器才能按照我们想要的效果飞行。飞行器在空中的位置是一个三维坐标（x,y,z），涉及两个维度的悬停：在水平面上（x,y），飞行器不能左右或前后漂移；在垂直方向上（又叫 Z 轴维度），飞行器不能发生掉高等现象。

8.2.1　位置控制简介

1. 水平面定位

在水平方向上，室外一般使用 GPS 进行定位，室内一般使用光流技术进行定位。光流技术就是对安装在飞行器上的光流传感器垂直拍摄到的地面画面进行视觉处理，以此了解飞行器相对于地面的位置。

2. 垂直面定位

在垂直方向上,室外一般使用高精度气压计(如 MS5611)进行定位。而在室内,一般飞行器处于较低的高度,这时可以使用超声波模块来进行定位,超声波模块可以达到厘米级精度。

3. 控制算法

在水平方向和垂直方向上的控制都可以使用单环 PID 控制算法或串级 PID 控制算法。单环 PID 控制算法由于仅仅考虑到了位置信息,在控制方面可能达不到高性能控制,而串级 PID 控制算法同时考虑了速度和位置两个信息,这样就增加了飞行器的稳定性(增加阻尼)并提高了控制品质。

8.2.2 滤波的基础知识

滤波一词起源于通信原理,它是从含有干扰的接收信号中提取有用信号的一种技术。而更广泛地,滤波是指利用一定的手段抑制无用信号、增强有用信号的数字信号处理过程。

无用信号也称为噪声,是指对系统没有贡献的观测数据或起干扰作用的信号。在通信中,无用信号表现为特定波段频率、杂波;在传感器数据测量中,无用信号表现为幅度干扰。

在工程应用中,由传感器采集和测量的数据,一般都携带噪声。噪声的影响有的很微小,有的则会使信号变形、失真,严重的则会导致数据不可用。滤波并不是万能的,它只能最大限度地降低噪声的干扰,并不能完全消除所有噪声。

8.2.3 融合算法与位置控制

1. 高度融合

在高度方面,由于使用了串级 PID 来控制,那么就需要两个控制量,一个是实时高度数据,另一个是实时高度速度数据。高度控制流程如图 8-33 所示。

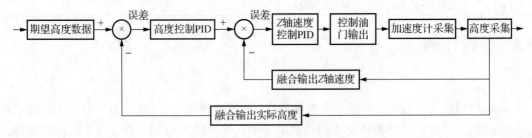

图 8-33 高度控制流程

从图 8-33 中可以看到期望高度数据需要控制,内环 PID 就需要一个速度作为控制量,那么速度的获得就变得尤为关键。

速度的获得方法有以下几种。

1)利用两次采样的差值计算速度,可以用于室内超声波简单定位。

优点:理论简单,用两次超声波差值除以采样时间即可获得速度;计算量小,一般单片机即可处理。

缺点：对传感器的精度有一定的要求（气压计不适用），若精度较低，则计算出的速度准确度极低，不能用于控制；对传感器采样时间有一定的要求，若采样时间太长，计算出的速度精度就会较低。

2）融合加速度计获得准确的速度和高度。

优点：可用于存在一定误差的传感器设备（气压计）；传感器采样一般不需要太高的频率，一般高度传感器采样频率只需要 20Hz 左右就可以了；高度数据融合加速度计数据可以获得较高频率的速度和高度，可用于控制算法。

缺点：融合算法有一定的难度，需要一定的理论基础；对处理器的性能有一定的要求，需要进行一定频率的融合算法运算。

对比两种获得速度的方法，考虑飞行器的飞行性能，同时考虑到目前飞控使用的 MCU 处理器是比较高端的 MCU，因此使用第二种方法来获得准确的高度和速度信息。

高度融合也存在着不同的算法，这里使用的算法借鉴了 PX4 国外开源飞控的高度融合算法。

使用这个算法，首先需要明确的是所需的高度信息是地理坐标系下的相对高度，整个算法的核心思想是由地理坐标系下的加速度通过积分来获得速度、位置信息，而这个数据的精确程度是由机体测量的加速度通过减去偏差，再转换到地理坐标系求得的。这里超声波的作用就是计算一个校正系数对加速度偏移量进行校正。具体实现流程如图 8-34 所示。

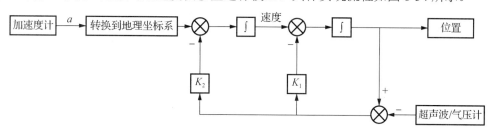

图 8-34　高度融合实现流程

下面是代码的详细解读。

（1）参数初始化

```
float Z_est[2]={0.0f,0.0f};                //Z 轴的高度数据和速度数据
float Accel_ned[3]={0.0f,0.0f,0.0f};       //地理坐标系下的加速度数据
float Accel_bias[3]={0.0f,0.0f,0.0f};      //机体坐标系下的加速度偏移量
float Corr_Ultra=0.0f;                     //超声波校准系数
```

（2）函数主体

```
//函数输入参数为超声波高度和 3 轴加速度数据
void Height_Estimation(float Ultra,float *accel) {
//超声波数据,计算超声波的校正系数
corr_Ultra=0-Ultra-z_est[0];
//加速度数据先去除偏移量
accel_now[0]-=accel_bias[0];
accel_now[1]-=accel_bias[1];
accel_now[2]-=accel_bias[2];
```

```
//转换为 NED 坐标系
for(i=0; i<3; i++)
{
    accel_ned[i]=0.0f;
    for(j=0; j<3; j++)
    {
        accel_ned[i]+=RDrone_R[i][j]*accel_now[j];
    }
}
```
//地理坐标系下的 Z 轴加速度是有重力加速度的,因此需要补偿
```
accel_ned[2]+=CONSTANTS_ONE_G;
```
//正确的加速度偏移量
```
accel_bias_corr[2]-=corr_Ultra*w_z_ultra*w_z_ultra;
```
//转换为机体坐标系
```
for(i=0;i<3; i++)
{
    float c=0.0f;
    for(j=0; j<3; j++)
    {
        c+=RDrone_R[j][i]*accel_bias_corr[j];
    }
    accel_bias[i]+=c*w_acc_bias*Ultra_dt;
}
```
//加速度推算高度
```
inertial_filter_predict(Ultra_dt, z_est, accel_ned[2]);
```
//超声波校正系数进行校正
```
inertial_filter_correct(corr_Ultra, Ultra_dt, z_est, 0, w_z_ultra);
```
//获得融合好的高度和速度
```
RT_Info.US100_Alt=-z_est[0];
    RT_Info.US100_Alt_V=-z_est[1];
}
```

其中,加速度推算高度函数如下。

```
//速度位移预测函数
void inertial_filter_predict(float dt, float x[2], float acc)
{
    x[0]+=x[1]*dt+acc*dt*dt/2.0f;
    x[1]+=acc*dt;
}
//校正函数
void inertial_filter_correct(float e, float dt, float x[2], int i, float w){
    float ewdt=e*w*dt;
    x[i]+=ewdt;
    if(i==0) {
```

```
        x[1]+=w*ewdt;
    }
}
```

图 8-35 所示的是融合的高度和速度数据，其中褐色线是融合获得的速度，粉色线是融合获得的高度。

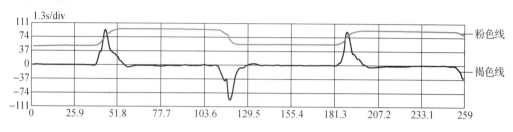

图 8-35　融合的高度和速度数据

2. 黑点定位

完成高度数据的融合后，就完成了 Z 轴空间的定位，而在三维空间定位时，需要有 XY 轴的数据进行空间 XY 的定位。第一个空间定位例程就利用了黑点数据，在四旋翼下方放置有单个黑点的白色场地，首先保证在摄像头范围内只能看到单个黑点，这样就可以利用单个黑点的空间坐标来进行定位。四旋翼起飞以后，可以寻找到黑点，利用上文视觉部分检测特征点（Blob 算法和 HoughCircles 算法）来获得黑点在图像中的坐标，这样其实就获得了空间 XY 坐标，这时就可以进行三维空间的定位了。

在 XY 平面，同时也使用了串级 PID 来控制，那么就需要两个控制量。一个是实时 XY 平面数据，另一个是实时 XY 平面速度数据。XY 平面控制流程图如图 8-36 所示。

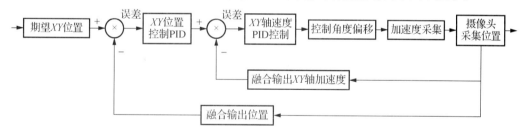

图 8-36　XY 平面控制流程图

从图 8-36 可知，平面控制和高度控制在本质上是一样的，从摄像头部分采集原始的 XY 空间位置信息，融合加速度数据获得速度信息进行串级的 PID 控制。这里的融合算法和高度融合是一样的。下面主要讲解如何正确获得真正的空间 XY 信息。

我们知道摄像头捕捉的是像素点，这里的图像大小是 160 像素×120 像素。也就是 X 轴是 160 个像素点，Y 轴是 120 个像素点，即图像的中心点就是（80,60），最好将四旋翼定位在图像的中心点上，这样会显得更为合理（当然也可以定位在任意想要定位的点上）。

（1）从图像中获取黑点在图像中的位置

利用 HoughCircles 算法获取圆心点坐标 Circles_x 和 Circles_y 两个坐标点。

（2）在飞控中计算获得实际可用的位置信息

首先来看一下飞控中的程序代码，然后逐条进行分析，代码如图 8-37 所示。

```
if(rx.buf[3]==0x01)//点数据
{
  /* Target_Roll */
  tmp = ((int16_t)rx.buf[7]<<8 + rx.buf[8]);
  Pix_Xinfo = ((Median_filter(tmp,Blob_num,X_Data))*0.0001f - ImageCenter_x) * US100_Altinfo;
  /* Target_Pitch */
  tmp = ((int16_t)rx.buf[9]<<8) + rx.buf[10]);
  Pix_Yinfo = ((Median_filter(tmp,Blob_num,Y_Data))*0.0001f - ImageCenter_y) * US100_Altinfo;
  BlackspotsFlag = 1;
  OpticalflowFlag = 0;
}
```

图 8-37　点数据处理代码

if 判断语句是数据接收部分的指令，视觉系统发送数据的数据格式如图 8-38 所示。

```
Uart_buf = bytearray([0x55,0xAA,0x10,0x01,0x00,0x00,0x00,Circles_x>>8,Circles_x and 0x00ff,
                      Circles_y>>8,Circles_y and 0x00ff,0x00,0x00,0x00,0x00,0x00,0x00,0x00,0xAA])
```

图 8-38　视觉系统发送数据的数据格式

在这个数据中，前两位和最后一位分别是包头和包尾，在 Bird 2.0 系统中全部应用了这个包头和包尾。第 3 位 "0x10" 代表视觉信息，第 4 位 "0x01" 代表黑点的数据，第 8 位和第 9 位是黑点 X 轴坐标的高 8 位和低 8 位，第 10 位和第 11 位是黑点 Y 轴坐标的高 8 位和低 8 位，其余都是保留位。

了解完数据格式后，回到点处理代码中，第 1 句和第 2 句代码是对 X 轴数据进行处理，第 1 句代码是获得实际视觉中的像素点坐标，第 2 句代码是将获得的像素点坐标 tmp 使用 Median_filter（中值滤波器）函数进行简单的滤波处理。将处理好的数据与图像的中心点坐标（80,60）做差即可获得控制的误差数据，这时我们做的还都是对原始像素点的处理。由于摄像头（角度为 90°左右）视角和四旋翼的高度有关系，高度越高，视觉模块的视角就越广，做一个简单的转化，将上述误差数据乘以高度数据就变成了实际的米制单位数据，数据转化完成。

（3）XY 平面数据融合

同高度数据结构一样，将 XY 平面内位移数据直接放到函数 Position_Estimation 中即可，XY 平面的控制流程和高度融合一样，可参考高度融合。

8.2.4　位置控制（光流定位）

在视觉定位中，用光流法对目标点进行追踪，需要引入 Kalman 滤波。下面对 Kalman 滤波进行介绍。

1. Kalman 滤波介绍

滤波就是在对系统可观测信号进行测量的基础上，根据一定的滤波准则，采用某种统计量最优办法，对系统的状态进行估计的理论和方法。最优滤波或最优估计是指在最小方差意义下的最优滤波或最优估计，即要求信号或状态的最优估值应与相应真实值的误差的方差最小。经典最优滤波理论包括 Wiener（维纳）滤波理论和 Kalman（卡尔曼）滤波理论。前者采用频域方法，后者采用时域状态空间方法。

Kalman 滤波方法是一种时域方法。它把状态空间的概念引入随机估计理论，将信号过程视为白噪声作用下的线性系统输出，用状态方程来描述这种输入/输出的关系，估计过程中利用系统状态方程、观测方程和白噪声激励（即系统过程噪声和观测噪声）的统计特性构成滤波算法。由于所用的信号都是时域内的量，所以 Kalman 滤波不仅可以对平稳的一维随机过程进行估计，还可以对非平稳、多维随机过程进行估计。

2. Kalman 滤波原理

Kalman 滤波主要运用 5 个方程（黄金公式）：2 个预测方程，3 个更新方程（具体的公式推导过程，这里不给出）。Kalman 滤波的原理主要是基于射影定理，有兴趣的读者可以参考 Kalman 公式推导教程详细阅读预测。

预测方程：

```
X(k+1)=A*X(k)+B*U(k)+W(k)
P(k+1)=A*P(k)*A'+Q
```

更新方程：

```
Kg(k+1)=P(k)*H*T/(H*P(k)*H*T+R)
X(k+1)=X(k)+Kg(k+1)*(Z(k+1)-H*X(k))
P(k+1)=(I-Kg(k+1)*H)*P(K)
```

8.3　单神经元 PID

神经元 PID 是将神经网络技术和 PID 控制器相结合，利用神经网络的自学习功能和非线性函数的表示能力，遵从一定的最优指标，在线智能地调整 PID 控制器的参数，使之适应被控对象参数及结构的变化和输入参考信号的变化，并抵御外来干扰的影响。在神经网络控制中，神经元是最基本的控制元件，结合常规 PID 控制，将误差的比例、积分和微分作为单个神经元的输入量，就构成了单神经元 PID 控制器。

1. 单神经元 PID 简介

人工神经网络（artificial neural network，ANN）通过学习算法能够自行调整连接权重，从而实现自学习、自优化。将其应用于控制领域，可以设计出具有参数自整定、环境自适应等特点的非线性控制器。

随着神经网络层数的加深，其结构更加复杂，计算量将以指数形式增长。控制系统作为实时系统，需要在线计算出控制器参数，即便系统采用当前主频较高的处理芯片仍难以满足其对实时性的要求，因此基于多重神经网络的控制器在实现上具有一定的难度。单神经元结构有神经网络自学习的特性，具有较强的自适应性和鲁棒性，其结构相对简单，同时又解决了参数调整烦琐的问题，因此基于单神经元的控制器被广泛使用。

2. 单神经元 PID 的优势

单神经元 PID 控制器的本质是通过神经元权重系数的自学习实时调节 K_p、K_i、K_d 和 K 4 个参数（K 为神经元增益），实现控制器的非线性化，加强系统的控制性能，能够对纯滞后大惯量对象做出快速决策。

常规的单神经元 PID 控制器虽然有较强的自适应性和鲁棒性，但受限于状态变量，响应

174

不够快, 其响应速度也不能完全满足需求, 因此需要改进。而传统的串级 PID 由于增加了一个环节, 因此能够提高一般系统控制的速度, 但在控制纯滞后大惯量的系统时仍然会出现超调量过大的现象。

基于此, 将常规串级 PID 控制系统中的主控制器替换成单神经元 PID 控制器, 使控制器能够在线学习、实时优化参数, 增加响应速度, 大幅降低了上述问题带来的影响。

3. 单神经元控制详解

前面已经介绍了串级 PID 的使用, 本节就是在串级 PID 的基础之上进行算法的优化及控制的优化, 力求得到一个控制性极好的系统。这里采用单神经元 PID 控制器替代常规串级 PID 控制系统的主控制器, 构成了单神经元串级 PID 控制器, 其结构如图 8-39 所示。

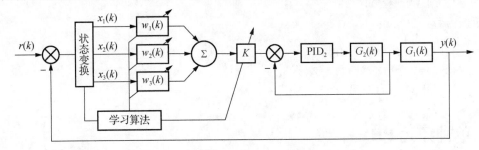

图 8-39　单神经元串级 PID 控制器的结构

图 8-39 中, $r(k)$ 为设定值, $y(k)$ 为输出值。$r(k)$ 与 $y(k)$ 的差值 $e(k)$ 经过状态变换变换为 3 个状态量, 即 $x_1(k)$、$x_2(k)$、$x_3(k)$ 作为神经元的输入; $\omega_1(k)$、$\omega_2(k)$、$\omega_3(k)$ 分别为这 3 个状态量在 k 时刻的加权系数; K 为神经元增益, $K>0$; PID_2 为常规 PID 控制器, 控制系统内环; $G_2(k)$ 为系统内环传递函数, $G_1(k)$ 为系统外环传递函数。

其中, $\omega_1(k)$、$\omega_2(k)$、$\omega_3(k)$ 和神经元增益 K 的值将根据学习算法不断自行优化。

神经元输入:

$$x_1(k) = e(k) = r(k) - y(k)$$
$$x_2(k) = \Delta e(k) = e(k) - e(k-1)$$
$$x_3(k) = \Delta^2 e(k) = e(k) - 2e(k-1) + e(k-2)$$

输出量更新函数:

$$u(k) = u(k-1) + k\sum_{i=1}^{3} w_i{}'(k)x_i(k)$$

式中, $w_i{}'(k) = \dfrac{w_i(k)}{\sum\limits_{i=1}^{8} w_i(k)}$ 为平均连接权系数; $x_i(k)$ 既为神经元的输入又为误差、误差的一阶

差分、误差的二阶差分。

基于有监督的 Hebb 规则而改进的学习算法:

$$\omega_1(k) = \omega_1(k-1) + \eta_1 z(k)u(k)(e(k) + \Delta e(k))$$
$$\omega_2(k) = \omega_2(k-1) + \eta_2 z(k)u(k)(e(k) + \Delta e(k))$$
$$\omega_3(k) = \omega_3(k-1) + \eta_3 z(k)u(k)(e(k) + \Delta e(k))$$

式中, $z(k) = e(k)$, η_i 为学习速率, $u(k)$ 为 k 时刻神经元的输出量。

其中, 学习速率 η_i 过大会引起控制器超调, 过小调节过程会较为缓慢。

　　将算法应用于四旋翼的控制器，分别控制四旋翼在 X、Y、Z 轴上的速度和位移，分别将其分为内、外环两个部分。外环采用单神经元 PID 用以控制四旋翼飞行器的位移，竖直方向位移数据将通过融合气压计和超声波传感器数据来获得，水平方向上的位移数据将通过视觉模块获取。内环采用传统 PID 控制其速度环节，速度数据将通过融合位移数据和加速度计的数据来获得。其中，内环的参数是固定的，外环的参数及神经元增益 K 会随着误差的变化自动调节。

　　在了解了单神经元 PID 后，通过对代码的实时分析来介绍单神经元 PID 在控制器中的实现方法。现就高度外环神经元 PID 代码展开详细的解读。

```
//高度神经元参数
//ηi、ηp、ηd分别为积分、比例、微分的学习速率,K 为神经元的比例参数,K>0
static float np_height=1,ni_height=0,nd_height=0.5;
//Z 高度 Kp,Ki,Kd的学习速率
static float Neurons_k_hight=3.0; //Z 高度神经元 K 值
//算法中间变量定义
static float output_height=0,lastoutput_height=0;
static float heightw1=0,heightw2=0,heightw3=0;
static float heightlastw1=0,heightlastw2=0,heightlastw3=0;
static float heightAverage_w1=0,heightAverage_w2=0,heightAverage_w3=0;
static float height_Average=0;
static float height_err[3]={0,0,0};
/*
高度单神经元 PID
神经元最终输出
    u(k)=u(k-1)+K*(w11(k)*x1(k)+w22(k)*x2(k)+w33(k)*x3(k))
    权重归一
    w11(k)=w1(k)/(w1(k)+w2(k)+w3(k))
    w22(k)=w2(k)/(w1(k)+w2(k)+w3(k))
    w33(k)=w3(k)/(w1(k)+w2(k)+w3(k))
    学习规则
    w1(k)=w1(k-1)+ni*z(k)*u(k)*x1(k)
    w2(k)=w2(k-1)+np*z(k)*u(k)*x2(k)
    w3(k)=w3(k-1)+nd*z(k)*u(k)*x3(k)
    增量式 PID
    x1(k)=e(k)
    x2(k)=e(k)-e(k-1)
    x3(k)=e(k)-2*e(k-1)+e(k-2)
    z(k)=e(k)
*/
float Neurons_PID_Hight(float Errdata)
{
    static float x1,x2,x3;
    //对输入的误差赋值
    height_err[2]=Errdata;
```

```
//Hebb 学习规则
heightw1=heightlastw1+np_height*height_err[2]*output_height*x1;
heightw2=heightlastw2+ni_height*height_err[2]*output_height*x2;
heightw3=heightlastw3+nd_height*height_err[2]*output_height*x3;
//增量式 PID 计算
x1=height_err[2]-height_err[1];
x2=height_err[2];
x3=height_err[2]-2*height_err[1]+height_err[0];
height_Average=(Abs_Funcation(heightw1)+Abs_Funcation(heightw2)+
Abs_Funcation(heightw3));
if(height_Average==0)
{
    height_Average=0.0001;
}
//权重归一
heightAverage_w1=heightw1/height_Average;
heightAverage_w2=heightw2/height_Average;
heightAverage_w3=heightw3/height_Average;
//最终输出
output_height=lastoutput_height+Neurons_k_hight*(heightAverage_w1*x1
+heightAverage_w2*x2+heightAverage_w3*x3);
//循环
height_err[0]=height_err[1];
height_err[1]=height_err[2];
lastoutput_height=output_height;
heightlastw1=heightw1;
heightlastw2=heightw2;
heightlastw3=heightw3;
return output_height;
}
```

第9章 红外线心率计的组装与调试

红外线心率计就是通过红外线传感器检测出手指中动脉血管的微弱波动,由计数器计算出每分钟波动的次数。但手指中的毛细血管的波动是很微弱的,因此需要一个高放大倍数且低噪声的放大器,这是红外线心率计设计的关键。通过红外线心率计的制作,学生可掌握常用模拟、数字集成电路(运算放大器、非门、555 定时器、计数器、译码器等)的应用。

实训要求如下。

1)理解红外线心率计的原理框图、电路原理图。

2)独立完成一台红外线心率计的焊接、安装及调试,根据红外线心率计的技术指标测试红外线心率计的主要参数及波形。

3)调试过程中,能进行简单的故障分析及排除。

9.1 红外线心率计的工作原理

1. 红外线心率计的原理图

红外线心率计的电路由-10V 电源变换电路,血液波动检测电路,放大、整形、滤波电路,门控电路,3 位计数电路,译码、驱动、显示电路组成,如图 9-1 所示。

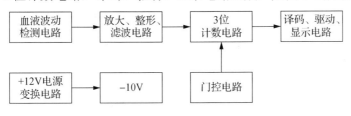

图 9-1　红外线心率计的原理图

2. 单元电路的工作原理

(1)负电源变换电路

负电源变换电路的作用是把+12V 直流电压变成-10V 左右的直流电压,-10V 电压与+12V 电压作为运算放大器的电源。负电源变换电路如图 9-2 所示,集成电路的结构如图 9-3 所示,其中 IC_1(CD4069)为六非门集成电路,它的内部结构如图 9-3(a)所示。

负电源变换电路的工作原理:通电的瞬间,假设 A 点是低电位,B 点是高电位,C 点是低电位,D 点是高电位。B 点的高电位通过 R_{19} 给 C_7 充电,当 F 点的电压高于 IC_1(CD4049)的转换电压时,B 点输出低电位,C 点(C_7 一端)输出高电位,由于电容两端的电压不能突变,所以 C_7 两端的电压通过 R_{19} 放电。当 F 点电压低于 IC_1 的转换电压时,B 点输出高电位,此高电位通过 R_{19} 对 C_7 充电,如此循环。C 点得到方波,经过后面 4 个反相器反相、扩流后,

在 D 点得到方波。

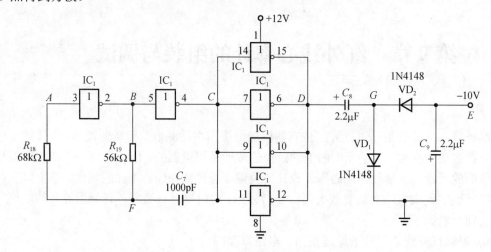

图 9-2　负电源变换电路

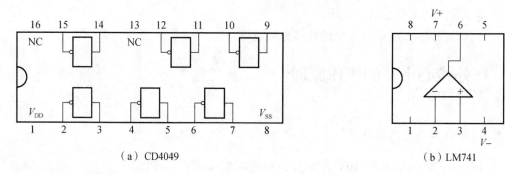

（a）CD4049　　　　　　　　（b）LM741

图 9-3　集成电路的结构图

当 D 点是高电平时，VD_1 导通 C_8 被充电，大约充到 11V；当 D 点变成低电平时，由于 C_8 两端的电压不能突变，G 点电压被拉到-11V 左右，此时 VD_2 导通，C_9 反方向进行充电，使 E 点电压达到-10V 左右。由于带负载的能力不强，当带上负载后，E 点电压大约降到 9V。

（2）血液波动检测电路

血液波动检测电路首先通过红外光电传感器把血液中波动的成分检测出来，然后通过电容器耦合到放大器的输入端，如图 9-4 所示。

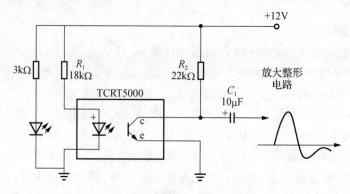

图 9-4　血液波动检测电路

TCRT5000 红外光电传感器的检测方法：首先用数字万用表的二极管挡位正向压降测试控制端发射管（浅蓝色）的正、负极，将红黑表笔分别接发射管的两个引脚，正反各测一次。若表头一次显示"1.05（0.9-1.1）"，一次显示溢出值"-1"，则显示 1.05V 的那次正确，表示红表笔接的是正极，黑表笔接的是负极。若两次都显示"1"，则说明发射管内部开路；若两次都显示"0"，则发射管内部短路。

判断接收管的 c、e 极和光电转换效率，方法如下：将发射管的正负极分别插入数字万用表 h_{FE} 挡 NPN 型的 c、e 插孔，再将模拟万用表打到 $R\times1k\Omega$ 挡。红黑表笔分别接接收管的两个引脚，若表针不动，则红黑表笔对调；若表针向右偏转到 15kΩ 左右，则黑表笔所接引脚为 c，红表笔所接引脚为 e。此时，再用手指或白纸贴近两管上方，若表针继续向右偏转至 1kΩ 以内，则说明该红外光电传感器的光电转换效率高。

血液波动检测电路的工作原理：TCRT5000 是集红外线发射管、接收管为一体的光电传感器，工作时把探头贴在手指上，力度要适中。红外线发射管发出的红外线穿过动脉血管经手指指骨反射回来，反射回来的信号强度随着血液流动的变化而变化，接收管把反射回来的光信号变成微弱的电信号，并通过 C_1 耦合到放大器。

（3）放大、整形、滤波电路

放大、整形、滤波电路是把传感器检测到的微弱电信号进行放大、整形、滤波，最后输出反映心跳频率的方波，如图 9-5 所示。其中，LM741 为高精度单运算放大器电路，其引脚功能如图 9-3（b）所示。IC_2、IC_3、IC_4 都为 LM741。

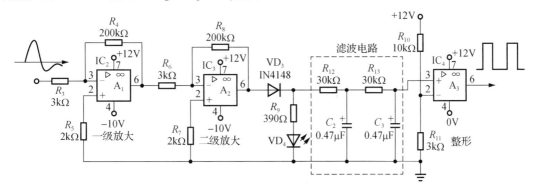

图 9-5　信号放大、整形、滤波电路

因为传感器送来的信号幅度只有 2~5mV，要放大到 10V 左右才能作为计数器的输入脉冲。因此放大倍数设计在 4000 倍左右。两级放大器都接成反相比例放大器的电路，经过两级放大、反相后的波形是跟输入波形同相且放大了的波形。放大后的波形是一个交流信号。其中，A_1、A_2 的供电方式是正负电源供电，电源为 +12V、-10V。

A_1、A_2 与周围元件组成二级放大电路，放大倍数 A_{uf} 为

$$A_{uf} = \frac{R_4}{R_3} \times \frac{R_8}{R_6} \approx 66 \times 66 \approx 4000$$

由于放大后的波形是交流信号，而计数器需要的是单方向的直流脉冲信号。所以需经过 VD_3 检波后变成单方向的直流脉冲信号，并把检波后的信号送到 RC 两阶滤波电路，滤波电路的作用是滤除放大后的干扰信号。R_9、VD_4 组成传感器工作指示电路，当传感器接收到心跳信号时，VD_4 就会根据心跳的强度而改变亮度，因此 VD_4 正常工作时是按心跳的频率闪烁。

直流脉冲信号滤波后送入 A_3 的同相输入端，反相输入端接一个固定的电平，A_3 是作为电压比较器来工作的，是单电源供电。当 A_3 的 3 脚电压高于 2 脚电压时，6 脚输出高电平；当 A_3 的 3 脚电压低于 2 脚电压时，6 脚输出低电平，所以 A_3 输出一个反映心跳频率的方波信号。

（4）门控电路

555 定时器是一种将模拟电路和数字电路集于一体的电子器件，用它可以构成单稳态触发器、多谐振荡器和施密特触发器等多种电路。555 定时器在工业控制、定时、检测、报警等方面有广泛的应用。

555 定时器内部电路及其简化符号如图 9-6 所示。555 内部电路由基本 RS 触发器 FF、比较器 $COMP_1$、$COMP_2$ 和场效应管 V_1 组成。当 555 内部的 $COMP_1$ 反相输入端（－）的输入信号 V_R 小于其同相输入端（＋）的比较电压 V_{CO}（$V_{CO} = \frac{2}{3} V_{DD}$）时，$COMP_1$ 输出高电位，置触发器 FF 为低电平，即 $Q=0$；当 $COMP_2$ 同相输入端（＋）的输入信号 $\overline{V_S}$ 大于其反相输入端（－）的比较电压 $V_{CO}/2$ 时，$COMP_2$ 输出高电位，置触发器 FF 为高电平，即 $Q=1$。$\overline{R_D}$ 是直接复位端，$\overline{R_D}=0$，$Q=0$；MOS 管 V_1 是单稳态等定时电路时，可供定时电容 C 对地放电。

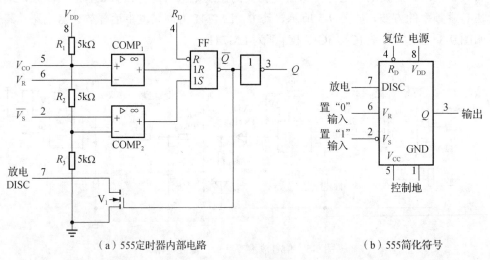

（a）555定时器内部电路　　　　　　　　（b）555简化符号

图 9-6　555 定时器内部电路及其简化符号

注意：电压 V_{CO} 可由外部提供，故称为外加控制电压，也可以使用内部分压器产生的电压，这时 $COMP_2$ 的比较电压为 $V_{DD}/3$，不用时常接 $0.01\mu F$ 电容到地以防干扰。

由 555 接成单稳态触发器来完成门控电路的作用是控制计数器的启停，并控制每次测量的时间，电路如图 9-7 所示。

1）当接通电源时，+12V 电源电压通过 R_{15} 对电容 C_4 进行充电，2 脚的电压变为 12V（"1"电平），触发器 FF 被置"0"，即 555 的 3 脚输出"0"电平［参见图 9-7（a）］。VT_6 截止，VT_6 的 C 即为高电位，所以计数器 MC14553 不计数，此时 VD_5 不亮。

2）当按下 S_1 按钮时，2 脚的电压为 0V，低于 1/3 电源电压。555 内部 $COMP_2$ 输出高电平，触发器 FF 被置"1"，即 3 脚输出"1"电平，VT_6 饱和导通，VD_5 发光，VT_6 集电极输出低电平，使计数器 MC14553 清零，开始计数。同时 555 内场效应管截止，12V 电压通过 R_{17} 给 C_6 充电，C_6 的电压逐渐增高，波形如图 9-7（b）所示。

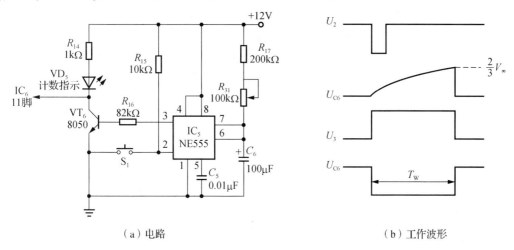

（a）电路　　　　　　　　　（b）工作波形

图 9-7　由 555 组成的门控电路

3）当 C_6 的电压充到 2/3 电源电压时，555 内 COMP$_1$ 输出高电平，触发器置"0"，3 脚输出低电平，VT$_6$ 集电极输出高电平，因此计数器 MC14553 的 11 脚变为高电平，计数器停止计数；同时 555 内场效应管导通，电容 C_6 通过场效应管迅速放电到低电平，返回稳定的状态，定时结束。

脉宽 T_W 可根据下式计算：

$$T_{\mathrm{W}} = R_{17}C_6 \ln \frac{V_{\mathrm{DD}}}{V_{\mathrm{DD}} - \frac{2}{3}V_{\mathrm{DD}}} = R_{17}C_6 \ln 3 = 1.1R_{17}C_6 \tag{9-1}$$

（5）3 位计数电路

由 MC14553 组成的 3 位计数电路对输入的方波进行计数，并把计数结果以 BCD（binary coded decimal，二进制编码的十进制）码的形式输出。

MC14553 为 16 引脚扁平封装集成电路，其引脚功能如图 9-8（a）所示，有 4 个 BCD 码输出端 $Q_1 \sim Q_3$，可分时输出 3 组 BCD 码；有 3 个分时同步控制信号 DS$_1 \sim$ DS$_3$，为计数器的输出提供分时同步输出控制信号，形成动态扫描工作方式，该控制端低电平有效。计数电路包含计数和输出驱动电路。

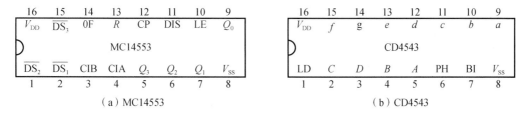

（a）MC14553　　　　　　　　（b）CD4543

图 9-8　集成电路引脚的功能

计数器 MC14553 真值表见表 9-1。

表 9-1　MC14553 真值表

输入				输出
置零端（13 脚）	时钟（12 脚）	使能（11 脚）	测试（10）	
0	上升沿	0	0	不变
0	下降沿	0	0	计数
0	X	1	X	不变
0	1	上升沿	0	计数
0	1	下降沿	0	不变
0	0	X	X	不变
0	X	X	上升沿	锁存
0	X	X	1	锁存
1	X	X	0	$Q_0 \sim Q_3$ 为 0

注：X 为任意。

　　计数器 MC14553 的 $DS_1 \sim DS_3$ 输出为方波，波形如图 9-9 所示。当按下 S_1 时，VD_5 饱和导通，VD_5 的 C 极为低电平，MC14553 的 11 脚变为低电平，计数器开始对送到 12 脚的从整形电路过来的方波个数进行计数，最大计数为 999，计数结果以 BCD 码的形式从 $Q_0 \sim Q_3$ 输出。11 脚不管是高电平还是低电平，$DS_1 \sim DS_3$ 始终输出图 9-9 所示的方波。当 DS_3 是低电平时，个位显示器被选中，$Q_0 \sim Q_3$ 输出个位要显示的数值；当 DS_2 是低电平时，十位显示器被选中，$Q_0 \sim Q_3$ 输出十位要显示的数值；当 DS_1 是低电平时，百位显示器被选中，$Q_0 \sim Q_3$ 输出百位要显示的数值。

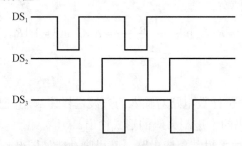

图 9-9　$DS_1 \sim DS_3$ 的输出波形图

　　（6）译码、驱动、显示电路

　　3 位计数电路和译码、驱动、显示电路如图 9-10 所示，它的作用是把计数器输出的计数结果显示在 3 位数码管上。

　　译码器 CD4543 的引脚功能如图 9-8（b）所示。它有 4 个输入端，即 A、B、C、D，与计数器的输出端相连；有 7 个数码笔段输出驱动端，即 $a \sim g$。译码器 CD4543 可以驱动共阴、共阳两种数码管。使用时，只要将 PH 引脚接高电平，即可驱动共阳极的 LED 数码管；将 PH 引脚接低电平，即可驱动共阴极的 LED 数码管。

　　显示采取动态扫描的方法，即每一时刻只有一个数码管被点亮，但是交替的频率非常快，由于人眼的视觉残留效应，人眼看到的就是静止的数字显示结果。计数器送来的数据，经过 CD4543 翻译成 7 段字码后，接到数码管（共阳极）的 7 个笔画端，点亮相应的笔画段。CD4543 的真值表见表 9-2。

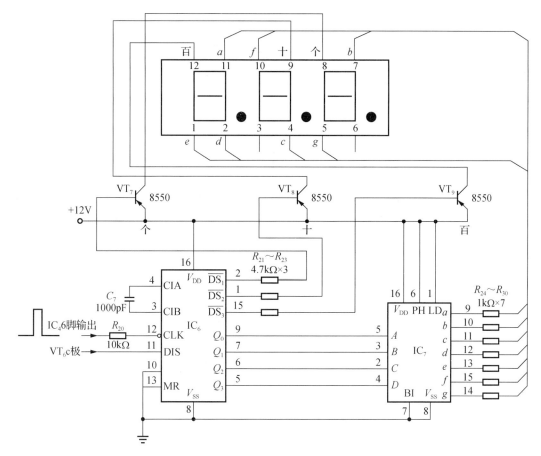

图 9-10　3 位计数、译码、驱动、显示电路

IC$_6$ 为 MC14553；IC$_7$ 为 CD4543

表 9-2　CD4543 的真值表

输入					输出	
LD（1）	BI（7）	PH（6）	$D\,C\,B\,A$		$a\,b\,c\,d\,e\,f\,g$	显示
X	1	1	$X\,X\,X\,X$		1 1 1 1 1 1 1	黑屏
1	0	1	0 0 0 0		0 0 0 0 0 0 1	0
1	0	1	0 0 0 1		1 0 0 1 1 1 1	1
1	0	1	0 0 1 0		0 0 1 0 0 1 0	2
1	0	1	0 0 1 1		0 0 0 0 1 1 0	3
1	0	1	0 1 0 0		1 0 0 1 1 0 0	4
1	0	1	0 1 0 1		0 1 0 0 1 0 0	5
1	0	1	0 1 1 0		0 1 0 0 0 0 0	6
1	0	1	0 1 1 1		0 0 0 1 1 1 1	7
1	0	1	1 0 0 0		0 0 0 0 0 0 0	8
1	0	1	1 0 0 1		0 0 0 0 1 0 0	9
1	0	1	1 0 1 0		1 1 1 1 1 1 1	黑屏
1	0	1	1 0 1 1		1 1 1 1 1 1 1	黑屏
1	0	1	1 1 0 0		1 1 1 1 1 1 1	黑屏
1	0	1	1 1 0 1		1 1 1 1 1 1 1	黑屏
1	0	1	1 1 1 0		1 1 1 1 1 1 1	黑屏
1	0	1	1 1 1 1		1 1 1 1 1 1 1	黑屏

注：X 为任意。

　　综合上述各功能模块，红外线心率计最终的整机原理图如图 9-11 所示。

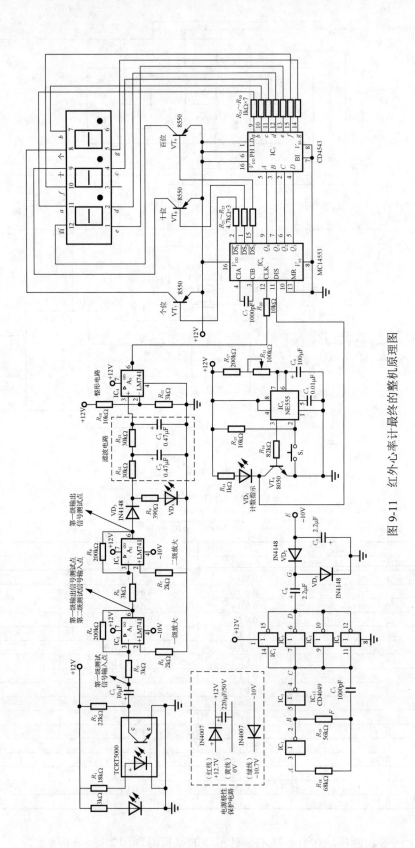

图 9-11 红外心率计最终的整机原理图

9.2　红外线心率计的调试

红外线心率计调试的基本要求如下。

1）熟练掌握用数字万用表测量集成电路及各元器件引脚电压的方法，判别各集成电路输入、输出状态；熟练使用示波器测量要求点的电压波形。

2）会利用电原理分析和排除调试过程中出现的故障。

当代电子产品调试技术的发展有以下 3 个明显的趋势。

1）强调整体调试：微电子技术和 EDA（electronic design automation，电子设计自动化）技术的飞速发展，电子产品元器件数量的减少，设计制造水平的不断提高，使大批产品内的同一功能电路之间的差别微小，不同功能模块之间的配合有条件在产品设计中解决，因此一个电子产品内各功能模块不需要或很少需要调试。调试工作主要集中在整体调试，极大地提高了效率，降低了产品的制造成本。

2）趋向免调试、少测试：现在很多电子产品由高集成度专用的集成电路，以及大规模、超大规模通用集成电路和高质量的电子元器件组成，其制造工艺先进，使电子产品调试走出传统反复调整和测试的模式，向免调试、少测试的方向发展。例如，现代采用单片集成电路和 SMT 制造的数字调谐收音机，几乎不用调整，只需很少的测试便可以达到较高的指标。

3）发展自动测试：先进的计算机集成制造系统使电子产品的测试完全由计算机控制，产品的一致性和质量都达到空前的水平。

红外线心率计的调试过程如下。

（1）电源变换电路的调试

把 12V 直流电压送入电源变换电路 CD4096 的 1 脚（正极）与 8 脚（负极）之间，注意正负极。用数字万用表 DC20V 挡测集成电路 CD4096 的 1 脚与 12 脚之间的电压为 12V。此时，RC 振荡器应该工作。用示波器（量程 DC5V/div）测试 C 点的电压波形，应该是一个不规范的方波，测试 D 点的波形，应该是规范的方波，把 C 点、D 点测量电压波形记录在表 9-3 中。用数字万用表的 DC20V 挡测量 E 点对地的电压，应该是-10V 左右，把测得的电压记录在记录表 9-3 中。如果没有方波，说明电路没有起振，应检查 RC 电路和芯片 4096 的电源是否接错；如果电路起振，而没有-10V 电压，检查二极管 VD_1、VD_2 和电解电容 C_6 的极性是否接错。

表 9-3　电源电路

测量项目	C 点电压波形	D 点电压波形
画出被测量波形并标出幅度与周期		
E 点电压	$U_E=$_____V	

（2）血液波动检测电路的调试

电路连接完毕后通电。把食指放在传感器的探头处，适当调节压力。用示波器的 AC 挡（5mV/div、500mS/div）测量电容 C_1 正极对地的波形，应该能在示波器上看到微弱的心跳波动，幅度大约是几毫伏。如果有此波形，说明传感器工作正常，如果没有，检查传感器的引脚是否接错。用示波器测量 C_1 负极的波形，可看到比正极的波形幅度还要小的波动。将测得的两个波形记录在表 9-4 中。

表 9-4　血液波动检测电路

测量项目	C_1 正极电压波形	C_1 负极电压波形
画出被测量波形并标出幅度与周期		

（3）放大、整形、滤波电路的调试

电路连接完毕后通电。测量 IC_2、IC_3 的 7 脚、4 脚对直流地的电压（即运算放大器的供电电压），应该为+12V、−10V 左右。测量 IC_4 的 7 脚、4 脚之间的电压，应为+12V 左右。

把食指放在传感器（ON2152）的探头上，适当调节压力，VD_4 会有节律地闪烁，闪烁的频率与心跳的频率吻合。此时，用示波器测量 IC_2 的 6 脚波形，应是放大了 R_4/R_3 倍的波动信号。用示波器测量 IC_3 的 6 脚波形，应是比 IC_2 的 6 脚波形放大了 R_8/R_6 倍的波形（因为放大倍数很大，波形有削顶现象）。IC_2、IC_3 的放大倍数可以根据实际情况适当做一些调整。用示波器测量 IC_4 的 6 脚波形，应是一个规范的方波且是单极性的，如果没有方波或方波的占空比太小，可以适当改变 R_{10}、R_{11} 的阻值。将测得的 3 个波形记录在表 9-5 中。

表 9-5　放大、整形、滤波电路

测量项目	IC_2 的 6 脚电压波形	IC_3 的 6 脚电压波形	IC_4 的 6 脚电压波形
画出被测量波形并标出幅度与周期			
第一级放大倍数：		第二级放大倍数：	

如果暂时没有传感器，则可使用函数信号发生器产生几赫兹、几毫伏的正弦波，并把该波形加到 C_1 的负极，同样也可以按上述的方法进行调试。

（4）门控电路的调试

电路连接完毕后通电。此时，门控电路进入稳态，用数字万用表 DC20V 挡测量 3、6、7 脚与 1 脚之间的电压都为 0V，VT_6 的 C 极与 1 脚之间的电压为 12V，VD_5 不发光。按一下 S_1 按钮，门控电路输出状态发生翻转，进入暂稳态，555 输出端 3 脚输出高电位，因此 VT_6 饱和导通，VT_6 的 C 极输出低电位，VD_5 发光。用数字万用表 DC20V 挡测量 6、7 脚与 1 脚之间的电压，可以发现，电压是慢慢上升的，当上升到 8V 左右时（时间是 30s），门控电路输出状态又发生翻转，进入稳态，此时 555 输出端 3 脚输出低电位。用数字万用表 DC20V 挡测量 3、6、7 脚与 1 脚之间的电压，都是 0V，VT_6 的 C 极与 1 脚之间的电压为 12V，VD_5 不发光。将测得的结果记录在表 9-6 中。

表 9-6　门控电路

稳态时 IC_4（555）及晶体管 VT_6 的 C 极电压								
测量项目	U_1	U_2	U_3	U_4	U_5	U_6	U_7	U_8	U_C
测量值									
暂态时 IC_4（555）及晶体管 VT_6 的 C 极电压								
测量项目	U_1	U_2	U_3	U_4	U_5	U_6	U_7	U_8	U_C
测量值									

暂稳态时间 $t=$＿＿＿s。

如果暂稳态的时间不是 30s，则最后测量的心率不准确。需要调整 R_{17} 或 C_6 的参数来达到暂稳态为 30s 的要求。具体计算公式：$1.1 \times R_{17} \times C_6 = 30$。

（5）计数及译码、驱动、显示电路的调试

电路连接完毕后通电。此时由于门控电路的控制作用，计数器 MC14553 的使能端（低电平有效）被置"1"，计数器不计数，输出的 BCD 码是 0000，即 5、6、7、9 脚的电压大约都是 0V。用示波器双踪测量 DS_1 与 DS_2 之间、DS_2 与 DS_3 之间的波形，应能显示图 9-9 所示的波形，测试并把波形记录在表 9-7 中（示波器量程：双踪，5V/div，1mS/div）。

表 9-7　计数及译码、驱动、显示电路

测量项目	DS_1、DS_2、DS_3 波形（画在一起）	VT_7、VT_8、VT_9 的 C 极（画在一起）
画出被测量波形并标出幅度与周期		

把食指放在传感器的探头处，适当调节压力。当观察到 VD_4 呈现有规律的亮-灭时，就可以进行测量了。按下门控电路的 S_1，这时，VD_5 发光，计数器的使能端被置"0"，计数器开始按整形电路送来的心跳脉冲计数。计数的结果以 BCD 码的形式送到译码器进行译码。译码后的结果送到数码管显示计数的结果。30s 后，门控电路输出高电平，计数器使能端被置"1"，计数器停止计数。数码管显示最后计数的结果，此数字乘以 2 即是被测的心率。测量并记录计数器停止计数后，集成电路 MC14553 及 CD4543 的引脚电压，并将结果记录在表 9-8 和表 9-9 中。

表 9-8　稳态时 MC14553 引脚的电压

测量项目	U_5	U_6	U_7	U_9	U_3	U_4	U_{11}	U_{13}	U_8	U_{16}
测量值										

表 9-9　稳态时 CD4543 引脚的电压

测试项目	U_2	U_3	U_4	U_5	U_9	U_{10}	U_{11}	U_{12}
测量值								
测试项目	U_{13}	U_{14}	U_{15}	U_1	U_6	U_{16}	U_7	U_8
测量值								

所测得的心率：____ 次/min。

附　　录

附录 1　Linux 概述

1. Linux 简介

Linux 是一套免费使用和自由传播的类 UNIX 操作系统，它主要用于基于 Intel x86 系列 CPU 的计算机上。这个系统是由全世界各地成千上万的程序员设计和实现的。其目的是建立不受任何商品化软件的版权制约的、全世界都能自由使用的 UNIX 兼容产品。

Linux 的出现，最早开始于一位名叫 Linus Torvalds 的计算机业余爱好者，当时他是芬兰赫尔辛基大学的学生。他的目的是想设计一个代替 Minix（是由一位名叫 Andrew Tannebaum 的计算机教授编写的一个操作系统示教程序）的操作系统，这个操作系统可用于 386、486 或奔腾处理器的 PC 上，并且具有 UNIX 操作系统的全部功能，因而开始了 Linux 雏形的设计。

Linux 以它的高效性和灵活性著称。它能够在 PC 上实现全部的 UNIX 特性，具有多任务、多用户的能力。

Linux 之所以受到广大计算机爱好者的喜爱，主要原因有两个，一是它属于自由软件，用户不用支付任何费用就可以获得它及其源代码，并且可以根据自己的需要对它进行必要的修改，无偿对它使用，无约束地继续传播。另一个原因是，它具有 UNIX 的全部功能，任何使用 UNIX 操作系统或想要学习 UNIX 操作系统的人都可以从 Linux 中获益。

2. 使用 Linux 的原因

Linux 是一套具有 UNIX 全部功能的免费操作系统，它在众多的软件中占有很大的优势，为广大的计算机爱好者提供了学习、探索及修改计算机操作系统内核的机会。

Linux 是一套自由软件，用户可以无偿地得到它及其源代码，可以无偿地获得大量的应用程序，而且可以任意地修改和补充它们。这对用户学习、了解 UNIX 操作系统的内核非常有益。学习和使用 Linux 能为用户节省一笔可观的资金。Linux 是可免费获得的、为 PC 平台上的多个用户提供多任务、多进程功能的操作系统，这是人们要使用它的主要原因。就 PC 平台而言，Linux 提供了比其他任何操作系统都要强大的功能，Linux 还可以使用户远离各种商品化软件提供者促销广告的诱惑，再也不用承受每过一段时间就升级之苦，因此，可以节省大量用于购买或升级应用程序的资金。

Linux 不仅为用户提供了强大的操作系统功能，还提供了丰富的应用软件。用户不仅可以从 Internet 上下载 Linux 及其源代码，还可以从 Internet 上下载许多 Linux 的应用程序。可以说，Linux 本身包含的应用程序及移植到 Linux 上的应用程序包罗万象，任何一位用户都能从有关 Linux 的网站上找到适合自己特殊需要的应用程序及其源代码。这样，用户就可以根据自己的需要下载源代码，以便修改和扩充操作系统或应用程序的功能。这对 Windows NT、Windows 98、MS-DOS（disk operating system，磁盘操作系统）或 OS/2 等商品化操作系统来说是无法做到的。

　　Linux 为广大用户提供了一个在家里学习和使用 UNIX 操作系统的机会。尽管 Linux 是由计算机爱好者们开发的，但是它在很多方面上是相当稳定的，从而为用户学习和使用 UNIX 操作系统提供了机会。Linux 成为 UNIX 操作系统在 PC 上的一个代用品，并能用于替代那些较为昂贵的系统。

　　3. Linux 的组成

　　Linux 一般有 4 个主要部分：内核、Shell、文件结构和实用工具。

　　（1）Linux 内核

　　内核是系统的心脏，是运行程序和管理如磁盘和打印机等硬件设备的核心程序。内核从用户那里接收命令。

　　（2）Linux Shell

　　Shell 是系统的用户界面，提供了用户与内核进行交互操作的一种接口。它接收用户输入的命令并把它送入内核去执行。

　　实际上 Shell 是一个命令解释器，它解释由用户输入的命令并把它们送到内核。不仅如此，Shell 有自己的编程语言用于对命令的编辑，它允许用户编写由 Shell 命令组成的程序。Shell 编程语言具有普通编程语言的很多特点，如它也有循环结构和分支结构等，用这种编程语言编写的 Shell 程序与其他应用程序具有同样的效果。

　　Linux 提供了像 Microsoft Windows 那样可视的命令输入界面——X Window 的图形用户界面。它提供了很多窗口管理器，其操作就像 Windows 一样，有窗口、图标和菜单，所有的管理都是通过鼠标来控制的。

　　（3）Linux 文件结构

　　文件结构是文件存放在磁盘等存储设备上的组织方法，主要体现在对文件和目录的组织上。目录给管理文件提供了一个方便而有效的途径，可从一个目录切换到另一个目录，而且可以设置目录和文件的权限，以及设置文件的共享程度。

　　使用 Linux，用户可以设置目录和文件的权限，以便允许或拒绝其他人对其进行访问。Linux 目录采用多级树形结构。

　　文件结构的相互关联性使共享数据变得容易，几个用户可以访问同一个文件。Linux 是一个多用户操作系统，操作系统本身的驻留程序存放在以根目录开始的专用目录中，有时被指定为系统目录。

　　内核、Shell 和文件结构一起形成了基本的操作系统结构。它们使用户可以运行程序、管理文件及使用系统。此外，Linux 操作系统还有许多被称为实用工具的程序，辅助用户完成一些特定的任务。

　　（4）Linux 实用工具

　　标准的 Linux 操作系统都有一套叫作实用工具的程序，它们是专门的程序，如编辑器、执行标准的计算操作等。

　　实用工具可分为以下 3 类。

1）编辑器：用于编辑文件。

Linux 的编辑器主要有 Ed、Ex、Vi 和 Emacs。Ed 和 Ex 是行编辑器，Vi 和 Emacs 是全屏幕编辑器。

2）过滤器：用于接收数据并过滤数据。

Linux 的过滤器读取从用户文件或其他地方的输入，检查和处理数据，然后输出结果。从这个意义上来说，它们过滤了经过它们的数据。Linux 有不同类型的过滤器，一些过滤器用行编辑命令输出一个被编辑的文件；另外一些过滤器是按模式寻找文件并以这种模式输出部分数据；还有一些执行字处理操作，检测一个文件中的格式，输出一个格式化的文件。过滤器的输入可以是一个文件，也可以是用户从键盘输入的数据，还可以是另一个过滤器的输出。过滤器可以相互连接，因此，一个过滤器的输出可能是另一个过滤器的输入。在有些情况下，用户可以编写自己的过滤器程序。

3）交互程序：允许用户发送信息或接收来自其他用户的信息。

交互程序是用户与机器的信息接口。Linux 是一个多用户操作系统，它必须和所有用户保持联系。信息可以由系统上的不同用户发送或接收。信息的发送有两种方式，一种是与其他用户一对一地连接进行对话，另一种是一个用户和多个用户同时连接进行通信，即广播式通信。

4. Linux 的特性

Linux 操作系统在短短的几年之内得到了非常迅猛的发展，这与 Linux 具有的良好特性是分不开的。Linux 包含了 UNIX 的全部功能和特性。简单地说，Linux 具有以下主要特性。

（1）开放性

开放性是指系统遵循世界标准规范，特别是遵循开放系统互连国际标准。凡遵循国际标准所开发的硬件和软件，都能彼此兼容，可方便地实现互联。

（2）多用户

多用户是指系统资源可以被不同用户各自拥有使用，即每个用户对自己的资源（如文件、设备）有特定的权限，互不影响。Linux 和 UNIX 都具有多用户的特性。

（3）多任务

多任务是现代计算机最主要的一个特点。它是指计算机同时执行多个程序，而且各个程序的运行互相独立。Linux 操作系统调度每一个进程平等地访问微处理器。由于 CPU 的处理速度非常快，其结果是，启动的应用程序看起来好像在并行运行。事实上，从处理器执行一个应用程序中的一组指令到 Linux 调度微处理器再次运行这个程序之间只有很短的时间延迟，用户是感觉不出来的。

（4）良好的用户界面

Linux 向用户提供了两种界面：用户界面和系统调用。Linux 的传统用户界面是基于文本的命令行界面，即 Shell，它既可以联机使用，又可以保存在文件中脱机使用。Shell 有很强的程序设计能力且操作方便，为用户扩充系统功能提供了更高级的手段。可编程 Shell 是指将多条命令组合在一起，形成一个 Shell 程序，这个程序可以单独运行，也可以与其他程序同时运行。

系统调用给用户提供编程时使用的界面。用户可以在编程时直接使用系统提供的系统调用命令。系统通过这个界面为用户程序提供高效率的服务。

Linux 还为用户提供了图形用户界面。它利用鼠标、菜单、窗口、滚动条等方式，给用户呈现一个直观、易操作、交互性强的图形化界面。

（5）设备独立性

设备独立性是指操作系统把所有外设统一当成文件来看待，只要安装它们的驱动程序，任何用户都可以像使用文件一样，操纵、使用这些设备，而不必知道它们的具体存在形式。

具有设备独立性的操作系统，通过把每一个外设看作一个独立文件来简化增加新设备的工作。当需要增加新设备时，系统管理员就在内核中增加必要的连接。这种连接（也称设备驱动程序）保证每次调用设备提供服务时，内核以相同的方式来处理它们。当新的及更好的外设被开发并交付给用户时，操作允许在这些设备连接到内核后，就能不受限制地立即访问它们。设备独立性的关键在于内核的适应能力。其他操作系统只允许一定数量或一定种类的外设连接，而设备独立性的操作系统能够容纳任意种类及任意数量的设备，因为每一个设备都是通过其与内核的专用连接独立进行访问。

Linux 是具有设备独立性的操作系统，它的内核具有高度的适应能力，随着更多的程序员加入 Linux 编程，会有更多的硬件设备加入各种 Linux 内核和发行版本中。另外，由于用户可以免费得到 Linux 的内核源代码，因此，用户可以修改内核源代码，以便适应新增加的外设。

（6）提供了丰富的网络功能

完善的内置网络是 Linux 的一大特点。Linux 在通信和网络功能方面优于其他操作系统。其他操作系统不包含如此紧密地和内核结合在一起的连接网络的能力，也没有内置这些联网特性的灵活性。而 Linux 为用户提供了完善的、强大的网络功能。

1）支持 Internet 是其网络功能之一。Linux 免费提供了大量支持 Internet 的软件，Internet 是在 UNIX 领域中建立并繁荣起来的，在这方面使用 Linux 是相当方便的，用户能使用 Linux 与其他人通过 Internet 网络进行通信。

2）文件传输是其网络功能之二。用户能通过一些 Linux 命令完成内部信息或文件的传输。

3）远程访问是其网络功能之三。Linux 不仅允许进行文件和程序的传输，它还为系统管理员和技术人员提供了访问其他系统的窗口。通过这种远程访问的功能，一位技术人员能够有效地为多个系统服务，即使那些系统位于相距很远的地方。

（7）可靠的系统安全

Linux 采取了许多安全技术措施，包括对读、写进行权限控制，带保护的子系统，审计跟踪，核心授权等，这为网络多用户环境中的用户提供了必要的安全保障。

（8）良好的可移植性

可移植性是指将操作系统从一个平台转移到另一个平台使它仍然能按其自身的方式运行的能力。

Linux 是一种可移植的操作系统，能够在从微型计算机到大型计算机的任何环境中和任何平台上运行。可移植性为运行 Linux 的不同计算机平台与其他任何机器进行准确而有效的通信提供了手段，不需要另外增加特殊的和昂贵的通信接口。

5. Linux 与其他操作系统的区别

Linux 可以与 MS-DOS、OS/2、Windows 等其他操作系统共存于同一台机器上。它们均为操作系统，具有一些共性，但是互相之间又各有特色，有所区别。

目前，运行在 PC 上的操作系统主要有 Microsoft 的 MS-DOS、Windows、Windows NT 和 IBM 的 OS/2 等。早期的 PC 用户普遍使用 MS-DOS，因为这种操作系统对机器的硬件配置要求不高，而随着计算机硬件技术的飞速发展，硬件设备价格越来越低，人们可以相对容易地提高计算机的硬件配置，于是开始使用 Windows、Windows NT 等具有图形界面的操作系统。Linux 是新近被人们所关注的操作系统，它正在逐渐为 PC 用户所接受。那么，Linux 与其他操作系统的主要区别是什么呢？下面从两个方面加以论述。

首先看一下 Linux 与 MS-DOS 之间的区别。

在同一系统上运行 Linux 和 MS-DOS 已经很普遍，就发挥处理器功能来说，MS-DOS 没有完全实现 x86 处理器的功能，而 Linux 完全在处理器保护模式下运行，并且开发了处理器的所有特性。Linux 可以直接访问计算机内的所有可用内存，提供完整的 UNIX 接口。而 MS-DOS 只支持 UNIX 的部分接口。

就操作系统的功能来说，MS-DOS 是单任务的操作系统，一旦用户运行了一个 MS-DOS 的应用程序，它就独占了系统的资源，用户不可能再同时运行其他的应用程序。而 Linux 是多任务的操作系统，用户可以同时运行多个应用程序。

再看一下 Linux 与 OS/2、Windows、Windows NT 之间的区别。

从发展的背景来看，Linux 与其他操作系统的区别是，Linux 是从一个比较成熟的操作系统发展而来的，而其他操作系统，如 Windows NT 等，都是自成体系，无对应的相依托的操作系统。这一区别使 Linux 的用户能大大地从 UNIX 团体贡献中获利。因为 UNIX 是使用普遍、发展成熟的操作系统之一，它是 20 世纪 70 年代中期发展起来的微型计算机和巨型计算机的多任务操作系统，虽然有时接口比较混乱，并缺少相对集中的标准，但还是发展壮大成了广泛使用的操作系统之一。无论是 UNIX 的作者还是 UNIX 的用户，都认为只有 UNIX 才是一个真正的操作系统，许多计算机系统(从 PC 到超级计算机)都存在 UNIX 版本，UNIX 的用户可以从很多方面得到支持和帮助。因此，Linux 作为 UNIX 的一个复制，同样会得到相应的支持和帮助，直接拥有 UNIX 在用户中建立的牢固的地位。

6. 进入与退出 Linux 操作系统

Linux 是一个多用户的操作系统，用户要使用该系统，首先必须要登录系统，使用完系统后，必须退出系统。

用户登录系统时，为了使系统能够识别自己，必须输入用户名和密码，经系统验证无误后方能进入系统。在系统安装过程中可以创建两种账号。

1）root——超级用户账号，使用这个账号可以在系统中做任何事情。

2）普通用户——这个账号供普通用户使用，可以进行有限的操作。

一般的 Linux 使用者均为普通用户，而系统管理员一般使用超级用户账号完成一些系统管理的工作。如果只需要完成一些由普通账号就能完成的任务，建议不要使用超级用户账号，以免无意中破坏系统。

用户登录分两步进行：第一步，输入用户的登录名，系统根据该登录名来识别用户；第二步，输入用户的密码，该密码是用户自己选择的一个字符串，对其他用户是保密的，是在登录时系统用来辨别真假用户的关键字。

在 Linux 操作系统中，系统管理员在为用户建立新账号时赋给用户一个用户名和一个初始的密码。另外，Linux 操作系统给计算机赋予一个主机名。主机名用于在网络上识别独立的计算机（即使用户的计算机没有联网，也应该有一个主机名）。Linux 操作系统给出的默认主机名为 localhost。在下面的例子中，我们假设用户名为"xxq"，系统的主机名为"localhost"。

（1）进入系统（登录）

1）超级用户登录。

超级用户的用户名为 root，密码在安装系统时已设定。系统启动成功后，屏幕显示下面的提示：

```
localhost login:
```

这时输入超级用户名"root"，然后按 Enter 键。此时，用户会在屏幕上看到输入口令的提示：

```
localhost login:root
Password:
```

这时，需要输入密码。输入密码时，密码不会在屏幕上显示出来。如果用户输入了错误的密码，就会在屏幕上看到下列信息：

```
login incorrect.
```

这时需要重新输入。当用户正确地输入用户名和密码后，就能合法地进入系统。屏幕显示：

```
[root@loclhost /root] #
```

此时，说明该用户已经登录到系统中，可以进行操作了。这里"#"是超级用户的系统提示符。

2）普通用户登录。

建立了普通用户账号以后，就可以进行登录了。

在登录时，用户会在屏幕上看到类似下面的提示：

```
localhost login:
```

这时输入用户名"xxq"，然后按 Enter 键。此时，用户会在屏幕上看到输入密码的提示：

```
localhost login:xxq
Password:
```

这时，需要输入密码。输入密码时，密码不会在屏幕上显示出来。如果用户输入了错误的密码，就会在屏幕上看到下列信息：

```
login incorrect.
```

这时需要重新输入。当用户正确地输入用户名和密码后，就能合法地进入系统。屏幕显示：

```
[xxq@loclhost xxq] $
```

此时，说明该用户已经登录到系统中，可以进行操作了。

（2）修改口令

为了更好地保护用户账号的安全，Linux 允许用户随时修改自己的密码，修改密码的命令是 passwd，它将提示用户输入旧密码和新密码，之后还要求用户再次确认新密码，以避免用户无意中按错键。如果用户忘记了密码，可以请系统管理员为自己重新设置一个密码。

（3）虚拟控制台

Linux 是一个真正的多用户操作系统，这表示它可以同时接受多个用户登录。Linux 还允许一个用户进行多次登录，这是因为 Linux 和许多版本的 UNIX 一样，提供了虚拟控制台的访问方式，允许用户在同一时间从控制台（系统的控制台是与系统直接相连的监视器和键盘）进行多次登录。

虚拟控制台的选择可以通过按 Alt 键和一个功能键来实现，通常使用 F1～F6。例如，用户登录后，按 Alt+F2 组合键，即可看到 "login:" 提示符，说明用户看到了第二个虚拟控制台。然后只需按 Alt+F1 组合键，就可以回到第一个虚拟控制台。一个新安装的 Linux 操作系统允许用户使用 Alt+F1、Alt+F2、Alt+F3、……、Alt+F6 组合键来访问前 6 个虚拟控制台。

虚拟控制台可使用户同时在多个控制台上工作，真正感受到 Linux 操作系统多用户的特性。用户可以在某一虚拟控制台上进行的工作尚未结束时，就切换到另一虚拟控制台开始另一项工作。例如，开发软件时，可以在一个控制台上进行编辑，在另一个控制台上进行编译，在第 3 个控制台上查阅信息。

（4）退出系统

不论是超级用户，还是普通用户，需要退出系统时，在 Shell 提示符下，输入 "[xxq@loclhost xxq] $ exit" 命令即可。

还有其他退出系统的方法，但上面的那种方法是最安全的退出方法。

7．文件与目录操作

用户的数据和程序大多以文件的形式保存。用户使用 Linux 操作系统的过程中，需要经常对文件和目录进行操作。

（1）文件与目录的基本概念

在多数操作系统中都有文件的概念。文件是 Linux 用来存储信息的基本结构，它是被命名（称为文件名）的存储在某种介质（如磁盘、光盘和磁带等）上的一组信息的集合。文件名是文件的标志，它由字母、数字、下划线和下脚点组成的字符串构成。Linux 要求文件名的长度限制在 255 个字符以内。

为了便于管理和识别，用户可以把扩展名作为文件名的一部分。下脚点用于区分文件名和扩展名。扩展名在文件分类中十分有用的。用户可能对某些大众已接纳的标准扩展名比较熟悉，如 C 语言编写的源代码文件的扩展名为.c。

以下都是有效的 Linux 文件名：Preface、chapter1.txt、xu.c、xu.bak。

（2）文件的类型

Linux 操作系统中有 3 种基本的文件类型：普通文件、目录文件和设备文件。

1）普通文件。普通文件是用户最常面对的文件，它又分为文本文件和二进制文件。

① 文本文件：这类文件以文本的 ASCII（American Standard Code for Information Interchange，美国信息交换标准码）形式存储在计算机中。它是以"行"为基本结构的一种信息组织和存储方式。

② 二进制文件：这类文件以文本的二进制形式存储在计算机中，用户一般不能直接读懂它们，只有通过相应的软件才能将其显示出来。二进制文件一般是可执行程序、图形、图

像、声音等。

2）目录文件。设计目录文件的主要目的是管理和组织系统中的大量文件。它存储一组相关文件的位置、大小等与文件有关的信息。目录文件往往简称为目录。

3）设备文件。设备文件是 Linux 操作系统很重要的一个特色。Linux 操作系统把每一个 I/O 设备都看成一个文件，与普通文件一样处理，这样可使文件与设备的操作尽可能统一。从用户的角度来看，对 I/O 设备的使用和一般文件的使用一样，不必了解 I/O 设备的细节。设备文件可以细分为块设备文件和字符设备文件。前者的存取是以一个个字符块为单位的，后者则是以单个字符为单位的。

（3）目录

在计算机系统中存有大量的文件，如何有效地组织与管理它们，并为用户提供一个使用方便的接口是文件系统的一大任务。Linux 操作系统以文件目录的方式来组织和管理系统中的所有文件。文件目录是指将所有文件的说明信息采用树形结构组织起来，即我们常说的目录。也就是说，整个文件系统有一个根（root），然后在根上分杈，任何一个分杈上都可以再分杈，杈上也可以长出叶子。根和杈在 Linux 中被称为目录或文件夹。而叶子则是一个个的文件。实践证明，此种结构的文件系统效率比较高。

如前所述，目录也是一种类型的文件。Linux 操作系统通过目录将系统中所有的文件分级、分层地组织在一起，形成了 Linux 文件系统的树形层次结构。以根目录为起点，所有其他的目录都由根目录派生而来。用户可以浏览整个系统，可以进入任何一个已授权进入的目录，访问其中的文件。

Linux 目录提供了管理文件的一个方便途径，每个目录中都包含文件。用户可以为自己的文件创建目录，也可以把一个目录中的文件移动或复制到另一个目录中，而且可移动整个目录，并且和系统中的其他用户共享目录和文件。也就是说，我们能够方便地从一个目录切换到另一个目录，而且可以设置目录和文件的管理权限，以便允许或拒绝其他人对其进行访问。同时文件目录结构的相互关联性使分享数据变得十分容易，几个用户可以访问同一个文件。因此允许用户设置文件的共享程度。

（4）工作目录、用户主目录与路径

如前所述，目录是 Linux 操作系统组织文件的一种特殊文件。为使用户更好地使用目录，下面介绍有关目录的一些基本概念。

1）工作目录与用户主目录。从逻辑上讲，用户在登录到 Linux 操作系统之后，每时每刻都处在某个目录之中，此目录被称为工作目录或当前目录。工作目录是可以随时改变的。用户初始登录到系统中时，其主目录就成为其工作目录。工作目录用“.”表示，其父目录用“..”表示。

用户主目录是系统管理员增加用户时建立起来的（可以改变），每个用户都有自己的主目录，不同用户的主目录一般互不相同。

用户刚登录到系统时，其工作目录便是该用户主目录，通常与用户的登录名相同。

用户可以通过一个“~”字符来引用自己的主目录。例如，命令“/home/WANG$ cat ~/class/software_1”和命令“/home/WANG$ cat /home/WANG/class/software_1”的意义相同。Shell 将用用户主目录名来替换“~”字符。目录层次建立好之后，用户就可以把有关的文件放到相应的目录中，从而实现对文件的组织。

对文件进行访问时，需要用到路径的概念。

2）路径。顾名思义，路径是指从树形目录中的某个目录层次到某个文件的一条道路。此路径的主要构成是目录名称，中间用"/"分开。任一文件在文件系统中的位置都是由相应的路径决定的。

用户在对文件进行访问时，要给出文件所在的路径。路径又分相对路径和绝对路径。绝对路径是指从根开始的路径，也称为完全路径；相对路径是指从用户工作目录开始的路径。

用户要访问一个文件时，可以通过路径名来引用，并且可以根据要访问的文件与用户工作目录的相对位置来引用它，而不需要列出这个文件完整的路径名。例如，用户 WANG 有一个名为 class 的目录，该目录中有两个文件：software_1 和 hardware_1。若用户 WANG 想显示出其 class 目录中的名为 software_1 的文件，可以使用命令" /home/WANG$ cat /home/WANG/class/software_1"；用户也可以根据文件 software_1 与当前工作目录的相对位置来引用该文件，此时命令为"/home/WANG$ cat class/software_1"。

8. 进程管理及作业控制

Linux 是一个多任务的操作系统，系统上同时运行着多个进程，正在执行的一个或多个相关进程称为一个作业。使用作业控制，用户可以同时运行多个作业，并在需要时在作业之间进行切换。

（1）进程及作业的概念

Linux 操作系统上所有运行的东西都可以称为一个进程。每个用户任务、每个系统管理进程，都可以称为进程。Linux 用分时管理方法使所有的任务共同分享系统资源。我们讨论进程的时候，所关心的是如何去控制这些进程，使它们能够很好地为用户服务。

进程与程序是有区别的，进程不是程序，虽然它由程序产生。程序只是一个静态的指令集合，不占用系统的运行资源；而进程是一个随时都可能发生变化的、动态的、使用系统运行资源的程序，且一个程序可以启动多个进程。例如，从不同终端登录的不同的用户都在使用 Vi，尽管运行的是同一个程序，但系统却是在执行不同任务的不同进程。

Linux 操作系统包括 3 种不同类型的进程，每种进程都有自己的特点和属性。

1）交互进程：由一个 Shell 启动的进程。交互进程既可以在前台运行，也可以在后台运行。

2）批处理进程：这种进程和终端没有联系，是一个进程序列。

3）监控进程（也称守护进程）：Linux 操作系统启动时启动的进程，并在后台运行。

上述 3 种进程各有各的作用，使用场合也有所不同。

进程和作业的概念也有区别。一个正在执行的进程称为一个作业，而且作业可以包含一个或多个进程，尤其是当使用了管道和重定向命令。例如，"date>file"这个作业就同时启动了两个进程（">"是重定向的符号，date 命令是在屏幕上显示日期，date>file 就是将日期信息存放到文件 file 中）。

作业控制指的是控制正在运行进程的行为。例如，用户可以挂起一个进程，等待一段时间后再继续执行该进程。Shell 将记录所有启动的进程情况，在每个进程过程中，用户可以任意地挂起进程或重新启动进程。作业控制是许多 Shell（包括 bash 和 tcsh）的一个特性，使用户能在多个独立作业之间进行切换。

一般而言，进程与作业控制相关联时，才被称为作业。

在大多数情况下，用户在同一时间只运行一个作业，即它们最后向 Shell 输入的命令。

但是使用作业控制，用户可以同时运行多个作业，并在需要时在这些作业之间进行切换。例如，当用户编辑一个文本文件，并需要中止编辑做其他事情时，利用作业控制，用户可以让编辑器暂时挂起，返回 Shell 提示符开始做其他的事情。其他事情做完以后，用户可以重新启动挂起的编辑器，返回到刚才中止的地方，就像用户从来没有离开编辑器一样。

（2）启动进程

输入需要运行程序的程序名，执行一个程序，其实也就是启动了一个进程。在 Linux 操作系统中每个进程都具有一个进程号，用于系统识别和调度进程。启动一个进程有两个主要途径：手工启动和调度启动，后者是事先进行设置，根据用户要求自行启动。

1）手工启动。手工启动是指由用户输入命令，直接启动一个进程。但手工启动进程又可以分为很多种，根据启动的进程类型性质的不同，实际结果也不一样。

① 前台启动：手工启动进程最常用的方式。例如，当用户输入命令 “ls-l” 时，就启动了一个前台的进程。

② 后台启动：是指用户直接从后台手工启动一个进程，用得比较少，通常在某进程很耗时，且用户也不急着需要结果的时候启用。启动后台进程时，只要在启动的进程后面加上一个 “&” 字符就可以了。输入命令后，会出现一个数字，这个数字就是系统为该进程分配的进程号，也称为 PID，然后立即显示提示符。用户可以继续其他工作。

注意：命令 bg 可使被挂起的进程在后台运行。例如，当已经在前台启动了一个命令时（没有在此命令后面使用&），意识到这一命令将运行较长的一段时间，但此时还需要使用 Shell。在这种情况下，可通过按 Ctrl+Z 组合键挂起当前运行的进程，也可以通过输入 “bg” 命令把这一进程放到后台运行。这样便可以把 Shell 解放出来，用于其他命令的执行。命令 fg 可使被挂起的进程恢复到前台运行。

上面介绍了前台启动、后台启动的两种情况。实际上这两种启动方式有个共同的特点，就是新进程都是由当前的 Shell 进程产生的。也就是说，是 Shell 创建了新进程，于是就称这种关系为进程间的父子关系。这里，Shell 是父进程，新进程是子进程。一个父进程可以有多个子进程，一般地，子进程结束后才能继续父进程；但如果是从后台启动，就不用等待子进程结束了。

2）调度启动。有时候需要对系统进行一些比较费时且占用资源的维护工作，这些工作适合在深夜进行，这时候用户就可以事先进行调度安排，指定任务运行的时间或场合，到时候系统就会自动完成调度安排的一切工作。

使用自动启动进程的功能，就是使用 at 命令在指定时刻执行指定的命令序列，该命令至少需要指定一个命令、一个执行时间才可以正常运行。执行时间可以只指定时间，也可以时间和日期一起指定。下面是 at 命令的语法格式：

```
at [-V] [-q 队列] [-f 文件名] [-mldbv] 时间
at -c 作业 [作业...]
```

at 命令允许使用一套相当复杂的指定时间的方法。它可以接受在当天的 hh:mm（小时：分钟）式的时间指定。如果该时间已经是过去，那么就放在第二天执行。当然也可以使用 midnight（深夜）、noon（中午）、teatime（饮茶时间，一般是下午 4 点）等比较模糊的词语来指定时间。用户还可以采用 12 小时计时制，即在时间后面加上 AM（上午）或 PM（下午）

来说明是上午还是下午。

at 命令也可以指定命令执行的具体日期，指定格式为 month day（月 日）或 mm/dd/yy（月/日/年）或 dd.mm.yy（日.月.年）。指定的日期必须跟在指定时间的后面。

上面介绍的都是绝对计时法，其实还可以使用相对计时法，这对于安排不久就要执行的命令是很有益处的。相对计时法的指定格式为 now+count time-units。now 是指当前时间；time-units 是时间单位，可以是 minutes（分钟）、hours（小时）、days（天）、weeks（星期）；count 是时间的数量，即是几天，还是几小时等。

在任何情况下，超级用户都可以使用 at 命令。对于其他用户来说，是否可以使用取决于两个文件：/etc/at.allow 和/etc/at.deny。如果/etc/at.allow 文件存在，那么在其中列出的用户可以使用 at 命令；如果该文件不存在，那么将检查/etc/at.deny 文件是否存在，在这个文件中列出的用户均不能使用 at 命令。如果两个文件都不存在，就只有超级用户才可以使用 at 命令；空的/etc/at.deny 文件意味着所有的用户都可以使用 at 命令，这也是默认状态。

例如，找出系统中所有以 txt 为扩展名的文件，指定时间为三月二十五日凌晨两点。

首先输入"$ at 2:00 03/25/03"，然后系统出现"at>"提示符，等待用户输入进一步的信息，也就是需要执行的命令序列 at> find / -name "*.txt"。

9. 进程查看

Linux 是一个多进程操作系统，经常需要对这些进程进行一些调配和管理；而要进行管理，首先就要知道现在的进程情况，所以需要了解进程查看方面的工作。

（1）who 命令

who 命令主要用于查看当前在线上的用户情况。如果用户想要和其他用户建立即时通信，如使用 write 命令，那么首先要确定的就是该用户确实在线上，否则 write 进程就无法建立。系统管理员希望监视每个登录用户此时此刻的所作所为，也要使用 who 命令。

who 命令的常用语法格式如下：

```
who [imqsuwHT] [--count] [--idle] [--heading] [--help] [--message] [--mesg]
[--version] [--writable] [file] [am i]
```

语法格式中所有的选项都是可选的，也就是说可以单独使用 who 命令。不使用任何选项时，who 命令将显示以下 3 项内容。

1）login name：登录用户名。

2）terminal line：使用终端设备。

3）login time：登录到系统的时间。

如果给出的是两个非选项参数，那么 who 命令将只显示运行 who 程序的用户名、登录终端和登录时间。通常这两个参数是"am i"，即该命令格式为"who am i"。

（2）ps 命令

ps 命令是最基本的进程查看命令。使用该命令可以确定有哪些进程正在运行、进程是否结束、进程有没有僵死、哪些进程占用了过多的资源等。

例如，使用 ps 命令查看当前进程状况。

```
$ ps
PID    TTY    TIME    COMMAND
```

```
5800    ttyp0    00:00:00    bash
5835    ttyp0    00:00:00    ps
```

可以看到，显示的项目共分为 4 项，依次为 PID（进程 ID）、TTY（终端名称）、TIME（进程执行时间）、COMMAND（该进程的命令行输入）。

又如，使用 ps 命令的 u 选项查看进程所有者及其他的一些详细信息。

```
$ ps u
USER    PID %CPU %MEM    RSS    TTY   STAT START TIME COMMAND
test   5800  0.0  0.4   1040  ttyp0   S   Nov27 0:00 -bash
test   5836  0.0  0.3    856  ttyp0   R   Nov27 0:00  ps u
```

可以看到，在 bash 进程前面有条横线，意味着该进程便是用户的登录 Shell，所以对于一个登录用户来说带短横线的进程只有一个。还可以看到%CPU、%MEM 两个选项，前者指该进程占用的 CPU 时间和总时间的百分比；后者指该进程占用的内存和总内存的百分比。RSS（resident set size）是驻留集的大小，是关于进程当前正在使用的多大内存量的一个度量，其单位是千字节。例如，ps 命令正占用 856KB 内存。

（3）top 命令

top 命令和 ps 命令的作用基本相同，可显示系统当前的进程和其他状况；但是 top 命令是一个动态显示过程，可以通过用户按键来不断地刷新当前的状态。如果在前台执行该命令，它将独占前台，直到用户终止该程序为止。

比较准确地说，top 命令提供了实时的对系统处理器的状态监视。它将显示系统中 CPU 最敏感的任务列表，该命令可以按 CPU 使用、内存使用和执行时间对任务进行排序；而且该命令的很多特性都可以通过交互式命令或在个人定制文件中进行设定。

10. 在线帮助

Linux 操作系统的联机手册中有大量的可用信息，对大多数的命令都有说明。当用户对于 Linux 上的一个命令不会用或是不太了解时，可以使用联机帮助命令。

下面主要介绍几个常用的联机帮助命令。

（1）man 命令

通常使用者只要在命令 man 后输入想要获取的命令名称（如 ls），man 就会列出一份完整的说明，其内容包括命令语法、各选项的意义及相关命令等。

man 命令的语法格式如下：

```
man [选项] 命令名称
```

可以按 q 键退出 man 命令。

（2）help 命令

help 命令用于查看所有 Shell 命令，只需在所查找的命令后输入 help 命令，即可看到所查命令的内容。

例如，查看 od 命令的使用方法的命令如下：

```
$ od -help
```

（3）whereis 命令

whereis 命令的主要功能是寻找某个命令所在的位置。

whereis 命令的语法格式如下：

```
whereis [选项] 命令名
```

例如，查找 ls 命令在什么目录下的命令如下：

```
$ whereis ls
ls: /bin/ls/usr/man/man1/ls.1
```

11. Vi 编辑器

（1）Vi 简介

Vi 是 Visual interface 的简称，它在 Linux 上的地位就像 Edit 程序在 DOS 上的地位一样。它可以执行输出、删除、查找、替换、块操作等众多文本操作，而且用户可以根据自己的需要对其进行定制，这是其他编辑程序所没有的。

Vi 没有菜单，只有命令，且命令繁多。Vi 有 3 种基本工作模式：命令行模式、文本输入模式和末行模式。

1）命令行模式。任何时候，不管用户处于何种模式，只要按下键盘上的任何键，即可使 Vi 进入命令行模式；在 Shell 环境（提示符为$）下输入启动 Vi 的命令，进入编辑器时，也是处于该模式下。

在该模式下，用户可以输入各种合法的 Vi 命令，用于管理自己的文档。此时，从键盘上输入的任何字符都被当作编辑命令来解释，若输入的字符是合法的 Vi 命令，则 Vi 在接收用户命令之后完成相应的动作。但需要注意的是，所输入的命令并不在屏幕上显示出来。若输入的字符不是 Vi 的合法命令，则 Vi 会响铃报警。

2）文本输入模式。在命令模式下输入插入命令 i、附加命令 a 、打开命令 o、修改命令 c、取代命令 r 或替换命令 s 都可以进入文本输入模式。在该模式下，用户输入的任何字符都被 Vi 当作文件内容保存起来，并将其显示在屏幕上。在文本输入过程中，若想回到命令模式下，按 Esc 键即可。

3）末行模式。在命令模式下，用户按"："键即可进入末行模式，此时 Vi 会在显示窗口的最后一行（通常也是屏幕的最后一行）显示一个"："作为末行模式的提示符，等待用户输入命令。多数文件管理命令是在此模式下执行的（如把编辑缓冲区的内容写到文件中等）。末行命令执行完后，Vi 会自动回到命令行模式。

（2）Vi 的基本操作

1）进入 Vi。在系统提示符号下输入"vi"及档案名称，如"[xxq@loclhost xxq]$ vi fork.c"，即可进入 Vi 全屏编辑界面，且是在命令行模式下。

2）切换至文本输入模式编辑文件。在命令行模式下可按"i""a""o" 3 个键进入文本输入模式。

3）离开 Vi 及存档。在命令行模式下可按"："键进入末行模式。此模式下可采用 3 种模式退出。

① 输入"w filename"命令，此命令表示将输入程序或修改存入指定文件，文件名为 filename。

② 输入"wq"命令，此命令表示将程序或修改保存并退出。

③ 输入"q!"命令，此命令表示离开并放弃编辑的文件。

（3）命令模式下的功能键简介

1）进入文本输入模式。

i：插入，从当前光标所在之处插入所输入的文字。

a：增加，从当前光标所在之处的下一个字开始输入文字。

o：从新的一行行首开始输入文字。

2）移动游标。

h、j、k、l：分别控制光标向左、下、上、右移一格。

^b：往后一页。

^f：往前一页。

G：移到档案最后。

0：移到档案开头。

3）删除。

x：删除一个字。

#x：如 3x 表示删除 3 个字元。

dd：删除光标所在的行。

#dd：如 3dd 表示删除自光标所在行算起的 3 行。

4）更改。

cw：改变文字命令，即光标所在位置的文字将随着输入的文字而改变，直到按下 Esc 键。

c#w：如 c3w 表示更改 3 个字。

5）取代。

r：取代光标所在之处的字元。

6）复制。

yw：复制光标所在之处的字到字尾的内容。

yy：可复制光标所在位置行的整行。

p：复制到所要之处（指令"yw"与"p"必须搭配使用）。

7）跳至指定行。

^g：列出行号。

#G：如 44G 表示移动光标到第 44 行的行首。

（4）常用命令简介

1）显示文件目录命令 ls（DOS 下为 DIR）。

在 Linux 中，用 ls 命令显示文件及目录（当然，也可以用 DIR 命令，只不过在这里的参数不同）。例如：

```
#ls<CR>
root mnt boot dev bin usr xiong tmp etc games
```

此命令看起来似乎很简单（相当于 DOS 中的"DIR/W"），但不易区分哪些是目录，哪些是文件，哪些是可执行文件。请输入：

```
#ls -F
```

+root/ mnt/ boot/ dev/ bin/ usr/ xiong* tmp/ etc/ games/ readme

此时可知，带"*"的为可执行文件（相当于 DOS 中的 EXE 和 COM 文件），带"/"的为子目录，其他的为通用文件。另外，我们可用"ls -l"命令显示文件目录的详细情况（相当于 DOS 中的 DIR 命令），这里要注意区分大小写，如"LS -f""Ls"等都是错误的。另外，ls 命令还有许多参数，可以用"man ls"或"ls--help"命令去进一步了解。

2）改变当前目录命令 cd（DOS 下为 CD）。在 DOS 中，可用"C:\>CD \MNT\cdrom""cd \mnt\cdrom"改变当前所在目录，如"C:\mnt\cdrom>cd .."或"CD..."。

而在 Linux 中改变目录的命令为"cd /mnt/cdrom"，目录名的大小写必须与实际相同，cd 后必须有空格。

3）建立子目录 mkdir（DOS 下为 MD 或 MKDIR）。在 Linux 中只能用 mkdir 命令创建目录，创建目录可以是相对路径或绝对路径，如"[root@localhost /]#mkdir xiong"或"mkdir/xiong"。

4）删除子目录命令 rmdir（DOS 下为 RD）。在 Linux 中用 rmdir 命令删除子目录，如rmdir/mnt/cdrom（相当于 DOS 中的 rd \mnt\cdrom）。

注意：同 DOS 一样，要删除的子目录必须是空的，而且必须在上一级目录中才能删除下一级子目录。

5）删除文件命令 rm（DOS 下为 DEL 或 EARSE）。在 Linux 中用 rm 命令删除文件，如rm/ucdos.bat（相当于 DOS 中的 del \ucdos.bat）。

6）修改文件名命令 mv（DOS 下为 REN 或 RENAME）。在 Linux 中用 mv 命令修改文件名，如 mv /mnt/floppy p（相当于 DOS 中的 ren \mnt\floppy p）。

7）复制文件命令 cp（DOS 下为 COPY）。在 Linux 中用 cp 命令复制文件，如 cp /ucdos/* /fox（相当于 DOS 中的 copy \ucdos*.* \fox）。

注意：DOS 中的*.*在 Linux 中用*代替。

8）显示文件内容命令 less（DOS 下为 TYPE）。在 Linux 中用 less 命令进行文件显示工作，如要显示 man1 子目录下 mwm.lx 的内容，只需输入"[root@localhost man1]#less mwm.lx<CR>"即可。此外，也可以用另外一个命令 more 来显示文件内容，如 more mwm.lx。这两个命令非常相似，但实际上，less 命令的功能要比 more 强一些。在 Linux 中，还提供了两个 DOS 中没有的阅读文件的命令，即 head 命令和 tail 命令，分别用来显示文件的头部和后部的部分内容，使用格式为"head(tail) [m]<name>"，默认时，显示前 10 行。例如，"head /usr/man/mwm.lx"表示显示文件 mwm.lx 前 10 行的内容；"head 15 /usr/man/mwm.lx"表示显示文件 mwm.lx 前 15 行的内容；"tail 17 /usr/man/mwm.lx"表示显示文件 mwm.lx 后 17 行的内容。

9）查找文件命令 find。例如，要在/home 下查找扩展名为 cgi 的文件，执行"find /home-name *.cgi"命令即可。

10）重定向与管道。在 DOS 中，我们可以通过重定向与管道方便地进行一些特殊的操作，如 dir>direct，将当前目录放入文件 direct 中；type readme>>direct，将文件 readme 的内容追加到文件 direct 中。又如，type readme.txt|more，分页显示文本文件 readme.txt 的内容。Linux 中的重定向与管道操作同 DOS 中的操作几乎一样，上面两个例子在 Linux 中应为

ls>direct、less readme.txt|more（实际上，Linux 中的 more 和 less 命令本身具有分页功能）。

（5）源程序的编译

在 Linux 中，如果要编译 C 语言源程序，要用到 GNU 的 gcc 编译器。通常是在 gcc 后跟一些选项和文件名来使用 gcc 编译器。gcc 命令的语法格式如下：

```
gcc [options] [filenames]
```

命令行选项指定的操作将在命令行上每个给出的文件上执行。

下面我们以一个实例来说明使用 gcc 编译器的方法。

假设我们有一个非常简单的源程序（hello.c）：

```
int main()
{
    printf("Hello Linux!\n");
}
```

当不用任何选项编译一个程序时，gcc 将会建立（假定编译成功）一个名为 a.out 的可执行文件。例如，下面的命令将在当前目录下产生一个名为 a.out 的文件：

```
gcc hello.c
```

可用-o 编译选项为将产生的可执行文件指定一个文件名来代替 a.out。输入下面的命令：

```
gcc -o hello hello.c
```

此时，gcc 编译器就会生成一个 hello 的可执行文件，执行./hello 就可以看到程序的输出结果。命令行中的 gcc 表示是用 gcc 编译器来编译源程序的，-o 选项表示要求编译器给输出的可执行文件命名为 hello，而 hello.c 是源程序文件。

gcc 编译器有许多选项，一般来说我们只要知道以下几个即可。

1）-o 选项表示要求输出的可执行文件名。

2）-c 选项表示只要求编译器输出目标代码，而不必输出可执行文件。这个选项使用非常频繁，因为它使编译多个 C 程序时速度更快且更易于管理。

3）-g 选项表示要求编译器在编译的时候提供以后对程序进行调试的信息。

知道了这 3 个选项后，即可编译自己编写的简单源程序了。

附录 2　Linux 操作系统下的通信形式

Linux 操作系统下的通信形式有 3 种，分别是管道、共享内存和消息通信，下面对这 3 种通信形式进行介绍。

1．管道

管道是 Linux 支持的最初进程之间的通信形式之一，具有以下特点。

1）管道是半双工的，数据只能向一个方向流动；需要双向通信时，就要建立两个管道。

2）只能用于父子进程或兄弟进程之间（具有亲缘关系的进程）。

3）单独构成一种独立的文件系统：管道对于管道两端的进程而言，就是一个文件，但它不是普通的文件，它不属于某种文件系统，而是自立门户，单独构成一种文件系统，并且只存在于内存中。

4）数据的读出和写入：一个进程向管道中写入的内容被管道另一端的进程读出，如附图 1 所示。

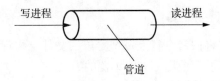

写进程　　　　　　　　　　　　读进程

管道

附图 1　数据的读出和写入

利用系统调用 pipe( )可创建一个简单的管道。该系统调用只需要 1 个参数，由两个整数组成的 1 个数组。若调用成功，则该数组将会包含管道所使用的两个新文件描述符。

```
Int fd[2];
pipe(fd);
```

若调用成功，fd[0]存放供读进程使用的文件描述符（管道出口），fd[1]存放供写进程使用的文件描述符（管道入口）。

pipe( )函数创建的管道两端处于一个进程中间，在实际应用中没有太大意义，因此，一个进程在由 pipe( )函数创建管道后，一般再用 fork( )函数创建一个子进程，然后通过管道实现父子进程之间的通信，子进程将从父进程那里继承所有打开的文件描述符。这样父、子两个进程都能访问组成管道的两个文件描述符，且子进程可以向父进程发送消息（或相反）。管道是单方向的，数据只能向一个方向移动，即从 fd[1]写入，从 fd[0]读出。

发送进程利用文件系统的系统调用 write(fd[1], buf, size)，把 buf 中 size 个字符送入 fd[1]，接收进程利用 read(fd[0], buf, size)，把从 fd[0]读出的 size 个字符放入 buf 中。这样管道按 FIFO（first-in-first-out，先进先出）方式传送信息。

两个进程一般把自己用不到的管道一端关掉，如父进程从子进程接收数据，则关掉 fd[1]，而子进程关掉 fd[0]。

```
main()
{   int x,fd[2];
    char buf[30],s[30];
    pipe(fd);
while((x=fork())==-1);
    if(x==0)
    {
        close(fd[0]);
        printf("Child Process!\n");
        strcpy(buf, "This is an example\n");
        write(fd[1],buf,30);
        exit(0);
    }
    else{
        close(fd[1]);
```

```
            printf("Parent Process!\n");
            read(fd[0],buf,30);
            printf("%s",s);
        }
    }
```

两个进程之间要想双向通信，则要创建两个管道，并在两个进程中正确地分配好文件描述符，如附图 2 所示。

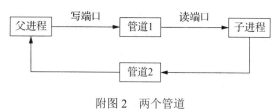

附图 2　两个管道

2. 共享内存

（1）IPC 简介

IPC（interprocess communication，进程间通信）是 UNIX System V 的一个核心程序包，它负责完成 System V 进程之间的大量数据传送工作。在 IPC 包被开发出来之前，通信能力一直是 UNIX 操作系统的一个弱点，因为只能利用 pipe 来传递大量数据。而 pipe 又存在着只有调用 pipe 进程的子孙后代才能使用它进行通信的缺点。

UNIX System V IPC 软件包由 3 个组成部分。

1）共享存储器方式可使不同进程通过共享彼此的虚拟空间来达到互相对共享区操作和数据通信的目的。

2）消息用于进程之间传递分类的格式化数据。

3）信号量机制用于通信进程之间往前推进时的同步控制。信号量总是和共享存储器方式一起使用。

由于上述 3 种方式在 UNIX System V 中是作为一个整体实现的，因此，它们具有下述共同性质。

1）每种机制都用两种基本数据结构来描述该机制。

① 索引表：其中一个表项由关键字、访问控制结构及操作状态信息组成。每个索引表项描述一个通信实例或通信实例的集合。

② 实例表：一个实例表项描述一个通信实例的有关特征。例如，消息机制中的消息队列表相当于索引表，而消息头表则相当于实例表。

2）索引表项中的关键字是一个大于零的整数，它由用户选择。

3）索引表的访问控制结构中含有创建该表项进程的用户 ID 和用户组 ID，其由 control 类系统调用，可为用户和同组用户设置读-写-执行许可权，从而起到通信保护的作用。

4）每种通信机制的 control 类系统调用可用来查询索引表项中的状态，以及设置系统状态信息或从系统中删除表项。

5）除了 control 类系统调用之外，每种通信机制还含有一个 get 类系统调用，以创建一个新的索引表项或用于获得已建立的索引表项的描述字。

6）每一种索引表项都使用下列公式计算索引表项的描述字。

$$描述字=索引表长度×分配序号+索引表项下标$$

例如，如果消息队列表长为 100，表项 1 的描述字可以是 $100×$（分配序号）$+1=1$、101、201 等。这样做的优点是，当进程释放了一个旧的索引表项，且该索引表项又分配给另外的进程时，因为分配序号的增加将使描述字改变，从而原来的进程不可能再次访问该表项。由此，可以起到通信保护的作用。

其他系统调用访问索引表项时的索引值为描述字 mod（索引表长度）。

（2）共享内存的概念

共享内存是指多个进程共享一个存储空间，诸进程可通过对共享存储区中的数据进行读和写来实现通信。首先由一个进程创建一个共享内存段，设置大小和访问权限，之后进程即可挂接该存储段，同时将其映射到自己当前的数据空间中。然后其他的进程在权限许可的情况下，也挂接该存储段，并将其映射到自己当前的数据空间中。每个进程通过挂接的地址访问共享内存段。当一个进程对共享内存段的操作已经结束时，可以脱接该段。当所有进程都已完成对该共享内存段的操作时，通常由段的创建进程负责将其删除，附图 3 为共享存储区示意图。

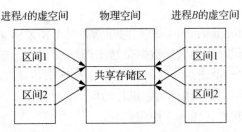

附图 3　共享存储区示意图

每个共享内存段都有一个 shmid_ds 类型的控制结构，该结构中包括对共享内存段的访问权限，其数据结构如下：

```
struct shmid_ds
{
    struct ipc_perm shm_perm;        //操作权限结构
    int shm_segsz;                   //以字节为单位的共享段大小
    struct region *shm_reg;          //指向共享段的指针
    char pad[4];                     //系统使用
    ushort shm_lpid;                 //最后使用 shmop 的时间
    ushort shm_cpid;                 //创建进程的 ID
    ushort shm_nattch;               //系统使用
    ushort shm_cnattc;               //系统使用
    time_t shm_atime;                //最后使用 shmat 的时间
    time_t shm_dtime;                //最后使用 shmdt 的时间
    time_t shm_ctime;                //共享内存段的最后修改时间
};
```

（3）共享内存的系统调用

操纵共享内存共有 4 个系统调用，分别如下。

1）shmget( )。shmget( )表示建立一个新的共享区或返回一个已存在的共享存储区描述字，其语法格式如下：

```
int shmget(key_t key,int size,int shmflag);
```

其中，key 是用户指定的共享区号，size 是共享存储区的长度，shmflag 用来标示共享内存段的创建条件及访问权限。

若成功，则返回共享内存段的标识符，此标识符是内核中对象的唯一标示。对存在于内核存储空间中的每个共享内存段，内核均为其维护着一个数据结构 shmid_ds。

若失败，则返回-1，设置 errno。

① 第一个参数 key（键值），其为预定义的数据类型 key_t，其类型是长整型。它用来创建 IPC 标识符，shmget( )返回的标识符与 key 值一一对应，不同的 key 值返回不同的标识符。

② 第二个参数 size，决定了共享内存段的大小（若访问已存在的内存段，该参数可设为0），有最大字节数的限制，0x2000000=32MB。

③ 第三个参数 shmflag，用于设置访问权限及标示创建条件。

在/usr/include/linux/ipc.h 中可找到一些预定义的常量：

```
#define IPC_PRIVATE ((key_t)0)
#define IPC_CREAT 00001000    //八进制
#define IPC_EXCL 00002000     //八进制
```

key 值为 IPC_PRIVATE 时，调用 shmget 将生成一个新的共享内存段。

shmflag 为 0666|IPC_CREAT 时，如果 key 值是新的，返回新创建的内存段标识符；若 key 值是旧的，返回已存在内核中的具有相同关键字值的内存段标识符。

运行两次下面的程序，生成 3 个共享内存段。

```
#include<sys/types.h>
#include<sys/ipc.h>
#include<sys/shm.h>
main{
    key_t key=15;
    int shmid_1,shmid_2;
    if((shmid_1=shmget(key,1000,0644|IPC_CREAT))==-1){
        perror("shmget shmid_1");exit(1);
    }
    printf("First shared memory identifier is %d\n",shmid_1);
    if((shmid_2=shmget(IPC_PRIVATE,20,0644))==-1){
        perror("shmget shmid_2");exit(2);
    }
    printf("Second shared memory identifier is %d\n",shmid_2);
    exit(0);
}
```

2）shmat( )。shmat( )表示连接内存段，映射到自己的地址空间中，其语法格式如下：

```
int shmat(int shmid,void *shmaddr,int shmflag);
```

若成功，则返回该共享内存段连接到调用进程地址空间上的地址（指针）；若错误，则返回-1。

一旦正确地连接上一个内存段，该共享内存段就成为进程虚地址空间的一部分，进行读、写就很简单（利用指针）。

① 第一个参数 shmid，是一个有效的共享内存标识符。

② 第二个参数 shmaddr，若为非 0，则该值作为挂接的地址；若设为 0，则由系统来选择挂接地址。

③ 第三个参数 shmflag，可指定挂接后的访问权限（默认情况，允许读、写）。

3）shmdt( )。当某个进程不需要一个共享内存段时，调用该系统调用，断开与该内存段的连接。其语法格式如下：

```
Int shmdt(void *shmaddr);
```

若成功，则返回 0；若错误，则返回-1。

参数 shmaddr 指向一个已挂接的内存段。

4）shmctl( )。shmctl( )表示用户对一个存在的共享内存段进行的一系列操作，其语法格式如下：

```
int shmctl(int shmid,int cmd,struct shmid_ds *buf);
```

若成功，则返回 0；若错误，则返回-1，设置 errno。

① 第一个参数 shmid，它是 shmget( )调用成功时返回的有效的共享内存标识符。

② 第二个参数 cmd，指明 shmctl 将要执行的操作。

③ 第三个参数 buf，指向一个 shmid_ds 类的结构。

cmd 可执行的操作如下（这些也是在/usr/include/linux/ipc.h 中定义的）。

IPC_STAT：返回由 shmid 值指定的存储段 shmid_ds 结构的当前值。

IPC_SET：修改 shmid_ds 结构中访问权限子结构的若干成员。

IPC_RMID：删除 shmid 指向的内存段（并非真正的删除，只有当前连接到该内存段的最后一个进程正确地断开了与它的连接，实际的删除操作才会发生）。

程序如下：

```
#include<sys/types.h>
#include<sys/ipc.h>
#include<sys/shm.h>
#define SHMKEY 75
#define K 1024
int shmid
main ()
 {
   int i,*pint;
   char *addr;
   extern char *shmat();
   extern cleanup();
   shmid=shmget(SHMKEY,16*K,0777|lPC_CREAT);       //建立16KB 共享区 SHMKEY
   addr=shmat(shmid,0,0);                          //共享区首地址
   printf("addr 0x%x\n",addr);
```

```
    pint=(int *)addr;
    for(i=0;i<256;i++) *pint++=I;    //共享区第一个字中写入长度 256,以便接收进程读
    *pint=256;
    pause();                                              //等待接收进程读
  }
cleanup()
  {
  shmctl(shmid,IPC_RMID,0);
  exit();
  }
```

在上述程序中，该进程建立了 16KB 的共享存储区，并将存储区附接到了虚拟地址 addr 上。然后，从该存储区的起始单元开始，顺序写入 0～255 个自然数。如果该进程捕捉到一个软中断信号（SIGKILL 除外），则由系统调用 shmctl 删除该共享区。

需要指出的是，共享存储区机制只为通信进程提供了访问共享存储区的操作条件，而对通信的同步控制则要依靠信号量机制等才能完成。

3. 消息通信

每个消息队列都有一个 msqid_ds 类型的控制结构，该结构中包括对消息队列的访问权限，其数据结构如下：

```
struct msqid_ds
{
    struct ipc_perm msg_perm;        //操作权限结构
    struct msg msg_first;            //指向消息队列的第一个结构
    struct msg msg_last;             //指向消息队列的最后一个结构
    ushort msg_cbytes;               //队列中的当前字节数
    ushort msg_qnum;                 //队列中的消息数
    ushort msg_qbytes;               //队列可容纳的最大字节数
    ushort msg_lspid;                //最后发送消息的进程号
    ushort msg_lrpid;                //最后接收消息的进程号
    ushort msg_stime;                //最后的发送时间
    ushort msg_rtime;                //最后的接收时间
    time_t msg_ctime;                //消息队列的最后修改时间
};
```

消息机制提供的 4 个系统调用分别如下。

（1）msgget 系统调用的格式

```
#include <sys/types.h>
#include <sys/ipc.h>
#include <sys/msg.h>
int msgget(key,msgflg)
key_t key;                      //消息队列关键字
int msgflags;                   //创建标志和访问方式(类似于文件访问权限)
```

参数与功能说明：msgflg 低 9 位类似于文件访问权限的低 9 位，其他位指明消息队列的建立方式。若指定的关键字消息队列不存在，msgflg&IPC_CREAT 为真，则为它建立一个新的消息队列；若 msgflg&IPC_CREAT 为假，则返回-1。若指定的关键字消息队列存在，则返回该消息队列的描述符。

若 msgflg&IPC_CREAT&IPC_EXCL 为真，且指定的关键字消息队列不存在，则失败返回-1；否则正常返回。

若 key 等于 IPC_PRIVATE，则 msgget 调用总是成功的。

（2）msgsnd 系统调用的格式

```
#include<sys/types.h>
#include<sys/ipc.h>
#include<sys/msg.h>
int msgsnd(msqid,msgp,msgsz,msgflg)
int msqid;                    //消息队列关键字
struct msgbuf msgp;           //指向消息缓冲的指针
int msgsz,msgflg;             //消息大小、发送标志
```

参数与功能说明：发送一个消息到相关的消息队列上。其中，msgp 指向消息结构，其基本格式如下：

```
struct msgbuf
{
    int mtype;                //消息类型
    char mtext[];             //消息正文
}
```

msgflg 具体含义：msgflg&IPC_NOWAIT 为真，如果操作条件不满足，则出错返回-1；msgflg&IPC_NOWAIT 为假，如果操作条件不满足，则睡眠等待。

（3）msgrcv 系统调用的格式

```
#include<sys/types.h>
#include<sys/ipc.h>
#include<sys/msg.h>
int msgrcv(msqid,msgp,msgsz,msgtyp,msgflg)
int msqid;                    //消息队列关键字
struct msgbuf msgp;           //指向消息缓冲的指针
int msgsz,msgflg;             //消息大小、发送标志
long msgtyp;                  //消息接收类型
```

参数与功能说明：从消息队列中接收一个消息。其中，msgp 指向消息结构，其基本格式如下：

```
struct msgbuf
{
    int mtype;                //消息类型
    char mtext[];             //消息正文
}
```

msgflg 具体含义：msgflg&IPC_NOWAIT 为真，如果接收的消息没有到达，则出错返回 −1；msgflg&IPC_NOWAIT 为假，如果接收的消息没有到达，则睡眠等待。

msgflg&MSG_NOERROR 为真，如果 msgrcv 中的 msgsz 参数小于所接收的消息正文的长度，则本次可以接收 msgsz 字节，并且不把这种情况视为出错。

msgtyp 的取值及含义：msgtyp>0 时，接收消息队列中类型为 msgtyp 的第一个消息；msgtyp=0 时，接收消息队列中的第一个消息；msgtyp<0 时，接收消息队列中类型值 msgtyp 最小且<=|mstyp|的第一个消息。

（4）msgctl 系统调用的格式

```c
#include<sys/types.h>
#include<sys/ipc.h>
#include<sys/msg.h>
int msgctl(msqid,cmd,buf)
int msqid;                    //消息队列关键字
int cmd;                      //控制命令
struct msqid_ds *buf;         //指向消息队列控制块的指针
```

参数与功能说明：根据控制命令 cmd 对 msqid 消息队列进行相应的控制。参数 buf 是指向用户程序地址空间中一个 msqid_ds 结构的指针，以便将相关控制信息在内核和用户地址空间之间进行传送。

cmd 控制命令的取值及含义如下。

1）IPC_STAT：将指定消息队列的控制块信息写到 buf 结构中。

2）IPC_SET：将 buf 中的信息写到指定消息队列的控制块中。

3）IPC_RMID：删除指定消息队列，释放消息队列的标识符。

例如，下面程序分别给出了用 C 语言编写的、由顾客进程和服务者进程调用的程序示例。

顾客进程的程序段：

```c
#include<sys/types.h>
#include<sys/ipc.h>
#include<sys/msg.h>
#define MSGKEY 75
struct msgform
{
    long mtype;
    char mtext [256];
};
main()
{
    struct msgform msg;
    int msgqid,pid, *pint;
    msgqid=msgget(MSGKEY,0777);            //建立消息队列
    pid=getpid();
    pint=(int *)msg.mtext
    *pint=pid;
```

```
        msg.mtype=1;                                  //指定消息类型
        msgsnd(msgqid,&msg,sizeof(int),0);            //向 msgqid 发送消息 msg
        msgrcv(msgqid,&msg,256,pid,0);                //接收来自服务进程的消息
        printf("client: receive from pid%d\n",*pint);
    }
```

服务者进程的程序段：

```
#include<sys/types.h>
#include<sys/ipc.h>
#include<sys/msg.h>
#define MSGKEY 75
struct msgform;
{
    long mtype;
    char mtext [256];
}msg;
int msgqid;
main()
{
    int i, pid, *pint;
    extern cleanup()
    for(i=0;i<20;i++)                                 //软中断处理
    signal (i,cleanup);
    msgqid=msgget(MSGKEY,0777|IPC_CREAT);             //建立与顾客进程相同的消息队列
    for (;;)
    {
        msgrev(msgqid,&msg,256,1,0);                  //接收来自顾客进程的消息
        pint=(int *) msg.mtext;
        pid=*pint;
        printf("server:receive from pid %d\n",pid);
        msg.mtype=pid;
        *pint=getpid();
        msgsnd (msgqid,&msg,sizeof(int),0) ;          //发送应答消息
    }
}
cleanup()
{
    msgctl(msgqid,IPC_RMID,0);
    exit();
}
```

在顾客进程中，该进程向服务者进程发送一个含有进程号 pid 且类型为 1 的消息，向服务者进程发出服务请求。然后，从服务者进程接收相应的回答或服务。MSGKEY 是用户自己定义的关键字，而 msgform 则是用户自定义的发送消息正文和消息类型，这一消息被定义为 256 字节长。紧接着，顾客进程首先使用系统调用 msgget 创建或得到与关键字 MSGKEY

相关联的消息队列描述字 msgqid，并由库函数 getpid( )得到该进程 ID。接下来，是对消息正文做类型转换，以便计算消息长度并将进程 ID 复制到消息正文中。最后，顾客进程调用 msgsnd 把消息 msg 挂入以 msgqid 为描述字的消息队列，并从该队列接收服务进程发往该进程的第一个消息（用进程号 pid 作为消息类型）。

在服务者进程中，该进程首先检查是否捕捉到由 kill 发来的软中断信号。如果可以捕捉到，则调用函数 cleanup 从系统中删除以 msgqid 为描述字的消息队列。如果捕捉不到软中断信号或接收的是不能捕捉的 SIGKILL(9)信号，则该消息队列继续保留在系统中，而且在该队列被删除以前试图以该关键字建立新消息队列的尝试都会失败。

然后，服务者进程使用系统调用 msgget，并在 msgget 中置位 IPC_CREAT 来建立一个消息队列结构。紧接着，服务者进程接收所有类型为 1 的，也就是来自顾客进程的请求消息。这是由系统调用 msgrcv 完成的。在接收到消息之后，服务者进程从消息中读出顾客进程的 ID，并将返回的消息类型置为顾客进程的 ID。然后，服务者进程把要发送的消息复制到消息正文域中，并使用 msgsnd 将消息挂入以 msgqid 为描述字的消息队列。示例中，由服务者进程发送给顾客进程的消息也是服务者进程的 ID。在消息机制中，消息被格式化为类型与数据对，且允许不同的进程根据不同的消息类型进行接收，这是使用管道通信所无法办到的。

附录3　进程管理

进程是可并发执行的程序在一个数据集合上的运行过程,硬盘上的一个可执行文件经常被称为程序。在 Linux 操作系统中，当一个程序开始执行后，在开始执行到执行完毕退出的这段时间中，它在内存中的部分就被称为一个进程。

1. Linux 进程简介

Linux 是一个多任务的操作系统，也就是说，在同一个时间内，可以有多个进程同时执行。如果读者对计算机硬件体系有一定的了解的话，就会知道我们常用的单 CPU 计算机实际上在一个时间片断内只能执行一条指令，那么 Linux 是如何实现多进程同时执行的呢？原来，Linux 使用了一种称为"进程调度"的手段。首先，为每个进程指派一定的运行时间，这个时间通常很短，短到以毫秒为单位，然后依照某种规则，从众多进程中挑选一个投入运行，其他的进程则暂时等待。当正在运行的进程时间耗尽，或执行完毕退出，或因某种原因暂停时，Linux 就会重新进行调度，挑选下一个进程投入运行。因为每个进程占用的时间段都很短，从使用者的角度来看，就好像是多个进程同时运行。

在 Linux 中，每个进程在创建时都会被分配一个数据结构，称为进程控制块。进程控制块中包含了很多重要的信息,供系统调度和进程本身执行使用,其中最重要的莫过于进程 ID。进程 ID 也被称为进程标识符，是一个非负的整数，在 Linux 操作系统中唯一地标示一个进程。其实从进程 ID 的名称就可以看出，它是进程的身份证号码，每个人的身份证号码都不相同，所以每个进程的进程 ID 也都不相同。

2. getpid( )函数

getid( )函数是 Linux 操作系统提供的获取活动进程 ID 的库函数，getid( )函数的语法格式如下：

```
pid_t getpid(void);
```

由于此库函数及涉及的数据结构分别定义在 unistd.h 和 types.h 文件中，因此，在程序中要调用此函数时必须要对上述两个库函数的引入做说明，引用说明如下所示：

```
#include<sys/types.h>      //提供类型为 pid_t 的定义
#include<unistd.h>         //提供函数的定义
```

getpid( )函数的调用参数为 void，返回值是类型为 pid_t 的当前进程 ID，例如：

```
//getpid_test.c
#include<unistd.h>
main()
{
    printf("The current process ID is %d\n",getpid());
}
```

注意： 在此例中仅仅是调用 getpid( )函数，而未用到数据结构 pid_t，故在程序的开始仅引用了 unistd.h，而未引用 types.h。

编译并运行程序 getpid_test.c：

```
$gcc getpid_test.c -o getpid_test
$./getpid_test
The current process ID is 1980
```

3. fork( )函数

fork( )函数的作用是复制一个进程。当一个进程调用 fork( )函数后，就会出现两个几乎一模一样的进程，我们也由此得到了一个新进程。在 Linux 操作系统下调用 fork( )函数同样需要引入 types.h 和 unistd.h 两个头文件，如下：

```
#include<sys/types.h>      //提供类型为 pid_t 的定义
#include<unistd.h>         //提供函数的定义
pid_t fork(void);
```

在 Linux 中，创造新进程的方法只有一个，就是 fork( )函数。其他库函数，如 system( )函数，看起来也能创建新的进程，但如果能看到它的源码就会发现，它实际上也在内部调用了 fork( )函数。包括在命令行下运行的应用程序，新的进程也是由 Shell 调用 fork( )函数创造出来的。fork( )函数有一些很有意思的特征，下面通过一个示例程序对它进行介绍。

```
//fork_test.c
#include<sys/types.h>
#inlcude<unistd.h>
main()
{
    pid_t pid;
    //此时仅有一个进程
    pid=fork();
```

```
    //此时已经有两个进程在同时运行
    if(pid<0)
        printf("error in fork!");
    else if(pid==0)
        printf("I am the child process, my process ID is %d\n",getpid());
    else
        printf("I am the parent process, my process ID is %d\n",getpid());
}
```

编译并运行：

```
$gcc fork_test.c -o fork_test
$./fork_test
I am the parent process, my process ID is 1991.
I am the child process, my process ID is 1992.
```

看这个程序的时候，必须先了解一个概念：在语句"pid=fork( )"之前，只有一个进程在执行这段代码，但在这条语句之后，就变成两个进程在执行了，这两个进程的代码部分相同，将要执行的下一条语句都是"if(pid<0)……"。

两个进程中，原进程被称为父进程，新进程被称为子进程。父子进程除了进程标识符不同之外，变量 pid 的值也不相同，pid 存放的是 fork( )函数的返回值。fork( )函数调用的一个特殊之处就是它仅仅被调用一次，却能够返回两次，它可能有 3 种不同的返回值。

1）在父进程中，fork( )函数返回新创建子进程的进程 ID。

2）在子进程中，fork( )函数返回 0。

3）如果出现错误，fork( )函数返回一个负值。

fork( )函数出错可能有两种原因：①当前的进程数已经达到了系统规定的上限；②系统内存不足。

fork( )函数系统调用出错的可能性很小，而且如果出错，一般为第一种错误。如果出现第二种错误，说明系统已经没有可分配的内存，正处于崩溃的边缘，这种情况对 Linux 来说是很罕见的。

剩下的代码，如果 pid 小于 0，说明出现了错误；如果 pid==0，说明 fork( )函数返回了 0，也就说明当前进程是子进程，执行 printf("I am the child process, my process ID is")，否则，当前进程就是父进程，执行 printf("I am the parent process, my process ID is")。

4. exit( )函数

exit( )函数的作用是终止一个进程。无论在程序中的什么位置，只要执行到 exit( )函数，进程就会停止剩下的所有操作，清除包括进程控制块在内的各种数据结构，并终止本进程的运行。在 Linux 操作系统下调用 exit( )函数同样需要引入头文件，如下：

```
#include<stdlib.h>
void exit(int status);
```

请看下面的程序：

```
//exit test1.c
```

```
#include<stdlib.h>
main()
{
    printf("this process will exit!\n");
    exit(0);
    printf("never be displayed!\n");
}
```

编译后运行:

```
$gcc exit_test1.c -o exit_test1
$./exit_test1
this process will exit!
```

可以看到,程序并没有打印后面的"never be displayed!",因为在此之前,在执行到 exit(0) 时,进程就已经终止了。

exit( )函数调用带有一个整数类型的参数 status,我们可以利用这个参数传递进程结束时的状态,如该进程是正常结束的,还是出现某种意外而结束的。一般来说,0 表示没有意外的正常结束;其他的数值表示出现了错误,进程非正常结束。在实际编程时,可以用 wait( )函数调用接收子进程的返回值,从而针对不同的情况进行不同的处理。

在一个进程调用了 exit( )函数之后,该进程并非马上就消失,而是留下一个被称为僵尸进程的数据结构。在 Linux 进程状态中,僵尸进程是一种非常特殊的状态,它放弃了绝大多数的内存空间,没有任何可执行代码,也不能被调度,仅仅在进程列表中保留一个位置,记载该进程的退出状态等信息供其他进程收集,除此之外,僵尸进程不再占有任何内存空间。

当一个进程已退出,但其父进程还没有调用 wait( )函数对其进行收集之前的这段时间内,它会一直保持僵尸状态,利用这个特点,我们来写一个简单的小程序:

```
//zombie.c
#include<sys/types.h>
#include<unistd.h>
main()
{
    pid_t pid;
    pid=fork();
    if(pid<0)              //如果出错
        printf("error occurred!\n");
    else if(pid==0)        //如果是子进程
        exit(0);
    else                   //如果是父进程
        sleep(60);         //休眠60s,这段时间内,父进程什么也干不了
        wait(NULL);        //收集僵尸进程
}
```

sleep( )函数的作用是为进程休眠指定秒数,在这 60s 内,子进程已经退出,而父进程正在休眠,不可能对它进行收集。这样,我们就能保持子进程 60s 的僵尸状态。

编译这个程序：

```
$ cc zombie.c -o zombie
```

后台运行程序，以使我们能够执行下一条命令：

```
$ ./zombie &
[1] 1577
```

列出系统内的进程：

```
$ ps -ax
   ... ...
 1177 pts/0   S      0:00 -bash
 1577 pts/0   S      0:00 ./zombie
 1578 pts/0   Z      0:00 [zombie <defunct>]
 1579 pts/0   R      0:00 ps -ax
```

进程中间的"Z"就是僵尸进程的标志，它表示 1578 号进程现在就是一个僵尸进程。

那么，我们如何收集这些信息，并终结这些僵尸进程呢？这就要用到我们下面要讲到的 wait( )函数。wait( )函数的作用是收集僵尸进程留下的信息，同时使这个进程彻底消失。

5. wait( )函数

进程一旦调用了 wait( )函数，就会立即阻塞自己，由 wait( )函数自动分析当前进程的某个子进程是否已经退出，如果它找到了一个已经变成僵尸的子进程，就会收集这个子进程的信息，并把它彻底销毁后返回；如果没有找到，就会一直阻塞在这里，直到有一个僵尸进程出现为止。在 Linux 操作系统下调用 wait( )函数需要引入 types.h 和 wait.h 两个头文件，如下：

```
#include<sys/types.h>     //提供类型为pid_t的定义
#include<sys/wait.h>
```

wait( )函数的定义如下：

```
pid_t wait(int *status);
```

wait( )函数的参数 status 用来保存被收集进程退出时的一些状态，它是一个指向 int 类型的指针。但如果我们对这个子进程是如何死掉的不关心，而只想把这个僵尸进程消灭掉（事实上绝大多数情况下，我们会这样想），就可以将这个参数设定为 NULL，如下：

```
pid=wait(NULL);
```

如果成功，wait( ) 函数会返回被收集的子进程的进程 ID，如果调用的进程没有子进程，调用就会失败，此时 wait( ) 函数返回-1。

在了解了 fork( )函数、exit( )函数和 wait( )函数之后，我们就可以来模拟 Linux 操作系统下进程的启动、挂起和终止的整个运行过程，以及在主进程下生成子进程的过程。例如：

```
//wait1.c
#include<sys/types.h>
#include<sys/wait.h>
#include<unistd.h>
```

```
#include<stdlib.h>
main()
{
    pid_t pc,pr;
    pc=fork();
    if(pc<0)                // 如果出错
        printf("error ocurred!\n");
    else if(pc==0){         // 如果是子进程
        printf("This is child process with pid of %d\n", getpid());
        sleep(10);          // 睡眠10s
}
    else{      // 如果是父进程
        pr=wait(NULL);       // 在这里等待
        printf("I catched a child process with pid of %d\n"),pr);
    }
    exit(0);
}
```

编译并运行:

```
$ cc wait1.c -o wait1
$ ./wait1
This is child process with pid of 1508
I catched a child process with pid of 1508
```

可以明显看到,在第 2 行结果打印出来前有 10s 的等待时间,这就是我们设定的让子进程睡眠的时间,只有子进程从睡眠中苏醒过来,它才能正常退出,才能被父进程捕捉到。

有时候,父进程要求对子进程的运算结果进行下一步的运算,或者子进程的功能是为父进程提供了下一步执行的先决条件(如子进程建立文件,而父进程写入数据),此时父进程就必须在某一个位置停下来,等待子进程运行结束,而如果父进程不等待而直接执行下去的话,就会出现极大的混乱。这种情况称为进程之间的同步,更准确地说,这是进程同步的一种特例。进程同步就是要协调好两个以上的进程,使它们以安排好的次序依次执行。解决进程同步有更通用的方法,但对于我们假设的这种情况,则完全可以用 wait( )函数调用来解决。

请看下面这段程序:

```
#include<sys/types.h>
#include<sys/wait.h>
main()
{
    pid_t pc, pr;
    int status;
    pc=fork();
    if(pc<0)
        printf("Error occured on forking.\n");
    else if(pc==0){
        //子进程的工作
```

```
        exit(0);
    }else{
        //父进程的工作
        pr=wait(&status);
        //利用子进程的结果
    }
}
```

这段程序只是一个示例，不能真正拿来执行，但它却说明了一些问题。首先，当 fork( ) 函数调用成功后，父子进程各做各的事情，但当父进程的工作告一段落，需要用到子进程的结果时，它就停下来调用 wait( ) 函数，一直等到子进程运行结束，然后利用子进程的结果继续执行，这样就解决了我们提出的进程同步的问题。

6. exec( ) 函数

exec( ) 函数族的作用是根据指定的文件名找到可执行文件，并用它来取代调用进程的内容，换句话说，就是在调用进程内部执行一个可执行文件。这里的可执行文件既可以是二进制文件，也可以是任何 Linux 下可执行的脚本文件。

与一般情况不同，exec( ) 函数族的函数执行成功后不会返回，因为调用进程的实体包括代码段、数据段和堆栈等都已经被新的内容取代，只留下进程 ID 等一些表面上的信息仍保持原样。只有调用失败了，它们才会返回 -1，从源程序的调用点接着往下执行。

现在我们应该明白了，Linux 下是如何执行新程序的，每当有进程认为自己不能为系统和用户做出任何贡献了，它就可以调用任何一个 exec( ) 函数，让自己以新的面貌重生；或者，更普遍的情况是，如果一个进程想执行另一个程序，它就可以 fork 出一个新进程，然后调用任何一个 exec( ) 函数，这样看起来就好像是通过执行应用程序而产生了一个新进程。

事实上第二种情况应用得较普遍，以至于 Linux 专门为其做了优化。我们已经知道，fork( ) 函数会将调用进程的所有内容原封不动地复制到新产生的子进程中去，这些复制的动作很消耗时间，而如果 fork 完之后就立即调用 exec( ) 函数，这些辛辛苦苦复制来的东西又会被立刻抹掉，这看起来非常不划算。于是人们设计了一种写时复制技术，使 fork( ) 函数结束后并不立刻复制父进程的内容，而是到了真正使用时才复制，这样如果下一条语句是 exec( ) 函数，它就不会做无用功了，也就提高了效率。

exec( ) 函数的定义如下：

```
int exec(const char *path, char *const argv[ ], char *const envp[ ]);
```

其中，参数 path 是指被执行应用程序的完整路径，参数 argv 是指传给被执行应用程序的命令行参数，参数 envp 是指传给被执行应用程序的环境变量。

附录 4　实验操作

下面主要通过进程管理实验详细介绍在 Linux 操作系统下，创建进程及实现进程并发执行的方法；通过管道、共享内存和消息通信 3 个实验详细介绍 Linux 操作系统下进程之间的通信机制；通过设备管理实验介绍在 Linux 操作系统下进行设备管理的方法。

1. 进程管理实验

（1）实验目的

1）加深对进程概念的理解，明确进程和程序的区别。

2）进一步认识并发执行的实质。

3）分析进程争用资源的现象，学习解决进程互斥的方法。

（2）实验预备内容

1）复习关于进程控制和进程同步的内容，加深对进程管理概念的理解。

2）认真阅读实验材料中的进程管理部分，分析多个进程的运行情况。

（3）实验内容

1）运行源码。运行下面给出的程序，查看运行结果，并进行分析。

2）进程的创建。自己编写一段程序，使用系统调用 fork( )函数创建子进程，认识进程的并发执行。

3）进程的同步。自己编写一段程序，利用 fork( )函数、wait( )函数等系统调用实现父子进程之间的同步。

下面给出 2 个进程管理的程序。

程序 1：

```
main()
{    int m,n,k;
     m=fork();
     printf("PID:%d\t",getpid());
     printf("The return value of fork():%d\t\t",m);
     printf("hee\n");
     n=fork();
     printf("PID:%d\t",getpid());
     printf("The return value of fork():%d\t\t",n);
     printf("ha\n");
     k=fork();
     printf("PID:%d\t",getpid());
     printf("The return value of fork():%d\t\t",k);
     printf("ho\n");
}
```

程序 1 的简化如下：

```
main(){
     fork(); printf("hee\n");
     fork(); printf("ha\n");
     fork(); printf("ho\n");
}
```

为了便于观察，先打印出调用进程的进程标识符，而后是 fork( )函数的返回值。

若是

```
main(){
    fork();printf("hee\n");
}
```

则打印出：

```
hee （父进程）
hee （子进程）
```

请大家上机记录结果，并画出进程树，在每一个进程结点边上画出标识符。

程序 2：

```
#include<stdio.h>
main()
{
    int i;
    if(fork()==0){
        for(i=0;i<10000;i++)
        printf(".....................\n");
    }
    else
    {
        if(fork()==0){
    for(i=0;i<10000;i++)
    printf("#################\n");
    }
    else
    for(i=0;i<10000;i++)
    printf("******************\n");
    }
}
```

程序 2 中也是 3 个进程。

2. 进程通信实验

（1）管道实验

1）实验目的。

① 加深对管道概念的理解。

② 掌握利用管道进行进程通信的程序设计方法。

2）实验预备内容。

认真阅读实验材料中管道通信部分，加深对管道通信的理解。

3）实验内容。

① 运行源码。运行下面给出的程序，查看运行结果，并进行分析。

② 编写程序。父进程将一字符串交给子进程处理。子进程读取字符串，将其中的字符反向后再交给父进程，父进程最后打印反向的字符串。

下面给出程序源码：

```
#include "stdio.h"
main()
{   int x,y,count,left,right,temp,fd[2],fe[2];
    char c,buf[100],s[100];
    pipe(fd);
    pipe(fe);
    printf("pipe fd is created.\t");
    printf("fd[0]=%d,for reading\t",fd[0]);
    printf("fd[1]=%d,for writing\n",fd[1]);
    printf("pipe fe is created.\t");
    printf("fe[0]=%d,for reading\t",fe[0]);
    printf("fe[1]=%d,for writing\n",fe[1]);
    printf("please input a line of char:");
    scanf("%s",buf);
    while((x=fork())==-1);
    if(x==0)
    {
        close(fd[0]);
        close(fe[1]);
        printf("Child Process!  child ----> parent:\n");
        write(fd[1],buf,100);
        read(fe[0],buf,100);
        printf("%s\n",buf);
        exit(0);
    }
    else{
        close(fd[1]);
        close(fe[0]);
        count=0;
        do{
           read(fd[0],&c,1);
           s[count++]=c;
           }while(c!='\0');
        printf("%s\n",s);
        printf("Parent Process!  parent ----> child:\n");
        count-=2;
        for(left=0,right=count;left<=count/2;left++,right--){
            temp=s[left];
            s[left]=s[right];
            s[right]=temp;
            }
    write(fe[1],s,100);
    wait(0);} }
```

（2）共享内存实验

1）实验目的。

Linux 操作系统的共享内存机制允许在任意进程之间大批量地交换数据。本实验的目的是了解和熟悉 Linux 支持的共享存储区机制。

2）实验预备内容。

认真阅读实验材料中的共享内存部分，加深对共享内存机制的理解。

3）实验内容。

① 运行源码。运行下面给出的程序，查看运行结果，并进行分析。

② 共享存储区的创建、附接和断接。

使用系统调用 shmget( )函数、shmat( )函数、sgmdt( )函数、shmctl( )函数，编制程序。要求在父进程中生成一个 30B 的私有共享内存段。接下来，设置一个指向共享内存段的字符指针，将一串大写字母写入该指针指向的存储区。调用 fork( )函数生成子进程，使子进程显示共享内存段中的内容。接着，将大写字母改成小写字母，子进程修改了共享内存中的内存。之后，子进程将脱接共享内存段并退出。父进程在睡眠 5s 后，显示共享内存段中的内容（此时是小写字母）。

下面给出程序源码：

```c
#include<sys/types.h>
#include<sys/ipc.h>
#include<sys/shm.h>
#include<string.h>
#define SHM_SIZE 30
main{
    pid_t pid;
    int shmid;
    char c, *shm, *s;                        //shm、s 都是字符指针
    if((shmid=shmget(IPC_PRIVATE,SHM_SIZE,0666|IPC_CREAT))<0){
        perror("shmget fail");
        exit(1);
    }    //生成了一个 30 字节长的共享内存段
    if((shm=(char *)shmat(shmid,0,0))==(char *)-1){ //shm 为系统选择的挂接地址
        perror("shmat");
        exit(2);
    }
    printf("The start address of the shared mem is:%d\t%x\n",shm,shm);
    s=shm;                                   //设置一个指向共享内存段的指针
    for (c='A';c<='Z';++c) s++=c;            //将一串大写字母写入共享区
    s='\0';                                  //末尾加上字符串结束标志
    printf("In parent before fork,memory is:%s\n",shm);
    pid=fork();
    switch(pid){
        case -1:
            perror("fork");
            exit(3);
```

```
case 0:
    sleep(1);
    printf("In child after fork,memory is :%s\n",shm);
    printf("Now child process changing the context of the memory.\n");
    for (;*shm;++shm) shm+=32;          //将大写字母转为小写,子进程修改内容
    shmdt(shm);                         //子进程脱接内存段并退出
    exit(0);
default:
    printf("\nIn parent after fork,father begin to sleep 5 seconds: %s\n\n");
    sleep(5);                           //父进程睡眠,转去执行子进程
    printf("\nIn parent after sleep,memory is:%s\n",shm);
    pirntf("Parent removing shared memory\n");
    shmdt(shm);
    shmctl(shmid,IPC_RMID,0);           //删除该共享内存段
    exit(0);
    }
}
```

（3）消息通信实验

1）实验目的。

Linux 操作系统的进程通信机构允许在任意进程之间大批量地交换数据。本实验的目的是了解和熟悉 Linux 支持的消息通信机制。

2）实验预备内容。

认真阅读实验材料中的消息通信部分，加深对消息通信机制的理解。

3）实验内容。

① 运行源码。运行下面给出的程序，查看运行结果，并进行分析。

② 消息的创建、发送和接收。使用系统调用 msgget( )函数、msgsnd( )函数、msgrev( )函数及 msgctl( )函数编制一个长度为 1KB 的消息发送和接收程序。

a. 为了便于操作和观察结果，用一个程序作为"引子"，先后使用 SERVER 和 CLIENT 两个子进程进行通信。

b. 在 SERVER 端建立一个 Key 为 75 的消息队列，等待其他进程发来的消息。当遇到类型为 1 的消息，则作为结束信号，取消该队列，并退出 SERVER。SERVER 每接收一个消息，显示一次"（server）received"。

c. CLIENT 端使用 key 为 75 的消息队列，先后发送类型从 10 到 1 的消息，然后退出。最后一个消息，即 SERVER 端需要的结束信号。CLIENT 每发送一条消息，显示一次"（client） sent"。

d. 父进程在 SERVER 和 CLIENT 均退出后结束。

下面给出程序源码：

```
#include<stdio.h>
#include<sys/types.h>
#include<sys/msg.h>
#include<sys/ipc.h>
#define MSGKEY 75                       //定义关键词 MEGKEY
```

```
struct msgform                        //消息结构
{
    long mtype;
    char mtext[1030];                 //文本长度
}msg;
int msgqid,i;
void CLIENT()
{
    int i;
    msgqid=msgget(MSGKEY,0777);
    for(i=l0;i>=1;i--)
    {
        msg.mtype=I;
        printf("(client)sent\n");
        msgsnd(msgqid,gansg,1024,0);  //发送消息 msg 到 msgqid 消息队列
    }
    exit(0);
}
void SERVER()
{
    msgqid=msgget(MSGKEY,0777|IPC_CREAT);    //由关键字获得消息队列
    do
    {
        msgrcv(msgqid,&msg,1030,0,0);        //从 msgqid 队列接收消息 msg
        printf("(server)received\n");
    }while(msg.mtype!=1);                    //消息类型为 1 时,释放队列
    msgctl(msgqid,IPC_RMID,0);
    exit(0);
}
void main()
{
    while((i=fork())==-1);
    if(!i)SERVER();
    while((i=fork())==-1);
    if(!i)CLIENT();
    wait(0);
    wait(0);
}
```

　　执行上述程序理想的结果应当是 CLINET 发送一个消息后，SERVER 接收该消息，CLINET 再发送下一条消息。也就是说"（client）sent"和"（server）received"的字样应该在屏幕上交替出现。实际的结果大多是 CLINET 先发送两条消息后，SERVER 接收一条消息，之后 CLINET 和 SERVER 交替发送和接收消息，最后 SERVER 一次接收两条消息。产生这种现象的原因是，消息的传送和控制并不保证完全同步，当一个程序不在激活状态时，它完

全可能继续睡眠，在多次发送消息后才接收消息。这一点有助于理解消息传送的实现机理。

每个信号量组都有一个 semid_ds 类型的控制结构，该结构中包括对信号量组的访问权限，其数据结构如下：

```
struct semid_ds
{
    struct ipc_perm sem_perm;        //操作权限结构
    struct sem sem_base;             //指向信号量组的第一个信号量
    ushort sem_nsems;                //信号量数
    time_t sem_otime;                //最后使用 semop 的时间
    time_t sem_ctime;                //共享内存段的最后修改时间
};
```

semget( )函数的系统调用格式：

```
#include<sys/types.h>
#include<sys/ipc.h>
#include<sys/sem.h>
int semget(key,nsems,shmflg)
key_t key;          //信号量组关键字
int nsems;          //信号量组的个数
int shmflag;        //创建标志和访问方式(类似于文件访问权限)
```

参数与功能说明：semget 用来创建一个信号量组，其中包含了 nsems 个信号量，它们的编号是 0～nsems-1。信号量组的创建方式及访问权限由 semflg 决定，其取值与含义与 msgget 中的 msgflg 类似。

semop( )函数的系统调用格式：

```
#include<sys/types.h>
#include<sys/ipc.h>
#include<sys/sem.h>
int semop(semid,sops,nsops)
int semid;                      //信号量组标识符
struct sembuf *sops;            //信号量操作缓冲区
unsigned nsops;                 //操作的信号量个数
```

参数与功能说明：semop 完成对标识符为 semid 的信号量组中信号量的操作。每次调用 semop 可以对指定信号量组中的若干信号量进行操作，这被称为信号量块操作。参数 nsops 说明信号量块操作时信号量的个数。参数 sops 是指向 sembuf 结构的指针，该结构定义了信号量块操作时要操作的信号量编号及操作数。

semop 的结构体定义如下：

```
struct sembuf
{
    int sem_num;            //信号量编号
    int sem_op;             //信号量操作数
    int sem_flg;            //操作标志
```

```
    } *sops[nsops];
```

该结构中的 sem_flg 为操作标志，sem_op 为信号量操作数，该操作对 semid 信号量组中的编号为 sem_num 的信号量进行操作。sem_op 允许取 3 种值，其含义如下。

sem_op > 0：将相应信号量的值增加 sem_op，如果 sem_flg&SEM_UNDO 为真，则信号量的调整值取 sem_op。

sem_op = 0：本次操作要对信号量的值做测试，若为 0，则立即正常返回；若不为 0，则进程开始睡眠，直到其值为 0。当 sem_flg 设置标志 IPC_NOWAIT 时，进程并不睡眠，而是返回错误。

sem_op < 0：此时的操作依据下面两个条件分别处理。①若信号量当前值>=|sem_op|，则信号量的当前值减去|sem_op|成为该信号量的新值；又若 sem_flg&SEM_UNDO 为真，则信号量的调整值加上|sem_op|。②若信号量当前值<|sem_op|，且 sem_flg&IPC_NOWAIT 为假，那么进程开始睡眠，直到信号量的值大于|sem_op|，才被唤醒；若信号量当前值<|sem_op|，且 sem_flg&IPC_NOWAIT 为真，则立即返回。

semctl( ) 函数的系统调用格式：

```
#include<sys/types.h>
#include<sys/ipc.h>
#include<sys/sem.h>
int semctl(semid,semnum.cmd,arg)
int semid;                    //信号量组关键字
int semnum;                   //信号量编号
int cmd;                      //控制命令
union semun
{
    int val;
    struct semid_ds *buf;     //指向信号量组控制块的指针
    ushort array[];
}arg;                         //控制操作参数
```

参数与功能说明：用来对指定的信号量组或组中编号为 semnum 的信号量进行控制。cmd 控制命令的取值及含义如下。

GETVAL：取信号量(semid,semnum)的当前值到 arg.val。

SETVAL：将信号量(semid,semnum)的当前值置为 arg.val 的值。

GETPID：将对信号量(semid,semnum)做最后操作的进程 pid 的值取到 arg.val 中。

GETNCNT：将在信号量(semid,semnum)上因资源不够而睡眠的进程个数的值取到 arg.val 中。

GETZCNT：将在信号量(semid,semnum)上因还有共享资源而睡眠的进程个数的值取到 arg.val 中。

GETALL：将信号量组中所有信号量的当前值取到 arg.array[]中。

SETALL：将信号量组中所有信号量的值分别设为 arg.array[]中的值。

IPC_STAT：将指定信号量组的控制块信息写到 buf 结构中。

IPC_SET：将 buf 中的信息写到指定信号量组的控制块中。

228

IPC_RMID：删除指定信号量组，释放信号量组标识符。

例如，下列程序将包括上述信号量操作的所有系统调用（由于信号量部分难度较大，不安排实验，要求同学运行下列的源码）。

```c
#include<sys/types.h>
#include<sys/ipc.h>
#include<sys/sem.h>
#define SEMKEY 75
int semid;
unsigned int count;
/*在文件sys/sem.h中定义的sembuf结构
* struct sembuf {
* unsigned short sem_num;
* short sem_op;
* short sem_flg;
* }*/
struct sembuf psembuf,vsembuf; //P和V操作
cleanup()
{
    semctl(semid,2,IPC_RMID,0);
    exit(0);
}
main(argc,argv)
int argc;
char *argv[];
{
    int i,first,second;
    short initarray[2],outarray[2];
    extern cleanup();
    if(argc==1) {
        for(i=0;i<20;i++)
        signal(i,clearup);
        semid=semget(SEMKEY,2,0777|IPC_CREAT);
        initarray[0]=initarray[1]=1;
        semctl(semid,2,SETALL,initarray);
        semctl(semid,2,GETALL,outarray);
        printf("sem init vals %d%d \n",outarray[0],outarray[1]);
        pause(); //睡眠到被一软件中断信号唤醒
    }
    else if(argv[1][0]=='a') {
        first=0;
        second=1;
    }
    else{
        first=1;
        second=0;
```

```
    }
    semid=semget(SEMKEY,2,0777);
    psembuf.sem_op=-1;
    psembuf.sem_flg=SEM_UNDO;
    vsembuf.sem_op=1;
    vsembuf.sem_flg=SEM_UNDO;
    for(count=0;;xcount++) {
        psembuf.sem_num=first;
        semop(semid,&psembuf,1);
        psembuf.sem_num=second;
        semop(semid,&psembuf,1);
        printf("proc %d count %d\n",getpid(),count);
        vsembuf.sem_num=second;
        semop(semid,&vsembuf,1);
        vsembuf.sem_num=first;
        semop(semid,&vsembuf,1);
    }
}
```

3. 设备管理实验

（1）实验目的

了解 Linux 操作系统中的设备驱动程序的组成；编写简单的字符设备驱动程序并进行测试；编写简单的块设备驱动程序并进行测试；理解 Linux 操作系统的设备管理机制。

尽管计算机系统的 I/O 设备种类繁多,但在操作系统中有的设备管理中为了提高通用性,往往采用层次化、模块化的方法实现 I/O 功能。这样用户和操作系统内核可以使用通用的接口来完成 I/O 操作,而屏蔽具体设备的操作细节。设备驱动程序一方面控制设备的操作,另一方面为内核提供统一的操作接口。字符设备和块设备是 Linux 操作系统的两大基本类型设备,因此在设备管理实验中,可通过编写字符设备和块设备的驱动程序,深入理解 Linux 操作系统的设备管理机制。

（2）实验预备内容

认真阅读实验材料中的设备管理部分,加深对设备管理的理解。

（3）实验内容

字符设备驱动程序：设计两个终端设备文件实现一个字符设备驱动程序,使一对进程之间利用该字符设备驱动程序能互相传递可变长度的信息。

要求：使用终端文件的基本操作,如 init( )函数、open( )函数、release( )函数、read( )函数、write( )函数、ioctl( )函数。

下面给出程序源码：

```
/*********************************************************/
/***** chardev.c *****/
/*********************************************************/
#ifndef __KERNEL__
#define __KERNEL__
```

```
#endif
#ifndef MODULE
#define MODULE
#endif
#define WE_REALLY_WANT_TO_USE_A_BROKEN_INTERFACE
#define __NO_VERSION__
#include<linux/version.h>
#include<linux/module.h>
char kernel_version[]=UTS_RELEASE;
#include<linux/kernel.h>
#include<linux/mm.h>
#include<linux/types.h>
#include<linux/errno.h>
#include<linux/fs.h>
#include<linux/sched.h>
#include<linux/ioport.h>
#include<linux/malloc.h>
#include<linux/string.h>
#include<asm/io.h>
#include<asm/segment.h>
#include<asm/uaccess.h>
#include "chardev.h"
#define DEVICE_NAME "dynchar"
static int usage,new_msg; //控制标识变量
static char *data;
// 打开设备
static int dynchar_open(struct inode *inode,struct file *filp){
    MOD_INC_USE_COUNT;
    printk("This chrdev is in open!\n");
    return 0;
}
// 关闭设备
static int dynchar_release(struct inode *inode,struct file *filp){
    MOD_DEC_USE_COUNT;
    printk("This chrdev is in release!\n");
    return 0;
}
// 输出数据——从用户空间传送到内核空间
static ssize_t dynchar_write(struct file *filp,const char *buf,size_t
count,loff_t *offset){
    if(count<0)
        return -EINVAL;
    if(usage || new_msg)
        return -EBUSY;
```

```
        usage=1;
        kfree(data);
        data=kmalloc(sizeof(char)*(count+1),GFP_KERNEL);
        if(!data){
            return -ENOMEM;
        }
        copy_from_user(data,buf,count+1);    // 开始传输数据
        usage=0;
        new_msg=1;
        return count;
    }
//读数据——从内核空间数据到用户空间
static ssize_t dynchar_read(struct file *filp,char *buf,size_t count,
loff_t *offset){
        int length;
        if(count<0)
            return -EINVAL;
        if(usage)
            return -EBUSY;
        usage=1;
        if(data==NULL)
            return 0;
        length=strlen(data);
        if(length<count)
            count=length;
        copy_to_user(buf,data,count+1);      // 开始传输数据
        new_msg=0;
        usage=0;
        return count;
    }
//I/O 设备控制
static int dynchar_ioctl(struct inode *inode,struct file *filp, unsigned
long int cmd,unsigned long arg){
        int ret=0;
        switch(cmd) {
            case DYNCHAR_RESET;
                kfree(data);
                data=NULL;
                usage=0;
                new_msg=0;
                break;
            case DYNCHAR_QUERY_NEW_MSG:
                if(new_msg)
                    return IOC_NEW_MSG;
```

```
                break;
        case DYNCHAR_QUERY_MSG_LENGTH:
            if(data==NULL) {
                return 0;
            }
            else {
                return strlen(data);
            }
            break;
        default:
            return -ENOTTY;
        }
    return ret;
}
struct file_operations dynchar_fops={
    NULL,
    dynchar_read,
    dynchar_write,
    NULL,
    NULL,
    dynchar_ioctl,
    NULL,
    dynchar_open,
    NULL,
    dynchar_release,
    NULL,
    NULL,
    NULL,
    NULL,
    NULL
};
//初始化模块——注册字符设备
int init_module(){
    if(register_chrdev(DYNCHAR_MAJOR,DEVICE_NAME,&dynchar_fops)){
        printk("registering character device major: %d failed!\n", DYNCHAR_
        MAJOR);
        return -EIO;
    }
    // 初始化数据
    data=NULL;
    usage=0;
    new_msg=0;
    return 0;
}
```

```
//释放字符设备
void cleanup_module(){
    //条件满足释放 data 变量
    if(data)
        kfree(data);
    unregister_chrdev(DYNCHAR_MAJOR,DEVICE_NAME);
    printk("Sorry! The dynchar is unloading now!\n");
}
/**************************************************************/
/***** chardev.h *****/
/**************************************************************/
#ifndef _DYNCHAR_DEVICE_H
#define _DYNCHAR_DEVICE_H
#include<linux/ioctl.h>
#dcfinc DYNCHAR_MAJOR 42
#define DYNCHAR_MAGIC DYNCHAR_MAJOR
#define DYNCHAR_RESET _IO(DYNCHAR_MAGIC,0)    //重置数据
#define DYNCHAR_QUERY_NEW_MSG _IO(DYNCHAR_MAGIC,1)
//检查新消息
#define DYNCHAR_QUERY_MSG_LENGTH _IO(DYNCHAR_MAGIC,2)
//获取消息尺寸
#define IOC_NEW_MSG 1
#endif
/**************************************************************/
/***** testproc.c, this is a test program for chardev.c *****/
/**************************************************************/
#include<stdio.h>
#include<sys/types.h>
#include<sys/stat.h>
#include<sys/ioctl.h>
#include<stdlib.h>
#include<string.h>
#include<fcntl.h>
#include<unistd.h>
#include<errno.h>
#include "chardev.h"
void write_proc(void);
void read_proc(void);
main(int argc,char **argv){
    if(argc==1) {
        puts("syntax: testprog[write|read]!");
        exit(0);
    }
    if(!strcmp(argv[1],"write")){
```

```
            write_porc();
        }
        else if(!strcmp(argv[1],"read")){
            read_proc();
        }
        else{
        puts("testprog: invalid command!");
        }
        return 0;
    }
    void write_proc(){
        int fd,len,quit=0;
        int dbg;
        char buf[100];
        fd=open("cdev0",O_WRONLY);
        if(fd<=0){
            printf("Error opening device for writing!\n");
            exit(1);
        }
        while(!quit){
            printf("\n write>>");
            gets(buf);
            if(!strcmp(buf,"exit"))
                quit=1;
            while(ioctl(fd,DYNCHAR_QUERY_NEW_MSG))
                usleep(1000);
            len=write(fd,buf,strlen(buf));
            if(len<0) {
                printf("Error writing to device!\n");
                close(fd);
                exit(1);
            }
            printf("%d bytes written to device!\n",len);
        }
        close(fd);
    }
    void read_proc(){
        int fd,len,quit=0;
        char *buf=NULL;
        fd=open("cdev1",O_RDONLY);
        if(fd<0){
            printf("Error opening device for reading!\n");
            exit(1);
        }
```

```
    while(!quit){
        printf("\n read>>");
        while(!ioctl(fd,DYNCHAR_QUERY_NEW_MSG))
            usleep(1000);
        len=ioctl(fd,DYNCHAR_QUERY_MSG_LENGTH,NULL);
        if(len){
            if(buf!=NULL)
                free(buf);
            buf=malloc(sizeof(char)*(len+1));
            len=read(fd,buf,len);
            if(len<0){
                printf("Error reading from device!");
            }
            else{
                if(!strcmp(buf,"cxit")){
                    ioctl(fd,DYNCHAR_RESET);   //重置
                    quit=1;
                }
                else
                    printf("%s\n",buf);
            }
        }
    }
    free(buf);
    close(fd);
}
```

参 考 文 献

常君，李延，2008．湿度传感器 HS1101 在智能家居控制系统中的应用[J]．电子测试（2）：77-80.

崔凯，2008，基于单片机的环境测量仪的设计[J]．中国新通信（技术版），10（7）：51-53.

稻叶保，2017．振荡电路的设计与应用[M]．何希才，尤克，译．北京：科学出版社.

冯庆端，裴海龙，2009．串级 PID 控制在无人机姿态控制的应用[J]．微计算机信息，25（22）：9-10.

何明，2018．Linux 从入门到精通[M]．北京：中国水利水电出版社.

黄坡，马艳，杨万扣，2014．基于 Mahony 滤波器和 PID 控制器的四旋翼飞行器姿态控制[J]．电脑知识与技术（7）：1611-1617.

焦素敏，2007．数字电子技术[M]．北京：清华大学出版社.

梁明亮，韦成杰，2009．单片机对串行 A/D 转换器 ADC0832 的 C51 编程[J]．郑州铁路职业技术学院学报，21（1）：36-37.

刘二林，姜香菊，2010，基于热敏电阻的新型温度检测装置研究与实现[J]．自动化与仪器仪表（2）：84-86.

于永，戴佳，刘波，2008．51 单片机 C 语言常用模块与综合系统设计实例精讲[M]．北京：电子工业出版社.

张虹，2010．新编数字电路与数字逻辑[M]．北京：电子工业出版社.

NEIL MATTHEW, RICHARD STONES，2010．Linux 程序设计[M]．陈健，宋键建，译．4 版．北京：人民邮电出版社.

RICHARD BLUM, CHRISTINE BRESNAHAN，2016．Linux 命令行与 shell 脚本编程大全[M]．门佳，武海峰，译．3 版．北京：人民邮电出版社.

ROBERT LOVE，2011．Linux 内核设计与实现[M]．陈莉君，康华，译．3 版．北京：机械工业出版社.